国家出版基金项目
NATIONAL PUBLICATION FOUNDATION

飞行控制系统工程系列丛书
总主编　高亚奎

飞机非线性容错飞行控制

王　斑　神艳艳　张友民　著

西北工業大學出版社

西　安

【内容简介】 本书主要内容包括飞机非线性控制与容错飞行控制的国内外研究现状和发展趋势，飞机系统动力学建模，基于滑模理论的飞机自适应容错控制方法，模型不确定条件下飞机智能自适应神经网络容错控制方法，基于干扰观测器的飞机自适应容错控制方法，基于新型趋近律函数的飞机自适应滑模容错控制方法，基于控制分配的过驱动飞机自适应主动容错控制方法，垂直起降飞机过渡飞行阶段的容错与抗干扰控制。

本书可供高等学校飞机非线性控制、容错飞行控制等相关专业的高年级本科生、研究生与教研人员阅读和学习，也可供各研究机构与企业从事该领域研究的科技工作者，以及对飞机非线性控制与容错飞行控制感兴趣的读者参考使用。

图书在版编目(CIP)数据

飞机非线性容错飞行控制/王斑，神艳艳，张友民著. --西安：西北工业大学出版社，2024.9. -- ISBN 978-7-5612-9535-9

Ⅰ. V249

中国国家版本馆 CIP 数据核字第 20241L9K73 号

FEIJI FEIXIANXING RONGCUO FEIXING KONGZHI

飞 机 非 线 性 容 错 飞 行 控 制

王斑　神艳艳　张友民　著

责任编辑：李阿盟　杨　兰　　**策划编辑：**杨　军

责任校对：刘　敏　刘　茜　　**装帧设计：**高永斌　赵　烨

出版发行：西北工业大学出版社

通信地址：西安市友谊西路 127 号　　邮编：710072

电　　话：(029)88493844，88491757

网　　址：www.nwpup.com

印 刷 者：西安五星印刷有限公司

开　　本：787 mm×1 092 mm　　1/16

印　　张：10.375

字　　数：259 千字

版　　次：2024 年 9 月第 1 版　　2024 年 9 月第 1 次印刷

书　　号：ISBN 978-7-5612-9535-9

定　　价：98.00 元

《飞行控制系统工程系列丛书》
编撰委员会

总　　序

大型运输机，通常称为大飞机，其研发、生产制造、集成验证、复杂供应链、高风险试飞能力是一个国家工业体系、科技水平和综合实力的集中体现，是国家战略装备的重要组成部分，其成功研制对于增强我国的综合国力、科技实力和国际竞争力，以及早日实现中国式现代化具有极为重要的意义。它的价值甚至不亚于载人航天工程。

大飞机是国之重器，是我国建设创新型国家，实现高水平航空科技自立自强、打造世界一流军队的重大战略支撑。在我国科研工作者多年奋发图强的基础上，大飞机工程“三剑客”运20飞机、C919飞机、AG600飞机已经实现了重大技术突破，其中运20飞机、C919飞机已批量交付用户使用，AG600飞机已进入科研试飞阶段。这不仅实现了我国大飞机技术集群式突破，形成了大飞机研发制造的核心能力，而且锻造了一条蕴藏巨大潜力的产业链，为国家经济、政治和军事发展释放出了巨大的价值，也充分体现了国家意志、人民意志。

随着我国大飞机工程的稳步推进，目前其已经进入深水区，尤其是以电传飞行控制为核心的现代大型飞机飞行控制系统设计技术是最为关键的核心技术之一。大飞机对飞行控制系统的要求日益提高，不仅要保证飞行器的安全性、稳定性和操纵性，具备优异的飞行品质，以便于高质量、高效率、低成本完成复杂任务，同时也需要对故障有监控、自愈功能，还要对复杂气象和强干扰具有一定的“免疫”功能。这些需求对工程技术人员来说，既是良好机遇，更是巨大挑战。经过近20年的持续艰苦攻关，我国工程技术人员终于突破了多项关键技术瓶颈，也积累了丰富的飞行控制系统工程设计经验。

为了更好地总结现代大型飞机飞行控制系统研制经验，以及做好知识与经验的传承，我们特邀请中国工程院唐长红院士领衔，高亚奎研究员担任总主编，联合西北工业大学、航空工业一飞院、航空工业庆安、航空工业兰飞、航空工业青云、天云飞控(西安)科技有限责任公司等高校、科研院所和企业的专家学者,策划出版了飞行控制系统工程系列丛书,本系列丛书由《现代飞机飞行控制系统传感器技术》《现代飞行控制系统设计》《飞行控制系统预测与健康管理》《飞机非线性容错飞行控制》《大型运输机控制律设计与验证技术》《大型飞机高升力控制系统设计与验证》《运输类飞机自动飞行控制系统设计与实现》《现代飞机机械操纵系统设计与验证》《飞控系统研制流程与工作分解》等9本专著组成。

目前,国内还缺乏成体系出版的关于飞行控制系统研制的工程系列丛书。本系列丛书是专门针对大型运输类飞机飞行控制系统工程研制策划出版的一个专题系列丛书,更多直接针对工程应用过程中的难题和核心技术,更适合于工程应用。虽然国内也有许多优秀的翻译类飞控系统图书,但不同国家、不同的设计师团队、不同的研制条件,在面对不同技术成熟度的工程解决方案时也不尽相同,也就是说,本套系列丛书更适合我国国情。同时,编写和执笔人员均是实际参与大飞机飞行控制系统研制的高校和科研院所的一线人员,更能体现出我国当前飞行控制系统工程研制技术水平,具有明显的中国特色和中国方案。

飞行控制系统工程系列丛书基于正向设计思想,总结了近年来我国大飞机飞控系统研制的工程经验,对于激发高校老师和学生对飞行控制技术研究的兴趣,以及提高飞机相关院厂所飞行控制系统科研技术人员的工程应用能力,均具有较强的指导和参考作用。同时,本系列丛书具有鲜明的工程应用特点,可为后续型号的飞控系统研制提供设计参考,具有广泛的经济、军事和政治价值,对于促进高安全、高可靠大飞机飞行控制科学与技术的繁荣与发展影响深远。

《飞行控制系统工程系列丛书》编撰委员会

2023年7月

前　言

现代飞机的应用场景日趋丰富，工作环境日益复杂，飞机发生坠毁的事故也急剧增多，其安全问题凸显，严重阻碍现代飞机的发展，解决其可靠性和安全控制问题已经迫在眉睫。我国高度重视飞机自主安全控制，将其视为国家科技发展战略的重要一环，明确提出要研制出高可靠性、强环境适应性的航空设备和系统。此外，在《中国制造2025》中也明确指出："飞机飞行控制系统将向更可靠、更高控制精度、更智能化方向发展。"

本书重点针对飞机安全飞行的实际需求，为解决传统飞机飞行控制系统容错控制精度与智能化程度不高以及对故障和内外部复合干扰的自适应能力不足等问题，提出了针对存在系统建模误差、外部环境干扰和系统执行器故障等多源扰动情况下飞机智能非线性控制与可靠自适应容错控制技术的新方法，可使飞机的飞行控制系统在故障与多源干扰情况下自主、智能地做出反应，实现对故障的自愈和对干扰的免疫功能，以保障飞机的安全飞行，从而进一步提升飞机飞行控制系统的智能化程度和环境适应性。这些都是未来高可靠飞机飞行控制系统发展的趋势。

本书由王斑负责撰写第1章、第3章和第5～8章，神艳艳负责撰写第2章和第4章，张友民负责撰写第1章及全书的修订工作。

在写作本书的过程中，笔者参阅了相关文献资料，在此谨对其作者表示感谢。

由于水平有限，书中难免存在一些不足和疏漏之处，真诚欢迎广大读者批评指正。

著　者

2024年4月

目　　录

第 1 章　绪　论

1.1　飞机非线性容错飞行控制的研究背景

实现对飞行控制系统部件故障的容错控制已成为进一步提升飞机安全程度的关键。随着现代航空技术的发展，现代飞机设计得越来越复杂，在性能提升的同时，其部件发生故障的可能性也在提高。作为飞机核心技术之一的飞行控制技术，其自动化和复杂度也相应提高，对其控制可靠性与安全性要求也进一步提高。一旦飞机发生故障或者遭受损伤而又未及时采取相应的措施，将会造成巨大的经济损失，甚至出现人员伤亡。可以说，现代飞机的软、硬件故障是影响其安全性的重要因素之一。如何设计可靠的飞行控制系统，使飞机在复杂的飞行环境下达到良好的飞行品质，并且在发生各类故障的情况下仍能稳定飞行，已经成为各国关注的技术难题之一。

飞机在飞行过程中，可能会发生突发性的执行机构故障、传感器故障、系统部件故障等。这些故障对飞机的安全飞行影响很大，可能成为现代飞机飞行控制系统的致命问题，如不立即采取有效措施，可能会造成机毁人亡的恶性事故。大部分的飞机事故调查结果表明，如果能够在初期设计飞机飞行控制系统时考虑各类故障并在出现不正常反应的早期就采取相应的控制策略，在很大程度上可以挽救飞机，避免发生坠毁等重大事故。为解决上述问题，提高飞机飞行安全性和可靠性的途径之一就是使飞机的飞行控制系统具备容错能力，基于此也就发展出了容错飞行控制。

容错飞行控制是保证飞机在发生执行器、传感器、系统部件等故障时安全飞行的主要技术之一，其可以大幅提高飞机生存力，是先进飞机必然采用的关键技术。所谓容错飞行控制系统就是具备冗余能力的飞行控制系统，即使在飞机某些部件发生故障的情况下，系统仍能按原定性能指标或略有降低但可接受的性能指标安全平稳飞行。近几十年来，容错飞行控制技术在理论上取得了巨大进步，产生了多种不同类型的容错控制方法。

1977 年 4 月 12 日，美国 Delta 航空公司 1080 航班的一架 DC－10 飞机在芝加哥坠毁，发生该事故的原因被认定为该机在起飞时其左升降舵发生卡死故障（舵面卡在上偏 19°位置）。根据美国空军对其战斗机的统计分析，表明如果飞机的飞行控制系统具备容错控制能力，就可避免约 70％的战斗机损失。由此可以看出，容错飞行控制系统对提高飞机安全性、可靠性和生存能力具有重要意义，并且，容错飞行控制技术也顺理成章地引起了研究人员的重视并得到了一定的发展。

除了有人飞机的容错飞行控制系统得到广泛关注，随着无人机的蓬勃发展，无人机的容错飞行控制系统也得到了越来越广泛的关注。《无人机系统发展白皮书(2018)》中提出：到2025年，我国将建立具备国际竞争力的无人机系统产业体系；到2035年，无人机关键技术产品领域达到世界一流水平，具备引领无人机产业发展的自主创新能力，未来15年我国无人机市场需求可超3 300亿元。我国也将飞机自主安全控制视为国家科技发展战略的重要一环，明确提出大力发展可靠性高、环境适应性强的航空设备和系统。《中国制造2025》中指出，飞行控制系统将向更可靠、更高控制精度、更智能化方向发展。

在国务院颁布的《"十三五"国家战略性新兴产业发展规划》中明确提出，推进民用飞机产业化，大力开发市场需求大的工业级无人机。民用工业级无人机产业的研发、制造和应用水平是衡量一个国家科技创新和高端制造业水平的重要标志之一。随着无人机研制、生产成本不断降低，其应用范围将日益广泛，具有旺盛的市场需求和广阔的发展前景，在国民经济建设中的作用也日益突出，将会成为支撑中国经济发展的重要产业。近年来，智慧城市巡逻、电力巡线、精准农业、矿产资源调查、物流运输、摄影摄像等领域对无人机的需求在不断增大。在飞行控制和传感器技术成熟的前提下，无人机产业将打破现有市场规模，向多元化发展。但是目前仍有一些不利因素制约着无人机的发展。高可靠安全控制技术，复杂环境自适应、自诊断技术等真正具有竞争力的行业技术壁垒在不断提高。虽然无人机技术近年来实现了巨大的突破，产业化水平也得到了大幅提升，但是目前工业级无人机的技术并不成熟，性能也不稳定，无人机的可靠性和安全性并不能满足复杂任务的使用需求。无人机坠毁伤及人或财产、扰乱空中秩序和危及公共安全的事件时有发生，存在严重的安全隐患。

随着无人机技术的发展，无人机部件越来越多，在其系统功能和性能提升的同时，出现故障的可能性也在逐渐增大。相比于有人飞机，无人机虽然没有机上人员损失的顾虑，但是由于没有驾驶员在回路上的控制，地面监控站难以及时把握飞行状态和外界干扰情况，其发生事故的可能性更高。即使掌握世界先进无人机技术的美军，平均每年仍会发生4～6起A级事故(无人机故障导致事故，并对周围造成严重破坏)。2001—2023年，美军无人机飞行事故多达百余起，仅2009年一年，美国空军就有18架MQ-1"捕食者"和MQ-9"死神"无人机坠毁，其中有14架是机械和飞控系统出现故障造成的，占78%。图1-1所示为英国某垂直起降缩比验证机由于系统故障坠毁图。

目前，多数无人机在设计中更强调对成本、质量、功能和性能等因素的重视，系统缺乏余度，容易出现单点故障，无法补救，从而造成无人机可靠性较低的现状。

图1-1　英国某垂直起降缩比验证机由于系统故障坠毁图

除了军用无人机，越来越多的民用无人机被广泛用于摄影摄像、货物运输、城市巡逻等。在城市交通管理中，利用小型无人机可以在城市上空大范围采集实时交通路况信息，快速、自动地判断交通拥堵路段和拥堵级别，全面提升管理者的监控力度和智能化管理水平，确保交通运输安全、畅通。在城市安全防控方面，可以利用无人机对重点区域进行空中巡查。面对突发事件，还可以实时传输图像，第一时间给决策人员提供现场的珍贵资料。在城市快递物流方面，利用无人机可以实现快速的站点对站点以及站点对人的货物配送。目前，国内的顺丰和京东等商业公司也都在积极探索无人机在快递物流方面的应用。但是，无人机失控和坠机等各类事故频发，对公共和个人安全产生严重威胁，阻碍了无人机实用化与产业化的发展。2015 年，国际雪联高山滑雪世界杯意大利站比赛中，一架航拍无人机坠毁并差点击中奥地利选手马塞尔。虽然无人机的使用越来越普及，但其安全性仍然是各方的主要关切点，如不能解决无人机的可靠性和安全控制问题，将严重阻碍其产业化发展。图 1-2 所示为某民用无人机坠毁事故图。

图 1-2　某民用无人机坠毁事故图

未来无人机将被更广泛地应用到各种领域，并且和人们的日常生活息息相关，因此必须要保证无人机具有足够高的安全性和可靠性。无人机飞行控制系统被认为是无人机的“大脑”，是无人机系统的关键组成部分。一旦无人机的飞行控制系统的执行器或传感器发生故障，将对无人机安全和控制性能造成严重影响。此外，无人机动力学模型中的不确定动态以及其他未建模动态等建模误差和外部未知干扰等形成的多源扰动都会影响无人机控制的安全性和可靠性。未来面对不同的操作状态和复杂的使用环境，具有高可靠控制性能的无人机可以容忍飞行过程中出现的不确定性，使其安全性和可靠性显著提高。因此，在多源扰动情况下，研究针对飞机飞行控制系统部件复合故障的新型容错控制方法和技术，实现飞机对故障的“自愈”功能，已经成为进一步提升飞机安全性和环境适应性的核心关键。

1.2 非线性控制与容错飞行控制技术概述

容错控制的思想最早可以追溯到20世纪70年代，以Niederlinski教授提出的完整性控制的概念为标志。之后，Siljak教授发表的关于系统可靠镇定的研究，明确地将“容错”这一概念引入控制理论中。容错控制的概念是1986年在美国加州Santa Clara大学举行的控制界专题研讨会上，由美国国家科学基金会与美国电气和电子工程师学会控制系统学会共同提出的。1993年，时任国际自动控制联合会(International Federation of Automatic Control，IFAC)技术过程的故障诊断与安全性专业委员会主席Patton教授撰写了容错控制的综述文章[1]。在此之后，国际上发表了一系列关于容错控制研究的文章。我国对容错控制的研究基本与国外同步，中国自动化学会成立了“技术过程的故障诊断与安全性专业委员会”，引领国内该领域的研究工作。

1.2.1 容错控制技术概述

容错控制可使一个动态系统适应其环境的显著变化，系统可容许其中的一个或多个比较关键部件出现故障或失效。通常情况下，这些关键部件出现故障或失效会对整个系统的稳定性及其他性能产生很大的影响。动态系统容错控制的目标是当系统的某些部件出现故障或失效时，基于系统部件功能上的冗余性，在适当降低某些性能指标的前提下，整个控制系统仍能保持稳定，从而提高系统的可靠性。

1.2.2 容错控制系统的分类和方法

一般而言，容错控制系统设计可分为被动容错控制方法和主动容错控制方法两类[2]。被动容错控制方法在系统的构造思路上是一种与鲁棒控制技术相类似的方案，它采用固定的控制器来确保闭环系统对特定的故障不敏感，从而保持系统的稳定[3]。因为在被动容错控制系统中，保证系统的稳定性是其首要考虑的因素，所以这种方法具有一定的保守性，需要对系统稳定性和系统性能两个方面进行折中考虑。相较于被动容错控制方法，主动容错控制方法主要是在系统故障发生后，根据所期望的系统特性重新设计一个控制系统，使整个故障系统达到稳定。主动容错控制系统通常由故障诊断模块、可重构的控制器和控制器重构机制三部分组成[4]。这三部分需要很好地协调工作才能有效地消除故障对系统性能的影响。其中，故障诊断是主动容错控制的重要支撑技术之一，是容错控制的基础。

Jiang和Yu在文献[5]中介绍了被动容错控制系统和主动容错控制系统之间的比较研究。从性能角度来看，被动容错控制系统更注重控制系统的鲁棒性以适应不同的系统故障，而不是为某一特定故障条件寻求最佳性能。主动容错控制系统通常要解决故障诊断和容错控制两个问题，故障诊断系统能够对控制系统中的执行器、传感器和被控系统进行实时故障检测，容错控制器则根据故障检测环节所得到的故障特征做出相应的处理，还有可能要对反馈控制的结构进行实时重构。从目前的发展来看，控制系统的故障诊断和容错控制的发展是相辅相成的，故障诊断是容错控制的基础，容错控制的发展为故障诊断研究带来了新的动力。

1.3 国内外研究现状和发展趋势

1.3.1 常见动态系统容错控制研究现状

近年来,基于模型的故障诊断与容错控制方法得到了快速发展,深受国内外专家的关注,取得了丰富的研究成果[6-8]。针对主动容错控制方案中所涉及的故障诊断与容错控制方法,Zhang 等人在文献[9]中进行了综述。在文献[10]中,Yang 等人针对一类存在有界干扰的状态反馈控制系统,提出了一种新的基于线性矩阵不等式的执行器故障诊断算法,并在F-18飞机仿真模型上进行了验证。在文献[11]中,Shen 等人通过设计一系列自适应模糊观测器,为一类不确定的非线性系统进行执行器故障检测和估计,并在此基础上进行控制律重构。针对传感器故障,在文献[12]中,Edwards 等人提出了基于滑模理论的故障诊断和容错控制方法,通过设计滑模观测器来估计传感器故障的幅值,进而对系统控制器进行实时重构,保证闭环系统在传感器故障情况下稳定运行。针对航天器的容错控制,在文献[13]中,Jiang 等人基于自适应控制技术,通过在线估计执行器故障大小,提出了一种用于近空间航天器姿态控制系统的自适应容错控制方法。在文献[14]中,Gao 等人利用非线性观测器和自适应滑模控制方法为可重复使用的运载航天器设计了主动容错控制系统,以保证系统在发生执行器故障情况下的稳定性。此外,为了同时考虑执行器故障和外部干扰对系统的影响,在文献[15]中,Hu 等人利用干扰观测器来估计由航天器执行器故障和外部干扰造成的系统集总不确定性,并与控制系统相结合保证系统的稳定性。针对执行器故障和饱和约束问题,在文献[16]中,Xiao 等人针对航天器姿态控制问题,提出了一种自适应滑模容错控制方法,以实现跟踪误差的渐进收敛。在文献[17]中,Yu 等人提出了一种有限时间收敛的自适应容错控制方法,以使飞机在执行器卡阻故障情况下仍能保持期望的跟踪性能。

综上所述,目前动态系统容错控制方法主要以故障诊断与控制重构相结合的主动容错控制方法和基于自适应控制技术的容错控制方法为代表。

1.3.2 飞机容错飞行控制研究现状

20 世纪 90 年代,美国国家航空航天局提出了"自修复飞行控制系统"概念,该概念旨在保证飞机在故障情况下能安全着陆[18]。随后,美国国防部报告进一步指出"提高飞机的可靠性是当前以至今后确保其成功的重要因素",强调了容错控制系统是提高飞机可靠性和实现先进自主控制的关键[19]。就飞机飞行控制系统而言,其主要包含执行器和传感器两个重要部件。如果飞机在飞行过程中发生执行器或传感器故障,将极大影响飞机的飞行稳定性并可能进一步导致飞机坠毁事故。自 21 世纪初,飞机容错飞行控制技术得到长足发展[20-22]。

目前,飞机容错飞行控制方法主要集中于利用故障诊断、控制重构等方法构建的主动容错控制方法和利用自适应技术与现代控制技术(如滑模控制、反步控制等)相结合的自适应容错控制方法。针对飞机执行器故障,在文献[23]中,Amoozgar 等人设计了两级的卡尔曼滤波器来检测和识别四旋翼无人机执行器故障并进行了实验验证。在文献[24]中,Chen 等人针对四旋翼无人机设计了自适应观测器，该观测器可在无人机执行器发生故障情况下报警并估测故障的幅值。由于无人机是一个状态快速变化的动态系统，只有故障诊断很难保证系统在发生故障后的平稳运行，所以在进行故障诊断之后一般需要进行相应的控制律重构，以保证无人机的安全飞行。在文献[25]中，Avram 等人通过设计一系列的非线性自适应估测器来估测四旋翼无人机执行器故障大小，并利用故障诊断信息进行控制律重构，以消除故障的不良影响。在文献[26]中，Qian 等人设计了非线性的故障观测器来估计无人机执行器故障并与动态面控制相结合，以保证期望的无人机控制性能。除了采用故障诊断与重构控制相结合的主动容错控制方法，国内外很多学者提出了自适应容错控制方法，以弥补故障诊断延迟对无人机控制性能的影响。在文献[27]中，Zhang 等人针对无人机故障诊断与容错控制问题，设计了基于模型预测控制、自适应模型跟踪控制、滑模控制等容错控制策略，并在四旋翼无人机飞行平台得到实验验证。在文献[28]中，Liu 等人针对四旋翼无人机，在考虑执行器动态的基础上设计了自适应容错控制方法来弥补执行器故障对系统的影响。考虑到无人机在复杂环境中执行任务时可能同时受故障和干扰的影响，在文献[29]中，Yan 等人针对同时受突风和执行器故障影响的无人直升机分别设计了扩张状态观测器和自适应观测器来估计突风扰动和执行器故障幅值，并与滑模控制相结合，获得了期望的跟踪控制性能。在文献[30]中，Wang 等人针对四旋翼无人机的执行器故障、外部干扰等问题，利用干扰观测器对外部干扰进行实时估计，并利用自适应滑模控制方法抑制执行器故障对系统跟踪性能的影响。针对无人机传感器故障，在文献[31]中，Aboutalebi 等人提出了一种基于神经网络的观测器来实时检测四旋翼无人机陀螺仪故障。此外，为了在无人机飞行过程中及时消除传感器故障的影响，在文献[32]中，Xu 等人针对一种双桨涵道风扇无人机设计了一种扩张状态观测器来估计传感器故障幅值，并与鲁棒控制器相结合，保证无人机在故障情况下的飞行性能。为了进一步考虑干扰和传感器故障的同时影响，在文献[33]中，Liu 等人针对一种垂直起降无人机基于线性变参数系统设计了观测器和控制器，以保证无人机在发生传感器故障和存在不可测量的参数变化情况下的稳定控制。

总的来说，目前在飞机容错飞行控制领域取得了一系列研究成果，但是针对复杂环境下飞机执行器和传感器的复合故障诊断和多源干扰估计以及相应的容错和抗干扰控制，仍需开展系统性的研究工作。

1.3.3 本书所涉及的控制方法研究现状

1.3.3.1 滑模控制方法

滑模控制(Sliding Mode Control，SMC)理论是在变结构控制框架下被提出的，是由 Utkin 为控制电力驱动发展而来的[34-35]。在过去的 30 年中，滑模控制已被证明是鲁棒控制领域中一种非常有效的方法。Utkin 等人[36]，Edwards 和 Spurgeon[37]，以及 Fridman 等人[38]出版了很多关于滑模控制的著作。Alwi 和 Edwards[39]以及 Wang 等人[40]的研究介绍了利用滑模控制技术在容错飞行控制领域的一些最新研究成果。滑模控制是一种采用不连续控制策略来处理有较大不确定性问题的鲁棒控制系统设计方法，这种方法在降阶滑模面上对匹配不确定性具有不变性[41-42]。更准确地说，滑模控制通过快速切换控制律来实现两个目标：①它将非线性系统的状态轨迹投影到状态空间中的一个指定曲面上，这个曲面称为滑模面;②在随后的时间里,它将维持系统在这个曲面上的状态轨迹。在此过程中,控制系统的结构各不相同,因此将其称为滑模控制,以强调滑动模态的重要性[37]。直观地说,滑模控制利用高增益来驱动动态系统的轨迹沿着受限滑模子空间滑动,从而获得显著的控制性能。与其他非线性控制方法相比,滑模控制的主要优点是它对外部扰动、模型不确定性和系统参数变化具有鲁棒性。滑模控制在非连续控制部分集成了一个参数,使得控制可以像在两个状态之间切换一样简单,因此它不需要过于精确的系统模型,也不会对与控制通道相关参数的变化过于敏感[43]。滑模控制对参数不确定性和外部扰动的不敏感性使其成为最有前景的控制方法之一。滑模控制的鲁棒性为这种技术在被动容错控制系统设计上的应用提供了良好的环境[44-47]。

SMC 的设计分为两个阶段:第一阶段是构建一个滑模面,在这个面上,系统的性能可以保持预期状态;第二阶段是选择适当的控制律,使滑模变量到达所设计的滑模面,从而使滑动运动维持在设计的滑模面附近。在文献[46]中,SMC 方法旨在作为真正可重构系统的替代方案,在不需要任何故障信息的情况下维持所需的性能。然而,这种传统的鲁棒控制算法为了适应一定的故障和参数的不确定性,需要在系统性能和鲁棒性之间进行权衡。此外,为了有效地实现传统 SMC,在设计阶段往往需要确定不确定性边界。事实上,在大多数情况下,真实系统都是在无故障条件下工作的,故障和参数变化在任何时刻都有可能发生,且大小未知,因此很难提前获得准确的不确定性边界。在系统设计阶段考虑故障将会极大地降低系统在无故障条件下的性能。此外,如果规定了过多的故障量,那么在无故障条件下,这种巨大的权衡可能会导致系统的性能无法接受,从而极大地限制了系统的容错能力。这激发了一种新的控制策略,将自适应控制方案整合到 SMC 中,以适应执行器故障和参数的不确定性,而不需要知道确切的不确定性边界,并在无故障条件下不会影响系统性能[39,47-48]。在文献[39]中提出的自适应 SMC 在系统出现执行器故障时表现出良好的跟踪性能。然而,随着故障的增大,跟踪误差会增大,系统的性能将无法继续保持。这是因为所考虑的执行器故障与控制矩阵中的不确定性有关,所以在故障发生后,需要对故障后的控制矩阵进行相应的更改。现有的自适应 SMC 策略主要是将自适应参数引入不连续控制部分,仅利用 SMC 的不连续鲁棒性来适应执行器故障,而非连续控制策略的过度使用会引起严重的控制抖振。实际上,由于控制矩阵也用于推导等效的连续控制部分,所以如果在连续控制部分也加入自适应参数,将减少不连续策略的使用。在这种情况下,控制抖振也将被避免,并且可以容忍更大的故障。

1.3.3.2 控制分配方法

飞机的执行器完全故障会显著降低其可靠性,甚至导致灾难性事故的发生。尽管存在分析性冗余,但硬件冗余对于安全性要求较高的系统也非常重要,如客机[49]和现代战斗机[50]。过驱动使容错控制系统设计更加自由,在执行器故障的情况下可以保持系统稳定性和维持系统性能,也可以在无故障条件下实现快速系统响应。由于这样一个系统有无限个解,所以问题的关键是找到至少一个满足控制输入约束和一些其他优化准则的解。控制分配问题是为每个可用的控制执行器分配适当的偏转量,以产生受控力和力矩[51]。过驱动机械系统的控制算法设计通常分为几个层次。首先,设计一种高级运动控制算法,计算机械系统虚拟控制输入量。虚拟控制输入量通常选择与运动控制系统想要控制的自由度相等的若干个力和力矩，以满足能控性的基本要求。其次，设计一种低阶控制分配算法，将指令虚拟控制输入矢量映射到个体执行器控制输入。这种设计通常基于静态效应器模型。采用控制分配方法对控制算法进行模块化设计，通过引入虚拟控制模块和控制分配模块，使高级运动控制算法的设计独立于执行器配置。除了把虚拟控制信号分配给单个执行器，一些其他关键点（如输入饱和、速率约束和执行器容错）通常也在控制分配模块中处理。

在 Durham[52] 的工作之后，人们对控制分配问题进行了更加深入的研究。文献[53 - 57]研究了控制分配的不同方法和途径。最简单的控制分配方法是基于无约束最小二乘算法针对位置和速率的限制进行解决方案的修改[58-59]。更复杂的方法是将控制分配表述为一个约束优化问题[60-61]。由于变量的数量和约束集的凹凸性限制，从现代计算的角度来看，此优化问题是简单的[62]。再分配伪逆算法是一种非常简单有效的实现控制分配的方法[63]，然而，它不能保证执行机构的充分利用。二次规划方法也有较大优势，因为它的解倾向于结合使用所有的控制面，而不是少数几个[64]。不动点法也能提供优化问题的精确解，且能够保证收敛[65]，其缺点是算法的收敛速度非常慢，且对问题的依赖性很强[62]。这些方法大多假设所有的控制面都存在，并且机械系统在正常工作状态下工作。由于其过驱动特性，控制分配方法本身具有容忍一定程度执行器故障的能力。当执行器发生故障时，为了保持系统的稳定性和跟踪性能，需要将虚拟控制信号重新分配给剩余的工作状态良好的执行器，这称为可重构控制分配[66]。在可重构控制分配的背景下，Zhang 等人[66-67]针对具有冗余执行器的飞机提出了控制分配和再分配的概念。在闭环系统的稳定性方面，需要高阶运动控制器为低阶控制分配模块提供所需的虚拟控制信号。自早期关于结合基线控制律与可重构控制分配方案以实现容错控制的文献[66 - 67]发表以来，又出现了其他结合控制分配方案的基线控制律[68-69]。在文献[68]中，Hamayun 等人针对固定翼飞机模型，提出了一种基于滑模的可重构控制分配方案，以改善单执行器故障下的系统性能。这是体现充分利用高级运动控制器和低级控制分配的优点的一个很好的例子。然而，文献中大多数可重构控制分配方案只关注虚拟控制信号在可用执行器上的分配，很少关注在容错控制背景下闭环系统的稳定性。如果控制分配模块不能满足高级运动控制器所要求的虚拟控制信号，则闭环系统的跟踪性能会下降，甚至无法保持闭环系统的稳定性。

1.3.3.3 主动抗扰控制方法

干扰广泛存在于现代机械系统中，对控制系统的性能产生不利影响。此外，飞机在实际飞行过程中不可避免地会受到环境干扰的影响，特别是小型飞机由于惯性小、体积小，对环境干扰更加敏感。本书所研究的干扰不仅包括来自飞机外部环境的干扰，也包括来自被控飞机的干扰，还包括难以处理的未建模动力学状态。外部风和未建模动力学引起的干扰力和力矩的存在，将严重影响航空航天工程领域的飞行控制性能[70-71]。自控制理论和应用出现以来，抗扰控制问题一直是一个重要的研究课题[72]。

由于传统的控制方法，如比例-积分-微分（Proportion - Integral - Differential，PID）和线性二次调节器（Liner Quadratic Regulator，LQR）控制器在设计时没有明确考虑干扰和不确定性导致的性能衰减，在存在严重扰动和不确定性的情况下，可能无法实现高精度控制性能[73]，所以，开发具有强抗扰性能的先进控制算法对提高控制精度具有重要意义。基于这一考虑，自 20 世纪 50 年代以来，人们提出了许多优越的先进控制方法，如自适应控制和鲁棒控制,以处理未知扰动和不确定性造成的不良影响[74-78]。然而,这些控制方法通常是通过基于被测输出与参考信号之间的跟踪误差的反馈调节来达到抗扰控制的目的的,而不是采用前馈补偿控制。因此,所设计的控制器虽然能通过反馈调节最终以相对较慢的方式抑制扰动,但仍难以对较强的扰动做出足够直接和快速的反应[79]。由于控制方法的这种特性,这些控制方法通常被认为是被动抗扰控制方法。

为了克服被动抗扰控制方法在处理干扰方面的局限性,研究者们开始研究主动抗扰控制方法。一般来说,主动抗扰控制的思想是在对扰动进行测量或估计的基础上,通过前馈补偿控制设计来直接补偿扰动。前馈控制是最直接的抗扰控制方法之一[72]。然而,在大多数实际应用中,干扰的可测性未知,而传感器又过于昂贵,这些都限制了前馈控制的应用。为了充分利用前馈控制在抑制干扰方面的优点,同时克服前馈控制在抑制干扰方面的缺点,研究者们对干扰估计技术的研究有了广泛的关注。

自20世纪70年代以来,发展了许多有效的干扰估计技术,如未知输入观测器[80]、扰动观测器[81]、基于等效输入干扰的估计器[82]、扩展状态观测器[83]和干扰观测器[84-85]。在这些不同的干扰估计方法中,扩展状态观测器和干扰观测器的理论和应用研究最为广泛。扩展状态观测器通常被认为是自抗扰控制的一个基本部分,被用来估计由未知不确定性和外部扰动组成的集中扰动。干扰观测器首先由Ohishi等人在20世纪80年代末提出[86]。在过去的30年里,干扰观测器的分析和设计方法取得了显著的进展。

除干扰估计技术外,基于干扰观测器的复合控制设计与分析是另一个重要而又具有挑战性的课题。由于干扰观测器是最有效且最流行的干扰估计技术之一,所以基于干扰观测器的控制(Disturbance Observer Based Control,DOBC)在控制理论和控制工程领域都受到了广泛的关注[87-91]。然而,DOBC方法仍然是一种基于模型的控制方法,在存在严重的模型不确定性的情况下,设计的DOBC方法很难实现其良好的控制性能。由于这种局限性,在DOBC方法中引入先进的反馈控制成为另一个研究热点,由此提出了复合分层抗扰控制方法。复合分层抗扰控制的基本思想是用DOBC对扰动进行前馈补偿,并用先进的反馈控制来衰减模型的不确定性。

现有的大部分DOBC方法通常用于具有集总干扰的不确定系统中。在这种情况下,集总干扰指的是外部扰动和内部模型的不确定性。然而,在实际的机械系统中广泛存在多种不同类型的扰动,将多个扰动视为单个等效扰动会导致在多个扰动存在时抗干扰性能的衰减[92-93]。因此,为了使所设计的控制器更适用于实际工程应用,需要将干扰观测器和自适应控制相结合,分别考虑和补偿单个扰动和多重扰动。

参考文献

[1] PATTON R. Robustness issues in fault-tolerant control[C]//IEE Colloquium on Fault Diagnosis and Control System Reconfiguration. London:IET,1993: 1.

[2] 姜斌,杨浩. 飞控系统主动容错控制技术综述[J]. 系统工程与电子技术,2007,29(12):2106-2110.

[3] 周东华,叶银忠. 现代故障诊断与容错控制[M]. 北京:清华大学出版社,2000.

[4] 姜斌，冒泽慧，杨浩，等. 控制系统的故障诊断与故障调节[M]. 北京：国防工业出版社，2009.

[5] JIANG J, YU X. Fault-tolerant control systems: a comparative study between active and passive approaches[J]. Annual Reviews in Control, 2012, 36(1):60 - 72.

[6] FRANK P M. Fault diagnosis in dynamic systems using analytical and knowledge-based redundancy: a survey and some new results[J]. Automatica, 1990, 26(3): 458 - 474.

[7] CHEN J, PATTON R J. Robust model-based fault diagnosis for dynamic systems [M]. Berlin: Springer Science & Business Media, 2012.

[8] 胡昌华，许化龙. 控制系统故障诊断与容错控制的分析和设计[M]. 北京：国防工业出版社，2008.

[9] ZHANG Y M, JIANG J. Bibliographical review on reconfigurable fault-tolerant control systems[J]. Annual Reviews in Control, 2008, 32(2):228 - 252.

[10] YANG G H, WANG H. Fault detection for a class of uncertain state-feedback control systems[J]. IEEE Transactions on Control Systems Technology, 2009, 18(1): 201 - 212.

[11] SHEN Q, JIANG B, COCQUEMPOT V. Adaptive fuzzy observer-based active fault-tolerant dynamic surface control for a class of nonlinear systems with actuator faults[J]. IEEE Transactions on Fuzzy Systems, 2013, 22(2):338 - 349.

[12] EDWARDS C, TAN C P. Sensor fault tolerant control using sliding mode observers [J]. Control Engineering Practice, 2006, 14(8):897 - 908.

[13] JIANG B, GAO Z, SHI P, et al. Adaptive fault-tolerant tracking control of near-space vehicle using Takagi-Sugeno fuzzy models[J]. IEEE Transactions on Fuzzy Systems, 2010, 18(5):1000 - 1007.

[14] GAO Z F, JIANG B, SHI P, et al. Active fault tolerant control design for reusable launch vehicle using adaptive sliding mode technique[J]. Journal of the Franklin Institute, 2012, 349(4):1543 - 1560.

[15] HU Q L, ZHANG X X, NIU G L. Observer-based fault tolerant control and experimental verification for rigid spacecraft[J]. Aerospace Science and Technology, 2019, 92:373 - 386.

[16] XIAO B, HU Q L, ZHANG Y M. Adaptive sliding mode fault tolerant attitude tracking control for flexible spacecraft under actuator saturation [J]. IEEE Transactions on Control Systems Technology, 2011, 20(6):1605 - 1612.

[17] YU X, LIU Z X, ZHANG Y M. Fault-tolerant flight control design with finite-time adaptation under actuator stuck failures[J]. IEEE Transactions on Control Systems Technology, 2016, 25(4):1431 - 1440.

[18] URNES J, YEAGER R. Flight demonstration of the self-repairing flight control system in a NASA F - 15 aircraft[C]//Aircraft Design and Operations Meeting.

Baltimore:AIAA,1991: 3106.
[19] ALDRIDGE E, STENBIT J P. Unmanned aerial vehicles roadmap 2002—2027[R]. Washington: Office of the Sectary of Defense, 2002.
[20] 齐俊桐,韩建达. 旋翼飞行机器人故障诊断与容错控制技术综述[J]. 智能系统学报, 2007, 2(2):31-39.
[21] 张友民,余翔,王斑,等. 四旋翼无人系统的容错控制算法设计与实现[J]. 控制工程, 2016, 23(12):1874-1882.
[22] 郭雷,余翔,张霄,等. 无人机安全控制系统技术:进展与展望[J]. 中国科学(信息科学), 2020, 50(2):184-194.
[23] AMOOZGAR M H, CHAMSEDDINE A, ZHANG Y M. Experimental test of a two-stage Kalman filter for actuator fault detection and diagnosis of an unmanned quadrotor helicopter[J]. Journal of Intelligent & Robotic Systems, 2013, 70(1): 107-117.
[24] CHEN F, JIANG R, ZHANG K, et al. Robust backstepping sliding-mode control and observer-based fault estimation for a quadrotor UAV[J]. IEEE Transactions on Industrial Electronics, 2016, 63(8):5044-5056.
[25] AVRAM R C, ZHANG X, MUSE J. Quadrotor actuator fault diagnosis and accommodation using nonlinear adaptive estimators[J]. IEEE Transactions on Control Systems Technology, 2017, 25(6):2218-2226.
[26] QIAN M S, JIANG B, LIU H H T. Dynamic surface active fault tolerant control design for the attitude control systems of UAV with actuator fault [J]. International Journal of Control, Automation and Systems, 2016, 14(3): 723-732.
[27] ZHANG Y M, CHAMSEDDINE A, RABBATH C A, et al. Development of advanced FDD and FTC techniques with application to an unmanned quadrotor helicopter testbed[J]. Journal of the Franklin Institute, 2013, 350(9):2396-2422.
[28] LIU Z X, YUAN C, YU X, et al. Retrofit fault-tolerant tracking control design of an unmanned quadrotor helicopter considering actuator dynamics[J]. International Journal of Robust and Nonlinear Control, 2019, 29(16):5293-5313.
[29] YAN K, CHEN M, WU Q, et al. Extended state observer-based sliding mode fault-tolerant control for unmanned autonomous helicopter with wind gusts[J]. IET Control Theory & Applications, 2019, 13(10):1500-1513.
[30] WANG B, YU X, MU L X, et al. Disturbance observer-based adaptive fault-tolerant control for a quadrotor helicopter subject to parametric uncertainties and external disturbances[J]. Mechanical Systems and Signal Processing, 2019, 120: 727-743.
[31] ABOUTALEBI P, ABBASPOUR A, FOROUZANNEZHAD P, et al. A novel sensor fault detection in an unmanned quadrotor based on adaptive neural observer

[J]. Journal of Intelligent & Robotic Systems, 2018, 90(3):473 - 484.
[32] XU C, JIA H, CHEN Z. Simultaneous robust control and sensor fault detection for a ducted coaxial-rotor UAV[J]. IEEE Access, 2019, 7:167738 - 167753.
[33] LIU Z, THEILLIOL D, YANG L Y, et al. Observer-based linear parameter varying control design with unmeasurable varying parameters under sensor faults for quad-tilt rotor unmanned aerial vehicle[J]. Aerospace Science and Technology, 2019, 92:696 - 713.
[34] UTKIN V. Variable structure systems with sliding modes[J]. IEEE Transactions on Automatic control, 1977, 22(2):212 - 222.
[35] UTKIN V I. Sliding mode control design principles and applications to electric drives [J]. IEEE Transactions on Industrial Electronics, 1993, 40(1):23 - 36.
[36] UTKIN V, GULDNER J, SHI J. Sliding mode control in electro-mechanical systems [M]. Boca Raton:CRC Press, 2017.
[37] EDWARDS C, SPURGEON S K. Sliding mode control: theory and applications [M]. London: Taylor & Francis, 1998.
[38] FRIDMAN L, MORENO J, IRIARTE R, et al. Sliding modes after the first decade of the 21st century[M]. Berlin: Springer Science & Business Media, 2011.
[39] ALWI H, EDWARDS C. Fault detection and fault-tolerant control of a civil aircraft using a sliding-mode-based scheme[J]. IEEE Transactions on Control Systems Technology, 2008, 16(3):498 - 510.
[40] WANG T, XIE W F, ZHANG Y M. Sliding mode fault tolerant control dealing with modeling uncertainties and actuator faults[J]. ISA Transactions, 2012, 51(3):386 - 392.
[41] UTKIN V I. Sliding modes in control and optimization[M]. Berlin:Springer Science & Business Media, 2013.
[42] SHTESSEL Y, EDWARDS C, FRIDMAN L, et al. Sliding mode control and observation[M]. Berlin: Springer Science & Business Media, 2014.
[43] LIU J K, WANG X H. Advanced sliding mode control for mechanical systems: design, analysis, and matlab simulation [M]. Beijing: Tsinghua University Press, 2012.
[44] HU Q L, XIAO B. Fault-tolerant sliding mode attitude control for flexible spacecraft under loss of actuator effectiveness[J]. Nonlinear Dynamics, 2011, 64(1): 13 - 23.
[45] SHARIFI F, MIRZAEI M, GORDON B W, et al. Fault tolerant control of a quadrotor UAV using sliding mode control[C]//2010 Conference on Control and Fault-Tolerant Systems (SysTol). Nice: IEEE, 2010: 238 - 244.
[46] SHEN Q, WANG D, ZHU S, et al. Integral-type sliding mode fault-tolerant control for attitude stabilization of spacecraft[J]. IEEE Transactions on Control Systems

Technology, 2014, 23(3):1131－1138.

[47] HAMAYUN M T, EDWARDS C, ALWI H. Design and analysis of an integral sliding mode fault-tolerant control scheme[J]. IEEE Transactions on Automatic Control, 2011, 57(7):1783－1789.

[48] HU Q, XIAO B. Adaptive fault tolerant control using integral sliding mode strategy with application to flexible spacecraft[J]. International Journal of Systems Science, 2013, 44(12):2273－2286.

[49] BRIERE D, TRAVERSE P. AIRBUS A320/A330/A340 electrical flight controls-a family of fault-tolerant systems[J]. FTCS, 1993,1(26):616.

[50] FORSSELL L, NILSSON U. Admire the aero-data model in a research environment version 4.0, model description[R]. FOI－R－1624－SE, 2005.

[51] IKEDA Y, HOOD M. An application of L1 optimization to control allocation[C]// AIAA Guidance, Navigation, and Control Conference and Exhibit. San Francisco: AIAA, 2000:4567.

[52] DURHAM W C. Constrained control allocation[J]. Journal of Guidance, Control, and Dynamics, 1993, 16(4):717－725.

[53] DURHAM W C. Attainable moments for the constrained control allocation problem[J]. Journal of Guidance, Control, and Dynamics, 1994, 17(6):1371－1373.

[54] DURHAM W C. Efficient, near-optimal control allocation[J]. Journal of Guidance, Control, and Dynamics, 1999, 22(2):369－372.

[55] BOSKOVIC J D, MEHRA R K. Control allocation in overactuated aircraft under position and rate limiting[C]// American Control Conference. Alasa: IEEE, 2002: 791－796.

[56] HARKEGARD O. Dynamic control allocation using constrained quadratic programming[J]. Journal of Guidance, Control, and Dynamics, 2004, 27(6):1028－1034.

[57] JOHANSEN T A, FUGLSETH T P, TONDEL P, et al. Optimal constrained control allocation in marine surface vessels with rudders[J]. Control Engineering Practice, 2008, 16(4):457－464.

[58] VIRNIG J, BODDEN D. Multivariable control allocation and control law conditioning when control effectors limit[C]// AIAA Guidance, Navigation, and Control Conference. [S. l. : s. n.], 1994:572－582.

[59] ENNS D. Control allocation approaches[C]// AIAA Guidance, Navigation, and Control Conference. [S. l. : s. n.], 1998:4109.

[60] DURHAM W C. Constrained control allocation: three-moment problem[J]. Journal of Guidance, Control, and Dynamics, 1994, 17(2):330－336.

[61] JOHANSEN T A, FOSSEN T I, BERGE S P. Constrained nonlinear control allocation with singularity avoidance using sequential quadratic programming [J]. IEEE Transactions on Control Systems Technology, 2004, 12(1):211－216.

[62] BODSON M. Evaluation of optimization methods for control allocation[J]. Journal of Guidance, Control, and Dynamics, 2002, 25(4):703 - 711.

[63] EBERHARDT R L, WARD D G. Indirect adaptive flight control of a tailless fighter aircraft[C]// AIAA Guidance, Navigation, and Control Conference and Exhibit. [S. l. :s. n.], 1999:466 - 476.

[64] PETERSEN J A, BODSON M. Constrained quadratic programming techniques for control allocation[J]. IEEE Transactions on Control Systems Technology, 2006, 14(1):91 - 98.

[65] BURKEN J J, LU P, WU Z, et al. Two reconfigurable flight-control design methods: robust servomechanism and control allocation[J]. Journal of Guidance, Control, and Dynamics, 2001, 24(3):482 - 493.

[66] ZHANG Y M, SURESH V S, JIANG B, et al. Reconfigurable control allocation against aircraft control effector failures[C]// IEEE International Conference on Control Applications. Sigapore:IEEE, 2007:1197 - 1202.

[67] ZHANG Y M, RABBATH C A, SU C Y. Reconfigurable control allocation applied to an aircraft benchmark model[C]// American Control Conference. Seattle:IEEE, 2008:1052 - 1057.

[68] HAMAYUN M T, EDWARDS C, ALWI H. A fault tolerant control allocation scheme with output integral sliding modes[J]. Automatica, 2013, 49(6):1830 - 1837.

[69] HU Q L, LI B, ZHANG A H. Robust finite-time control allocation in spacecraft attitude stabilization under actuator misalignment[J]. Nonlinear Dynamics, 2013, 73(1):53 - 71.

[70] PARK Y. Robust and optimal attitude stabilization of spacecraft with external disturbances[J]. Aerospace Science and Technology, 2005, 9(3):253 - 259.

[71] WANG B, MU L X, ZHANG Y M. Adaptive robust tracking control of quadrotor helicopter with parametric uncertainty and external disturbance[C]// International Conference on Unmanned Aircraft Systems (ICUAS). Miami:IEEE, 2017:402 - 407.

[72] LI S H, YANG J, CHEN W H, et al. Disturbance observer-based control: methods and applications[M]. Boca Raton:CRC Press, 2014.

[73] HAN J. From PID to active disturbance rejection control[J]. IEEE Transactions on Industrial Electronics, 2009, 56(3):900 - 906.

[74] XU H, MIRMIRANI M D, IOANNOU P A. Adaptive sliding mode control design for a hypersonic flight vehicle[J]. Journal of Guidance, Control, and Dynamics, 2004, 27(5):829 - 838.

[75] FIORENTINI L, SERRANI A, BOLENDER M A, et al. Nonlinear robust adaptive control of flexible air-breathing hypersonic vehicles[J]. Journal of Guidance, Control, and Dynamics, 2009, 32(2):401 - 416.

[76] DING S H, LI S H. Stabilization of the attitude of a rigid spacecraft with external

disturbances using finite-time control techniques [J]. Aerospace Science and Technology, 2009, 13(415):256 - 265.

[77] CHEN Z, HUANG J. Attitude tracking and disturbance rejection of rigid spacecraft by adaptive control[J]. IEEE Transactions on Automatic Control, 2009, 54(3): 600 - 605.

[78] WEN C, ZHOU J, LIU Z, et al. Robust adaptive control of uncertain nonlinear systems in the presence of input saturation and external disturbance[J]. IEEE Transactions on Automatic Control, 2011, 56(7):1672 - 1678.

[79] CHEN X S, YANG J, LI S H, et al. Disturbance observer based multi-variable control of ball mill grinding circuits[J]. Journal of Process Control, 2009, 19(7): 1205 - 1213.

[80] JOHNSON C. Accommodation of external disturbances in linear regulator and servomechanism problems[J]. IEEE Transactions on Automatic Control, 1971, 16(6): 635 - 644.

[81] KWON S, CHUNG W K. A discrete-time design and analysis of perturbation observer for motion control applications [J]. IEEE Transactions on Control Systems Technology, 2003, 11(3):399 - 407.

[82] SHE J H, FANG M, OHYAMA Y, et al. Improving disturbance rejection performance based on an equivalent-input-disturbance approach[J]. IEEE Transactions on Industrial Electronics, 2008, 55(1):380 - 389.

[83] XIA Y, SHI P, LIU G, et al. Active disturbance rejection control for uncertain multivariable systems with time-delay[J]. IET Control Theory & Applications, 2007, 1(1):75 - 81.

[84] UMENO T, KANEKO T, HORI Y. Robust servosystem design with two degrees of freedom and its application to novel motion control of robot manipulators[J]. IEEE Transactions on Industrial Electronics, 1993, 40(5):473 - 485.

[85] CHEN W H, BALANCE D J, O'REILLY J, et al. A nonlinear disturbance observer for robotic manipulators[J]. IEEE Transactions on Industrial Electronics, 2000, 47(4):932 - 938.

[86] OHISHI K, NAKAO M, OHNISHI K, et al. Microprocessor-controlled DC motor for load-insensitive position servo system [J]. IEEE Transactions on Industrial Electronics, 1987, 34(1):44 - 49.

[87] CHEN W H. Nonlinear disturbance observer-enhanced dynamic inversion control of missiles [J]. Journal of Guidance, Control, and Dynamics, 2003, 26 (1): 161 - 166.

[88] CHEN W H. Disturbance observer based control for nonlinear systems[J]. IEEE/ASME Transactions on Mechatronics, 2004, 9(4):706 - 710.

[89] BESNARD L, SHTESSEL Y B, LANDRUM B. Quadrotor vehicle control via sliding

mode controller driven by sliding mode disturbance observer[J]. Journal of the Franklin Institute, 2012, 349(2):658 - 684.

[90] YANG J, LI S, SUN C, et al. Nonlinear-disturbance-observer-based robust flight control for airbreathing hypersonic vehicles[J]. IEEE Transactions on Aerospace and Electronic Systems, 2013, 49(2):1263 - 1275.

[91] CHEN W H, YANG J, GUO L, et al. Disturbance-observer-based control and related methods-an overview[J]. IEEE Transactions on Industrial Electronics, 2016, 63 (2):1083 - 1095.

[92] WEI X, GUO L. Composite disturbance-observer-based control and H_∞ control for complex continuous models[J]. International Journal of Robust and Nonlinear Control, 2010, 20(1):106 - 118.

[93] GUO L, CAO S Y. Anti-disturbance control theory for systems with multiple disturbances: a survey[J]. ISA Transactions, 2014, 53(4):846 - 849.

第 2 章　飞机系统动力学建模

2.1　飞机概述及常用坐标转换

2.1.1　飞机概述

本书所研究的飞机具体型号为 F－16C block50(后称 F－16)，发动机型号为通用 F110－GE－129，最大推力 76.3 kN，加力后最大推力 131.5 kN，飞机质量为 9 298.60 kg，翼展为 9.144 m，主要操纵部件为副翼、升降舵、方向舵和油门杆。F－16 飞机通过选用边条翼、空战襟翼、翼身融合体和放宽静稳定性等设计来提高飞机的飞行性能。F－16 飞机的外观如图 2－1 所示，其主要技术参数如表 2－1 所示。

图 2－1　F－16 飞机的外观图

表 2－1　F－16 飞机的主要技术参数

参　数	符　号	数　值
质量/kg	m	9 298.60
翼面/m^2	s	27.870 9
平均气动弦长/m	$\bar{c}$	3.450 3
翼展/m	b	9.144

续 表

参 数	符 号	数 值
重心距机头位置/m	$x_{cg,ref}$	$0.35\bar{c}$
提供正向裕度/m	x_{cg}	$0.25\bar{c}$
巡航速度/(m·s^{-1})	V_T	238.21
x 轴惯性矩/(kg·m^2)	I_{xx}	12 820.61
y 轴惯性矩/(kg·m^2)	I_{yy}	75 673.62
z 轴惯性矩/(kg·m^2)	I_{zz}	85 552.11
x 轴和 z 轴耦合的惯性矩/(kg·m^2)	I_{xz}	1 331.41
副翼的操纵范围/(°)	δ_a	±25.0
升降舵的操纵范围/(°)	δ_e	±21.5
方向舵的操纵范围/(°)	δ_r	±30.0
油门杆的操纵范围(归一化)	δ_t	[0,1]

2.1.2 常用坐标系及坐标变换

2.1.2.1 常用坐标系

1.地轴系 $O_e x_e y_e z_e$

地轴系采用北东地坐标系，飞机的飞行姿态和位置等信息在该坐标系下表示。该坐标系的具体定义如下：原点 O_e 固定在地面上，一般为飞机起飞瞬间前飞机重心在地面位置的投影，$O_e x_e$ 轴指向正北方，$O_e y_e$ 轴指向正东方，$O_e z_e$ 轴符合右手定则，沿地球表面的法线方向向下[1]。

2.风轴系 $Ox_w y_w z_w$

风轴系主要用于描述飞机飞行过程中的气动力，其原点 O 与飞机的质心重合，Ox_w 轴方向与来流方向相反，Oz_w 轴方向在机身对称平面内向下，Oy_w 轴满足右手定则，垂直于机身对称平面指向飞机的右侧。

3.体轴系 $Ox_b y_b z_b$

体轴系与飞机固连，是分析飞机操稳特性等使用最多的坐标系，其原点 O 与飞机的质心重合，Ox_b 轴在飞机的纵向对称面内指向机头方向，Oy_b 垂直于机身的纵向对称面指向飞机的右侧，Oz_b 轴满足右手定则指向飞机的下方。图 2-2 所示为体轴系三轴间的位置关系。

2.1.2.2 坐标转换

在建模过程中各物理量定义在不同坐标系下，为了构建飞行动力学模型，飞机所受的气动力、重力等需要在风轴系、地轴系和体轴系间相互转换[2]，常用的坐标系转换方法包括欧拉角法、方向余弦矩阵法以及四元数法。下面着重介绍欧拉角法的详细流程。

欧拉角法是指一个定点转动刚体的位置可以用 3 个角度来表示的方法，这 3 个角称为欧拉角，在飞行力学中可称为滚转角 φ、俯仰角 θ、偏航角 ψ。其可以用来表示一个坐标系经过连续 3 次的旋转与另一个坐标系重合所需要的旋转角度大小，其中旋转顺序很重要，采用不同的旋转顺序将得到方位不同的新坐标系。

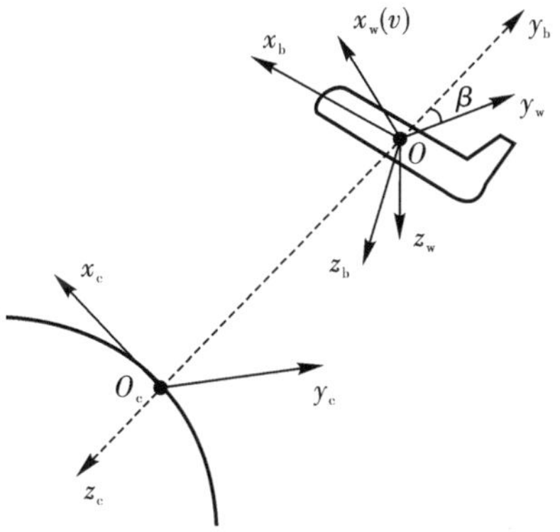

图 2-2　体轴系三轴间的位置关系

设坐标系 $Ox_1y_1z_1$ 从给定位置按 ψ、θ、φ 的顺序进行 3 次旋转才能与 $Ox_2y_2z_2$ 重合，旋转过程中对欧拉角的取值范围做如下限制：

$$\left.\begin{aligned} -\pi<\psi<\pi \\ -\frac{\pi}{2}<\theta<\frac{\pi}{2} \\ -\pi<\varphi<\pi \end{aligned}\right\} \tag{2.1}$$

旋转步骤如下。

首先，绕 Oz_1 轴旋转 ψ 角，可得到如下关系式：

$$\begin{bmatrix} x'_1 \\ y'_1 \\ z'_1 \end{bmatrix} = \begin{bmatrix} \cos\psi & \sin\psi & 0 \\ -\sin\psi & \cos\psi & 0 \\ 0 & 0 & 1 \end{bmatrix} \begin{bmatrix} x_1 \\ y_1 \\ z_1 \end{bmatrix} \tag{2.2}$$

其次，绕 Oy'_1 轴旋转 θ 角，可得到如下关系式：

$$\begin{bmatrix} x''_1 \\ y''_1 \\ z''_1 \end{bmatrix} = \begin{bmatrix} \cos\theta & 0 & -\sin\theta \\ 0 & 1 & 0 \\ \sin\theta & 0 & \cos\theta \end{bmatrix} \begin{bmatrix} x'_1 \\ y'_1 \\ z'_1 \end{bmatrix} \tag{2.3}$$

最后，绕 Ox''_1 轴旋转 φ 角，可得到如下关系式：

$$\begin{bmatrix} x'''_1 \\ y'''_1 \\ z'''_1 \end{bmatrix} = \begin{bmatrix} 1 & 0 & 0 \\ 0 & \cos\varphi & \sin\varphi \\ 0 & -\sin\varphi & \cos\varphi \end{bmatrix} \begin{bmatrix} x''_1 \\ y''_1 \\ z''_1 \end{bmatrix} \tag{2.4}$$

这样便实现了两个坐标轴之间的关系转换。

根据以上坐标转换关系式，只需得知两坐标轴之间的相差角度，便可实现坐标的转换，坐标转换过程如图 2-3 所示。

因此，从风轴系到体轴系的坐标转换矩阵为

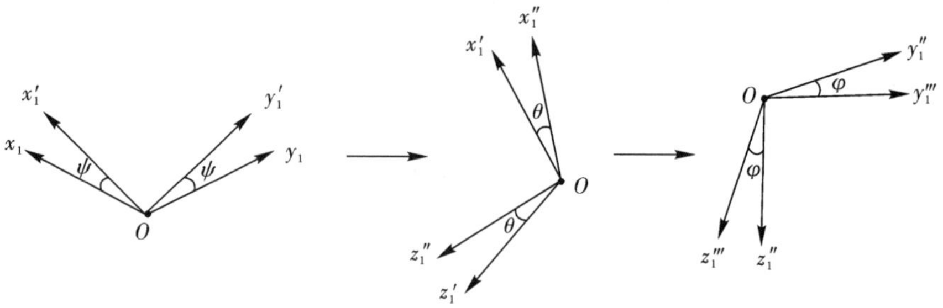

图 2-3　坐标转换过程

$$\boldsymbol{R}_{\mathrm{w}}^{\mathrm{b}}=\begin{bmatrix}\cos\alpha\cos\beta & -\cos\alpha\sin\beta & -\sin\alpha\\ \sin\beta & \cos\beta & 0\\ \sin\alpha\cos\beta & -\sin\alpha\sin\beta & \cos\alpha\end{bmatrix} \tag{2.5}$$

式中：α 和 β 分别为迎角和侧滑角。

从地轴系到体轴系的坐标转换矩阵(DCM)为

$$\boldsymbol{R}_{\mathrm{e}}^{\mathrm{b}}=\begin{bmatrix}\cos\theta\cos\psi & \cos\theta\sin\psi & -\sin\theta\\ \sin\theta\sin\varphi\cos\psi-\cos\varphi\sin\psi & \sin\varphi\sin\psi\sin\theta+\cos\varphi\cos\psi & \sin\varphi\cos\theta\\ \cos\varphi\sin\theta\cos\psi+\sin\varphi\sin\psi & \cos\varphi\sin\psi\sin\theta-\sin\varphi\cos\psi & \cos\varphi\cos\theta\end{bmatrix} \tag{2.6}$$

式中：φ、θ、ψ 分别为滚转角、俯仰角和偏航角。

2.2 飞机动力学与运动学方程

2.2.1 简化假设

为建立 F-16 飞机的刚体动力学方程，首先需要进行假设来简化建模过程。

1. 关于地球的三条假设

(1)忽略地球的自转和公转：不考虑地球产生的科氏加速度。

(2)忽略地球曲率：不考虑飞机平飞时产生的离心加速度。

(3)重力不随高度变化：重力加速度 g 保持不变。

2. 关于飞机的五条假设

(1)假设飞机具有对称面，对称面两侧飞机的几何外形及质量分布一致。

(2)假设飞机为刚体，忽略弹性变形和操纵面移动。

(3)忽略飞机飞行过程中的质量变化。

(4)忽略发动机转子的陀螺效应。

(5)忽略喷流效应。

2.2.2 动力学方程

2.2.2.1 质心移动的动力学方程

在原点与飞机质心重合的机体坐标系 $Ox_{\mathrm{b}}y_{\mathrm{b}}z_{\mathrm{b}}$ 下，飞机速度表示为$\boldsymbol{V}_{\mathrm{b}}$，角速度表示为

$\boldsymbol{\omega}_b$。将速度投影在机体坐标系的 3 个坐标轴方向上，则有

$$\boldsymbol{V}_b = u\boldsymbol{i} + v\boldsymbol{j} + w\boldsymbol{k} \tag{2.7}$$

同理，角速度$\boldsymbol{\omega}_b$ 也可以表示为

$$\boldsymbol{\omega}_b = p\boldsymbol{i} + q\boldsymbol{j} + r\boldsymbol{k} \tag{2.8}$$

对速度投影公式求导，可以得到飞机质心的绝对加速度，即

$$\frac{\mathrm{d}\boldsymbol{V}_b}{\mathrm{d}t} = \frac{\mathrm{d}u}{\mathrm{d}t}\boldsymbol{i} + \frac{\mathrm{d}v}{\mathrm{d}t}\boldsymbol{j} + \frac{\mathrm{d}w}{\mathrm{d}t}\boldsymbol{k} + \boldsymbol{\omega}_b \times \boldsymbol{V}_b \tag{2.9}$$

根据牛顿第二定律，可以将质心移动的动力学方程写为

$$\left.\begin{aligned} m\left(\frac{\mathrm{d}u}{\mathrm{d}t} + wq - vr\right) &= F_x \\ m\left(\frac{\mathrm{d}v}{\mathrm{d}t} + ur - wp\right) &= F_y \\ m\left(\frac{\mathrm{d}w}{\mathrm{d}t} + vp - uq\right) &= F_z \end{aligned}\right\} \tag{2.10}$$

2.2.2.2　绕质心移动的动力学方程

飞机绕质心的转动来自作用在飞机上的力矩。利用动量矩定理即可建立固定翼无人机绕质心转动的动力学方程。在体轴系下，依据动量矩定理可得

$$\frac{\mathrm{d}\boldsymbol{H}}{\mathrm{d}t} = \sum \boldsymbol{M} \tag{2.11}$$

式中：$\boldsymbol{H}$ 为固定翼无人机质心处的动量矩；$\sum \boldsymbol{M}$ 为作用于机体的合外力矩。动量矩在机体坐标系 3 个方向的投影可以分别表示为

$$\left.\begin{aligned} h_x &= \omega_x I_{xx} - \omega_y I_{xy} - \omega_z I_{xz} \\ h_y &= \omega_y I_{yy} - \omega_x I_{xy} - \omega_z I_{yz} \\ h_z &= \omega_z I_{zz} - \omega_x I_{xz} - \omega_y I_{yz} \end{aligned}\right\} \tag{2.12}$$

动量矩对时间求导，可得

$$\left.\begin{aligned} \frac{\mathrm{d}h_x}{\mathrm{d}t} + (h_z\omega_y - h_y\omega_z) &= \sum L \\ \frac{\mathrm{d}h_y}{\mathrm{d}t} + (h_x\omega_z - h_z\omega_x) &= \sum M \\ \frac{\mathrm{d}h_z}{\mathrm{d}t} + (h_y\omega_x - h_x\omega_y) &= \sum N \end{aligned}\right\} \tag{2.13}$$

由于飞机具有纵向对称面，所以惯性积 $I_{xy} = I_{yz} = 0$，由此可以获得绕质心转动的动力学方程为

$$\left.\begin{aligned} I_{xx}\frac{\mathrm{d}p}{\mathrm{d}t} + qr(I_{zz} - I_{yy}) - \left(pq + \frac{\mathrm{d}r}{\mathrm{d}t}\right)I_{xz} &= \sum L \\ I_{yy}\frac{\mathrm{d}q}{\mathrm{d}t} + pr(I_{xx} - I_{zz}) + (p^2 - r^2)I_{xz} &= \sum M \\ I_{zz}\frac{\mathrm{d}r}{\mathrm{d}t} + pq(I_{yy} - I_{xx}) - \left(\frac{\mathrm{d}p}{\mathrm{d}t} - qr\right)I_{xz} &= \sum N \end{aligned}\right\} \tag{2.14}$$

由于耦合惯性矩 I_{xz} 很小，为了简化建模过程，在实际建模过程中忽略 I_{xz}，所以可将式(2.14)简化为

$$\left.\begin{aligned} I_{xx}\frac{\mathrm{d}p}{\mathrm{d}t}+qr(I_{zz}-I_{yy})=\sum L \\ I_{yy}\frac{\mathrm{d}q}{\mathrm{d}t}+pr(I_{xx}-I_{zz})=\sum M \\ I_{zz}\frac{\mathrm{d}r}{\mathrm{d}t}+pq(I_{yy}-I_{xx})=\sum N \end{aligned}\right\} \tag{2.15}$$

2.2.3 运动学方程

运动学方程描述了飞机在惯性坐标系下的运动和姿态，即机体轴系与惯性轴系之间的位置和姿态的关系。一般情况下，将体轴系平移至原点与惯性系重合时，两坐标系的坐标轴并不重合，但为了描述飞机的运动，还需将机体坐标系下的速度和角度矢量转换到惯性坐标系下，因此，将涉及一个重要的坐标转换的过程。根据前文坐标系转换部分的描述，通过3次旋转可以获得如下惯性系到体轴系的坐标变换矩阵：

$$\begin{aligned} \boldsymbol{R}_{\mathrm{n}}^{\mathrm{b}}=\boldsymbol{R}_x(\varphi)\boldsymbol{R}_y(\theta)\boldsymbol{R}_z(\psi)&=\begin{bmatrix}1&0&0\\0&\cos\varphi&\sin\varphi\\0&-\sin\varphi&\cos\varphi\end{bmatrix}\begin{bmatrix}\cos\theta&0&-\sin\theta\\0&1&0\\\sin\theta&0&\cos\theta\end{bmatrix}\begin{bmatrix}\cos\psi&\sin\psi&0\\-\sin\psi&\cos\psi&0\\0&0&1\end{bmatrix} \\ &=\begin{bmatrix}\cos\theta\cos\psi&\cos\theta\sin\psi&-\sin\theta\\\sin\theta\sin\varphi\cos\psi-\cos\varphi\sin\psi&\sin\varphi\sin\psi\sin\theta+\cos\varphi\cos\psi&\sin\varphi\cos\theta\\\cos\varphi\sin\theta\cos\psi+\sin\varphi\sin\psi&\cos\varphi\sin\psi\sin\theta-\sin\varphi\cos\psi&\cos\varphi\cos\theta\end{bmatrix} \end{aligned} \tag{2.16}$$

式中：φ,θ,ψ 分别表示欧拉姿态角。因此，飞机在惯性坐标系下的速度可以表示为$\boldsymbol{V}_{\mathrm{i}}=(\boldsymbol{R}_{\mathrm{n}}^{\mathrm{b}})^{-1}\boldsymbol{V}_{\mathrm{b}}$。

飞机运动学中的一个问题是计算欧拉角的时间历程，这涉及欧拉角的时间变化率 $\dot{\varphi}$、$\dot{\theta}$、$\dot{\psi}$，但是这3个变量是无法直接测量的。一般情况下，安装于机体的角速率传感器能够分别测得体轴系下的角速度分量 p、q、r，因此还需通过机体角速度求解欧拉角变化率，具体公式如下：

$$\begin{bmatrix}\dot{\varphi}\\\dot{\theta}\\\dot{\psi}\end{bmatrix}=\begin{bmatrix}1&\sin\varphi\tan\theta&\cos\varphi\tan\theta\\0&\cos\varphi&-\sin\varphi\\0&\sin\varphi\sec\theta&\cos\varphi\sec\theta\end{bmatrix}\begin{bmatrix}p\\q\\r\end{bmatrix} \tag{2.17}$$

2.3 飞机总体受力建模

2.3.1 气动力和力矩

对常规飞机而言，气动力是影响飞机线运动的主要因素，因此一般表示在气流坐标系中，按三轴分解为 X_{w}、Y_{w} 和 Z_{w}，分别称为阻力 D、升力 L 和侧力 C。其中，阻力向后为正，与风轴系 X_{w} 方向相反，$D=-X_{\mathrm{w}}$；升力向上，与风轴系 Z_{w} 方向相反，$L=-Z_{\mathrm{w}}$；侧力 C 向右，与风轴系 Y_{w} 方向相同，$C=Y_{\mathrm{w}}$，因此气动力 R 在风轴系下可表示为

$$\boldsymbol{R}_{\mathrm{w}}=\begin{bmatrix}-D\\C\\-L\end{bmatrix} \tag{2.18}$$

在获得气动力在风轴系下的表达式后，根据前文所述从风轴系到体轴系的转换矩阵，可将气动力转换为在体轴系下表示：

$$\boldsymbol{R}_{\mathrm{b}}=\boldsymbol{R}_{\mathrm{w}}^{\mathrm{b}}\boldsymbol{R}_{\mathrm{w}} \tag{2.19}$$

气动力矩是影响常规飞机角运动的主要因素，因此一般表示在体轴系内，按三轴分解为滚转力矩、俯仰力矩和偏航力矩，其在体轴系下的分量可表示为

$$\boldsymbol{M}_{\mathrm{b}}=\begin{bmatrix}l\\m\\n\end{bmatrix} \tag{2.20}$$

飞机上总的气动力（力矩）由飞机各部件在不同飞行状态和操纵状态下产生的气动力（力矩）合成而来，建立飞行状态和操纵状态的映射关系，即可建立气动力（力矩）的模型。

本次建模中，根据已有气动数据[1]，可以建立 F－16 飞机的非线性动力学模型，气动力和气动力矩的计算公式如下：

$$\left.\begin{aligned}
&C_L=C_z(\alpha,\beta,\delta_{\mathrm{e}})+C_{zq}(\alpha)\hat{q}\\
&C_D=C_x(\alpha,\delta_{\mathrm{e}})+C_{xq}(\alpha)\hat{q}\\
&C_Y=C_y(\beta,\delta_a,\delta_r)+C_{yp}(\alpha)\hat{p}+C_{yr}(\alpha)\hat{r}\\
&C_l=C_l(\alpha,\beta)+C_{lp}(\alpha)\hat{p}+C_{lr}(\alpha)\hat{r}+C_{l_{\delta_a}}(\alpha,\beta)\delta_a+C_{l\delta_r}(\alpha,\beta)\delta_r\\
&C_m=C_m(\alpha,\delta_{\mathrm{e}})+C_{mq}(\alpha)\hat{q}+C_l(x_{\mathrm{cg,ref}}-x_{\mathrm{cg}})\\
&C_n=C_n(\alpha,\beta)+C_{np}(\alpha)\hat{p}+C_{nr}(\alpha)\hat{r}+C_{n\delta_a}(\alpha)\delta_a+C_{n\delta_r}(\alpha,\beta)\delta_r-\\
&C_y(x_{\mathrm{cg,ref}}-x_{\mathrm{cg}})\left(\frac{\bar{c}}{b}\right)\\
&\hat{p}=\frac{pb}{2V_{\mathrm{T}}}\\
&\hat{q}=\frac{q\bar{c}}{2V_{\mathrm{T}}}\\
&\hat{r}=\frac{rb}{2V_{\mathrm{T}}}
\end{aligned}\right\} \tag{2.21}$$

式中：p、q、r 为角速度分量；V_{T} 为飞行速度。上述变量量纲都为标准气动单位，需用下式进行无量纲化：

$$\left.\begin{aligned}
L&=\bar{q}SC_L\\
D&=\bar{q}SC_D\\
Y&=\bar{q}SC_Y\\
l&=\bar{q}SC_l\\
m&=\bar{q}SC_m\\
n&=\bar{q}SC_n
\end{aligned}\right\} \tag{2.22}$$

式中：$\bar{q}$ 为动压力。

F-16 飞机的气动特性表达式如下：

$$
\left.\begin{aligned}
C_x &= -0.019\,433\,67+0.213\,610\,4\alpha-0.290\,345\delta_e^2-0.003\,348\,641\delta_e-\\
&\quad 0.206\,050\,4\alpha\delta_e+0.698\,801\,6\alpha^2-0.903\,538\,1\alpha^3\\
C_{x_q} &= 0.483\,338\,3+8.644\,627\alpha+11.310\,98\alpha^2-74.229\,61\alpha^3+60.757\,76\alpha^4\\
C_y &= -1.145\,916\beta+0.060\,160\,57\delta_a+0.164\,247\,9\delta_r\\
C_{y_p} &= -0.100\,673\,3+0.867\,979\,9\alpha+4.260\,586\alpha^2-6.923\,267\alpha^3\\
C_{y_r} &= 0.807\,164\,8+0.118\,963\,3\alpha+4.177\,702\alpha^2-9.162\,236\alpha^3\\
C_z &= (-0.137\,827\,8-4.211\,369\alpha+4.775\,187\alpha^2-10.262\,25\alpha^3+8.399\,763\alpha^4)\\
&\quad (1-\beta^2)-0.435\,4\delta_e\\
C_{z_q} &= -30.549\,56-41.323\,05\alpha+329.278\,8\alpha^2-684.804\,8\alpha^3+408.024\,4\alpha^4\\
C_l &= -0.105\,858\,3\beta-0.577\,667\,7\alpha\beta-0.016\,724\,35\alpha^2\beta+0.135\,725\,6\beta^2+\\
&\quad 0.217\,295\,2\alpha\beta^2+3.464\,156\alpha^3\beta-2.835\,451\alpha^4\beta+1.098\,104\alpha^2\beta^2\\
C_{l_p} &= -0.412\,680\,6-0.118\,997\,4\alpha+1.247\,721\alpha^2-0.739\,113\,2\alpha^3\\
C_{l_r} &= 0.062\,504\,37+0.606\,772\,3\alpha-1.191\,964\alpha^2+9.100\,087\alpha^3-11.926\,72\alpha^4\\
C_{l_{\delta_a}} &= -0.146\,314\,4-0.040\,739\,01\alpha+0.032\,531\,59\beta+0.485\,120\,9\alpha^2+\\
&\quad 0.297\,885\,0\alpha\beta-0.374\,639\,3\alpha^2\beta-0.321\,306\,8\alpha^3\\
C_{l_{\delta_r}} &= 0.026\,357\,29-0.021\,929\,10\alpha-0.003\,152\,901\beta-0.058\,178\,03\alpha\beta+\\
&\quad 0.451\,615\,9\alpha^2\beta-0.492\,870\,2\alpha^3\beta-0.015\,798\,64\beta^2\\
C_m &= -0.020\,293\,70+0.046\,607\,0\alpha-0.601\,230\,8\delta_e-0.080\,629\,77\alpha\delta_e+\\
&\quad 0.083\,204\,29\delta_e^2+0.501\,853\,8\alpha^2\delta_e+0.637\,886\,4\delta_e^3+0.422\,635\,6\alpha\delta_e^2\\
C_{m_q} &= -5.159\,153-3.554\,716\alpha-35.986\,36\alpha^2+224.735\,5\alpha^3-412.099\,1\alpha^4+\\
&\quad 241.1750\alpha^5\\
C_n &= 0.299\,336\,3\beta+0.065\,940\,0\alpha\beta-0.200\,312\,5\beta^2-0.062\,339\,77\alpha\beta^2-\\
&\quad 2.107\,885\alpha^2\beta+2.141\,420\alpha^2\beta^2+84.769\,01\alpha^3\beta\\
C_{n_p} &= 0.026\,776\,52-0.329\,824\,6\alpha+0.192\,617\,8\alpha^2+4.013\,325\alpha^3-4.404\,302\alpha^4\\
C_{n_r} &= -0.369\,875\,6-0.116\,755\,1\alpha-0.764\,129\,7\alpha^2\\
C_{n_{\delta_a}} &= -0.033\,487\,17+0.042\,766\,55\alpha+0.006\,573\,646\beta+0.353\,583\,1\alpha\beta-\\
&\quad 1.373\,308\alpha^2\beta+1.237\,582\alpha^3\beta+0.230\,254\,3\alpha^2-0.251\,287\,6\alpha^3+\\
&\quad 0.158\,810\,5\beta^3-0.519\,952\,6\alpha\beta^3\\
C_{n_{\delta_r}} &= -0.081\,158\,94-0.011\,565\,80\alpha+0.025\,141\,67\beta+0.203\,874\,8\alpha\beta-\\
&\quad 0.333\,747\,6\alpha^2\beta+0.100\,429\,7\alpha^2
\end{aligned}\right\}
\tag{2.23}
$$

据此，建立了 F-16 飞机的气动力和气动力矩的模型，如图 2-4 所示。

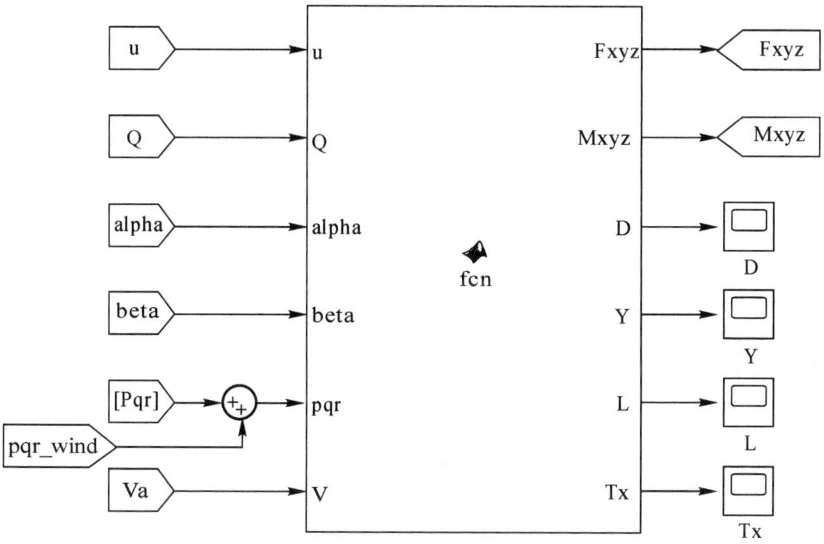

图 2-4　F-16 飞机的气动力和气动力矩建模

2.3.2　重力

重力是彻体力，均匀分布在飞机所有部件中，可以合成为一个作用于飞机质心处的合力 $\boldsymbol{G}$。如果把力矩参考点选为质心，则重力不产生额外的力矩。重力一般在地轴系中表达为

$$\boldsymbol{G}_e = \begin{bmatrix} 0 \\ 0 \\ mg \end{bmatrix} \tag{2.24}$$

在建模过程中，需要将地轴系下的重力转换为在体轴系下的表达，利用前文所述的坐标转换公式，可得到重力在体轴系下的表达式为

$$\boldsymbol{G}_b = \boldsymbol{R}_e^b \boldsymbol{G}_e \tag{2.25}$$

于是建立了如图 2-5 所示的重力模块，并将其转换为在体轴系下的表达。

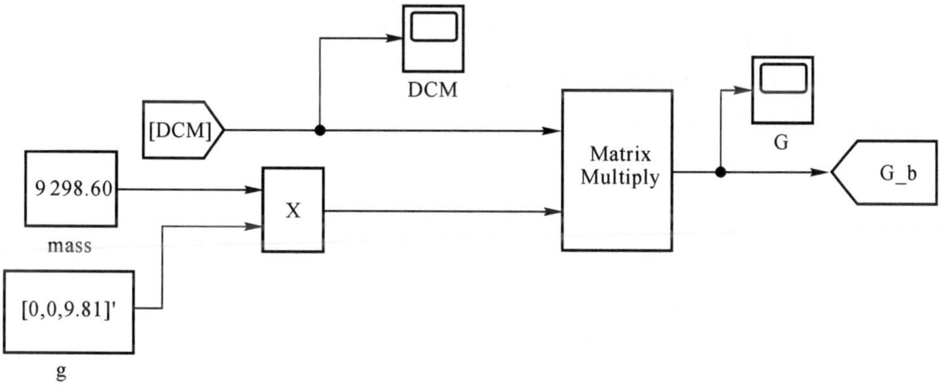

图 2-5　重力模块

2.3.3 发动机推力

发动机推力直接作用在飞机机体上，因此直接在体轴系中表示更为方便。对于本书中的飞机来说，由于未使用推力矢量，发动机推力轴线与体轴系 X 轴之间接近平行，且推力轴线与质心之间的距离很小，故本次建模过程中认为$\boldsymbol{M}_{\mathrm{b}}^{T}=0$，$T_y=T_z=0$，发动机的最大推力 $T_{x\max}=76\ 300$ N，权重系数 $\eta\in[-1,1]$，则发动机在体轴下的推力为

$$\boldsymbol{T}_{\mathrm{b}}=\begin{bmatrix}\eta T_{x\max}\\0\\0\end{bmatrix} \tag{2.26}$$

2.3.4 总体受力

本次建模中考虑到飞机的全部受力为

$$\boldsymbol{F}_{\mathrm{b}}=\boldsymbol{R}_{\mathrm{b}}+\boldsymbol{G}_{\mathrm{b}}+\boldsymbol{T}_{\mathrm{b}} \tag{2.27}$$

飞机受到的全部力矩为

$$\boldsymbol{M}=\boldsymbol{M}_{\mathrm{b}} \tag{2.28}$$

2.4 飞机执行器及其故障建模

飞机的执行器一般指舵面和油门杆，舵面对应着副翼、升降舵和方向舵，用于执行控制系统输出的偏转指令，主要目的是改变作用在飞机上的力和力矩。

在实际控制过程中，执行器受到干扰影响可能会发生延迟和故障，会严重影响飞机的控制效果和稳定性，为了应对极端情况下类似的事故，需要对执行器的故障进行建模，包括副翼卡滞故障、升降舵卡滞故障以及方向舵卡滞故障。

已知动力学方程如式(2.15)所示，在飞机的执行器存在故障的情况下，将其写为如下形式：

$$\dot{\boldsymbol{x}}=\boldsymbol{f}(t)+\boldsymbol{H}(t)\boldsymbol{B}(t)\boldsymbol{\gamma}(t)\boldsymbol{u}(t)+\boldsymbol{d} \tag{2.29}$$

式中：$\boldsymbol{f}(t)$为系统中的非线性项；$\boldsymbol{H}(t)\boldsymbol{B}(t)\boldsymbol{\gamma}(t)\boldsymbol{u}(t)$代表执行器故障引起飞机动力学的偏差，$\boldsymbol{H}(t)$为对角矩阵，$\boldsymbol{B}(t)=\mathrm{diag}(L_{\delta_a},L_{\delta_e},L_{\delta_r})$代表执行器的控制效能，$\boldsymbol{u}(t)$为执行器的控制输入，$\boldsymbol{\gamma}(t)=\boldsymbol{I}-\boldsymbol{L}_{\mathrm{c}}(t)$代表了副翼、升降舵和方向舵的控制效果，$\boldsymbol{L}_{\mathrm{c}}(t)$矩阵表示执行器的故障损失水平；$\boldsymbol{d}$ 为飞机所受外界扰动。

飞机的动力学方程可表示为

$$\left.\begin{aligned}\ddot{\varphi}&=\frac{M_x}{I_{xx}}+\frac{(I_{yy}-I_{zz})\dot{\theta}\dot{\psi}}{I_{xx}}+\frac{L_{\delta_a}(I-L_c)\delta_a}{I_{xx}}\\\ddot{\theta}&=\frac{M_y}{I_{yy}}+\frac{(I_{zz}-I_{xx})\dot{\varphi}\dot{\psi}}{I_{yy}}+\frac{L_{\delta_a}(I-L_c)\delta_{\mathrm{e}}}{I_{yy}}\\\ddot{\psi}&=\frac{M_z}{I_{zz}}+\frac{(I_{xx}-I_{yy})\dot{\varphi}\dot{\theta}}{I_{zz}}+\frac{L_{\delta_a}(I-L_c)\delta_r}{I_{zz}}\end{aligned}\right\} \tag{2.30}$$

式中：M_x、M_y 和 M_z 分别表示飞机机体在 x 轴、y 轴和 z 轴上的力矩。

假设当前时间为 t，故障发生时间为 t_f，则对角矩阵 $\boldsymbol{\gamma}(t)$ 的各个元素可表示为

$$\gamma_i(t)=\begin{cases}0, & t<t_f\\ 1-e^{\alpha_j(t-t_f)}, & t\geqslant t_f\end{cases} \tag{2.31}$$

式中：$\alpha_j>0$ 为衡量未知故障变化速率的尺度。

α_j 的值大，意味着故障发展迅速，即为突变故障。由于突变故障变化快速，所以如何正确识别这些突变故障，对于大多数的故障诊断算法来说是一个很大的挑战。

α_j 的值小，意味着故障发展缓慢，即为初期故障。在闭环系统中，处理初期故障的依据是其对系统性能的影响很小，因此可以通过控制系统消除。

在实际过程中，多个执行器可能会同时出现不同类型和程度的故障。因此，为了使提出的容错飞行控制方法更具普适性，本书一般考虑突发性故障和多重故障。执行器结构如图 2-6 所示，执行器故障建模如图 2-7 所示。

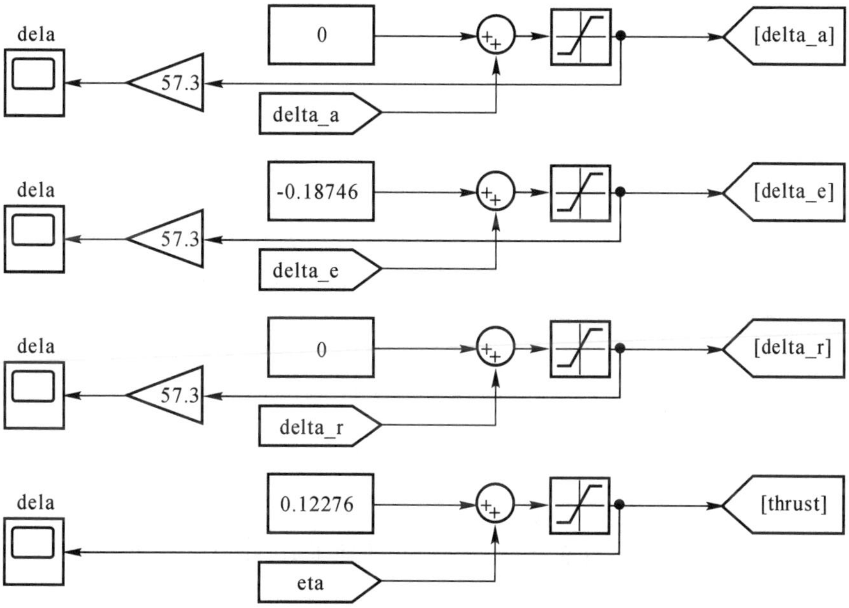

图 2-6　执行器结构

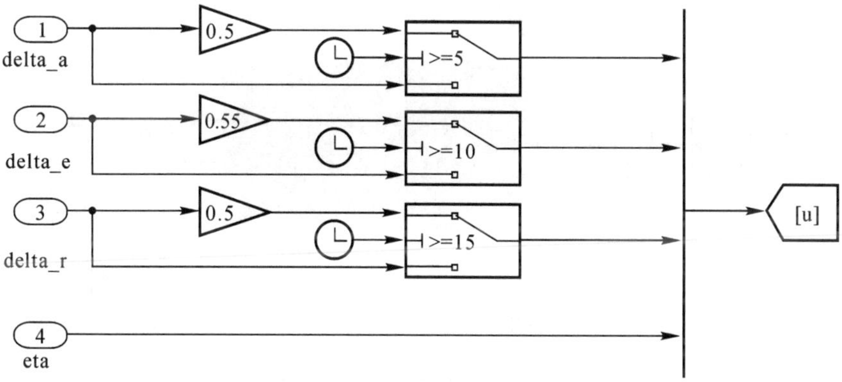

图 2-7　执行器故障建模

如图 2-7 所示，分别对飞机的副翼、升降舵和方向舵进行故障建模，在 5 s 时，副翼的操纵效能损失 50%；在 10 s 时，升降舵的操纵效能损失 55%；在 15 s 时，方向舵的操纵效能损失 50%。3 个舵面的故障都为突发性故障，10 s 后为多重故障。

2.5 大气环境及风场干扰建模

2.5.1 大气环境建模

大气环境建模主要包括大气密度 ρ、声速 a、重力加速度 g 和大气压强 P[4-5]。其计算公式如下：

$$\left.\begin{aligned} \rho &= \frac{P}{RT} \\ a &= \sqrt{1.4RT} \\ g &= \frac{9.8R_e^2}{(R_e+h)^2} \end{aligned}\right\} \tag{2.32}$$

$$P=\begin{cases} 101\ 325\left(1-\dfrac{0.006\ 5\ h}{288.15}\right)^{\frac{9.8}{0.006\ 5R}}, & h\leqslant 11\ 000 \\ p\big|_{h=11\ 000}\,\mathrm{e}^{-\frac{g}{RT_{h=11\ 000}}(h-11\ 000)}, & h>11\ 000 \end{cases} \tag{2.33}$$

式中：气体常数 $R=287.5$；地球半径 $R_e=6\ 317$ km；h 为飞机高度。

攻角 α、侧滑角 β 及空速 V 的计算公式如下：

$$\left.\begin{aligned} \alpha &= \arctan^{-1}\left(\frac{w}{u}\right) \\ \beta &= \arcsin^{-1}\left(\frac{v}{V}\right) \\ V &= \sqrt{u^2+v^2+w^2} \end{aligned}\right\} \tag{2.34}$$

由式(2.32)和式(2.34)可计算式(2.22)涉及的动压力，计算公式如下：

$$\bar{q}=\frac{1}{2}\rho V^2 \tag{2.35}$$

大气环境的仿真模型如图 2-8 所示。

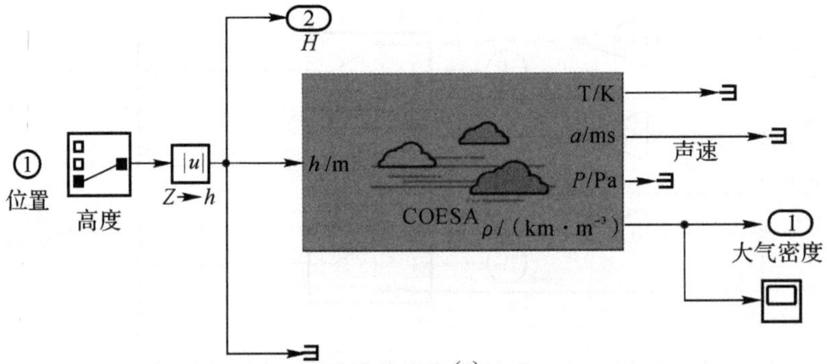

(a)

图 2-8 大气环境的仿真模型

(a) 大气密度 ρ 建模

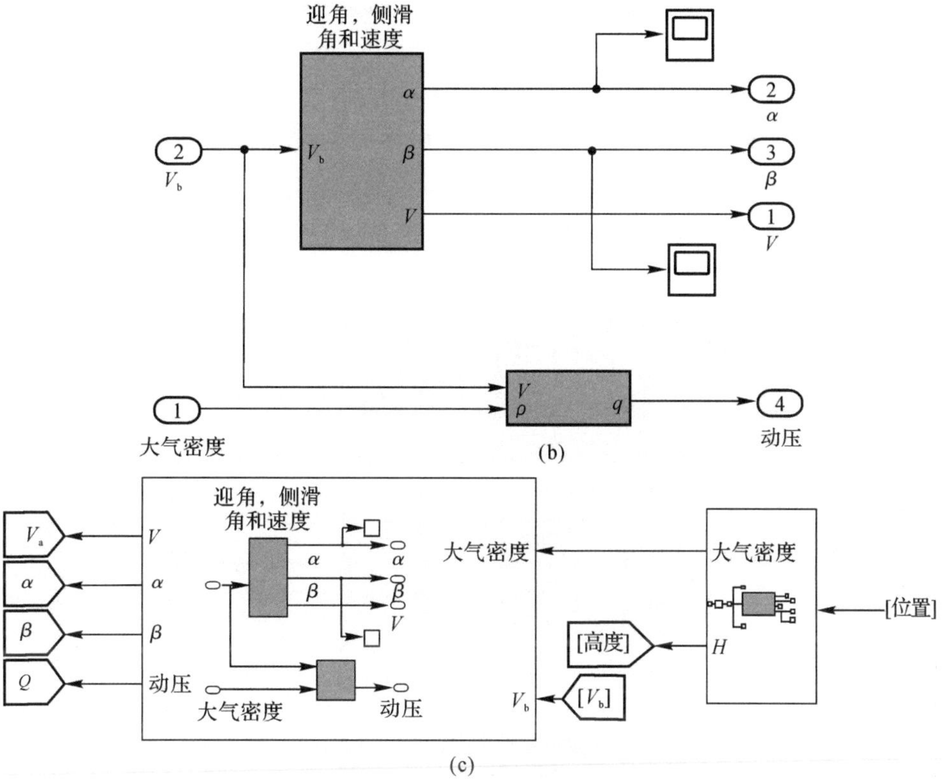

续图 2-8　大气环境的仿真模型

(b) 动压力$\bar{q}$ 建模；(c) 整体建模

2.5.2　风场干扰建模

在实际飞行过程中，飞机会受到环境风场干扰的影响，导致飞机速度、姿态和位置控制等出现异常，甚至控制失效，因此需要对风场干扰进行建模[6]。飞机相对地面的速度为$\boldsymbol{V}_e=[u_e \quad v_e \quad w_e]^T$，地面坐标系下的水平风速矢量为$\boldsymbol{V}_{wind}=[u_{wind} \quad v_{wind} \quad 0]^T$，飞机相对空气的速度在地面坐标系下的投影为$\boldsymbol{V}_a=[u_a \quad v_a \quad w_a]^T$，三者之间构成矢量三角形，如图2-9所示。

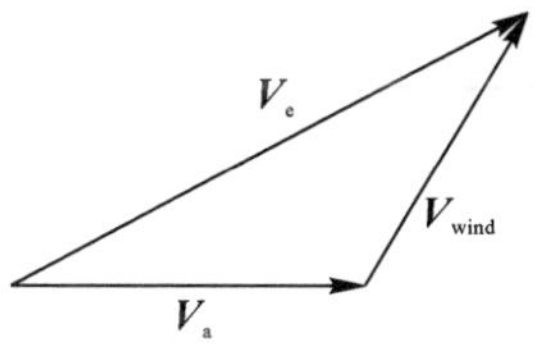

图 2-9　飞机地轴系下的速度三角形

根据图 2-9，可以推导出飞机受阵风影响时，机体坐标系下飞机的速度表达式为

$$\boldsymbol{V}_b=(\boldsymbol{R}_B^E)^{-1}\boldsymbol{V}_e=(\boldsymbol{R}_B^E)^{-1}(\boldsymbol{V}_a+\boldsymbol{V}_{wind}) \tag{2.36}$$

机体坐标系下飞机的角速度表达式为

$$\boldsymbol{\omega}_{\mathrm{b}}=(\boldsymbol{R}_B^E)^{-1}\boldsymbol{\omega}_{\mathrm{e}}=(\boldsymbol{R}_B^E)^{-1}(\boldsymbol{\omega}_{\mathrm{a}}+\boldsymbol{\omega}_{\mathrm{wind}}) \tag{2.37}$$

风场切变的计算公式为

$$u_{\mathrm{w}}=W_{20}\frac{\ln\left(\dfrac{h}{z_0}\right)}{\ln\left(\dfrac{20}{z_0}\right)},3\ \mathrm{ft}^{①}<h<1\ 000\ \mathrm{ft} \tag{2.38}$$

式中：u_{w} 为平均风速；W_{20} 为 20 ft 高度下的风速；z_0 为常数。

风场干扰的建模如图 2-10 所示。

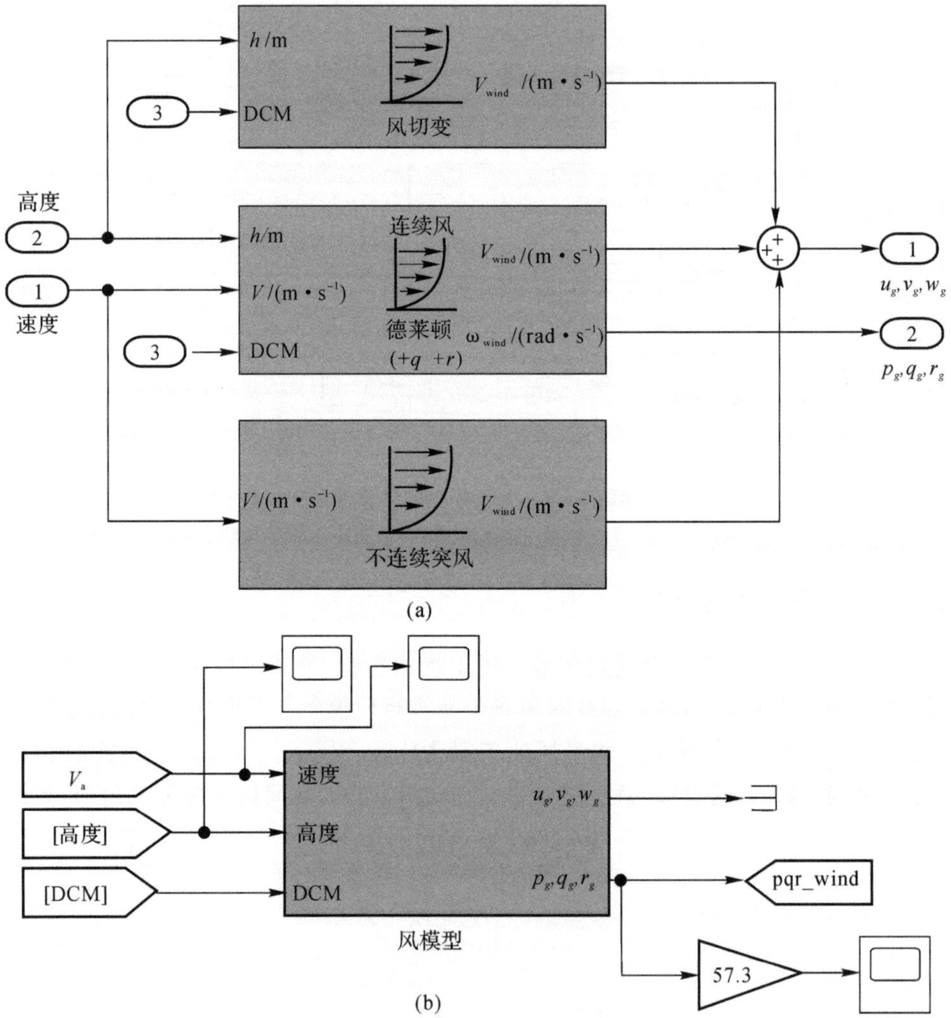

图 2-10 风场干扰的建模

(a) 建模内部；(b) 建模外部

风场扰动的大小如图 2-11 所示。

---

① 1 ft=0.304 8 m。

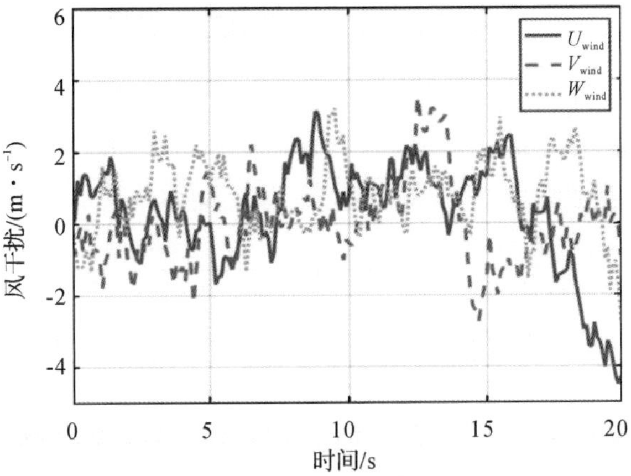

图 2-11　风场扰动大小

2.6　飞机气动特性分析

飞机的气动特性是后续飞机控制器设计的基础，是飞机正常飞行的前提。本节研究飞机在低马赫数下的本体气动特性和在不同操纵面偏角状态下的气动特性。

2.6.1　飞机配平线性化

建立完整的动力学模型后，需要对模型进行配平。通过对模型配平，分析飞机在定常平飞状态下所对应的操纵量，可以在一定程度上验证所建立的模型的准确性。使用配平函数找到动态系统的平衡点。飞机的平衡点是使飞机保持水平直线飞行的一个状态点，也就是此时飞机所受的合力与合力矩均为零。从数学上讲，平衡点是指系统的状态导数等于零时的点，配平函数采用逐级二次规划算法从初始点开始搜索，直到找到最接近的平衡点为止，如果找不到平衡点，它将返回搜索过程中遇到的状态导数在极小化意义上最接近零的点，也就是返回搜索与导数的零点之间的最大偏差最小时的点。配平工作基于所构建的二次优化函数，函数中包括与目标状态量的误差函数、操纵量和飞机所受力与力矩的绝对值函数，其具体定义如下：

$$\min J=\left[\sum w_i(x_i-x_i^{\mathrm{d}})^2+\sum w_j|u_j|^2+\sum w_k|F_k|^2+\sum w_n|M_n|^2\right] \tag{2.39}$$

式中：$\sum(x_i-x_i^{\mathrm{d}})^2$ 代表状态量与目标值误差绝对值的二次方项，该项参数值越小，则代表飞机的状态量与目标越接近；$\sum|u_j|^2$ 代表飞机的操纵量的绝对值的二次方项，该项参数值越小，则代表飞机到达目标状态的操纵量越小；$\sum|F_k|^2$ 和 $\sum|M_n|^2$ 分别代表飞机所受合力和合力矩的二次方项，该两项参数为零时代表飞机处于平衡状态，同时权重系数 w_i、w_j、w_k 和 w_n 分别用于平衡量纲不同造成的数值大小差异。

以建立的 F-16 飞机模型为基础，在速度、高度确定的情况下，让其保持高度、速度不变且姿态角速率近似为零的定长平飞。在本次配平验证中，给定前飞速度为 161.281 7 m/s，高度为 3 000 m，仿真时间为 20 s，得到的配平结果如表 1-2 所示。

表 1-2　F-16 飞机的配平结果

参　数	数　值
高度/m	3 000
速度/(m·s^{-1})	161.281 7
升降舵操纵量/(°)	−0.187 46
副翼操纵量/(°)	0
方向舵操纵量/(°)	0
油门杆推力权重系数 η	0.122 76

其余各配平状态量曲线如图 2-12～图 2-18 所示。根据配平状态曲线可以明显看出，在给定配平条件下，通过操纵面较小的偏转角度，可在 3 000 m 高度下维持 161.281 7 m/s 的前飞速度，而在体轴系下所受的合力以及合力距数量级均非常小，可认为达到了平衡状态。除此之外，飞机飞行高度和侧向位移也均维持在零附近，而由于前飞速度固定，所以 x 轴方向上的位移呈现线性变化，欧拉角以及欧拉角速率同样维持在非常小的数量级，因此可认为达到了较好的配平效果。

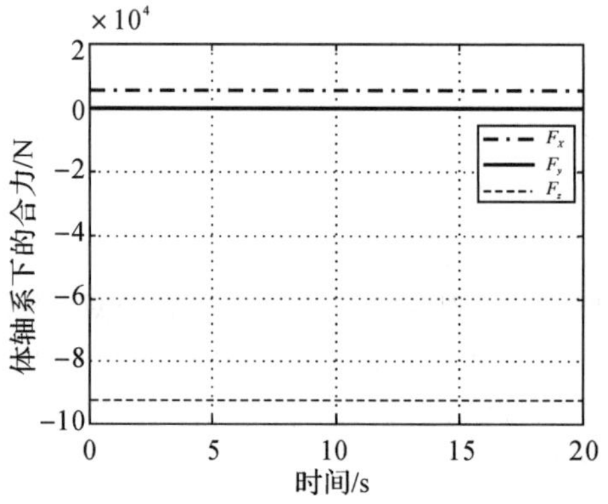

图 2-12　体轴系下的合力

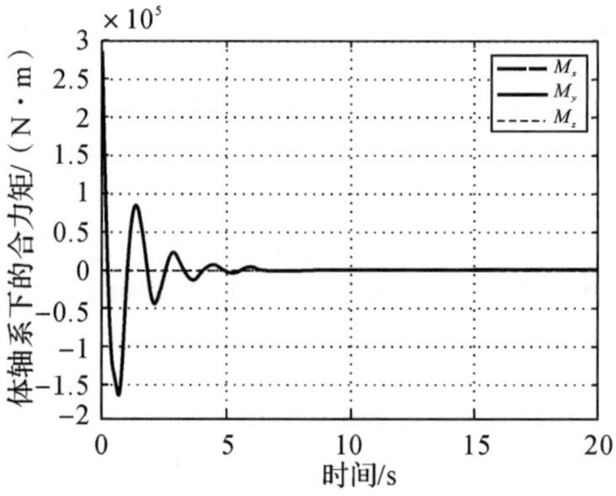

图 2-13　体轴系下的合力矩

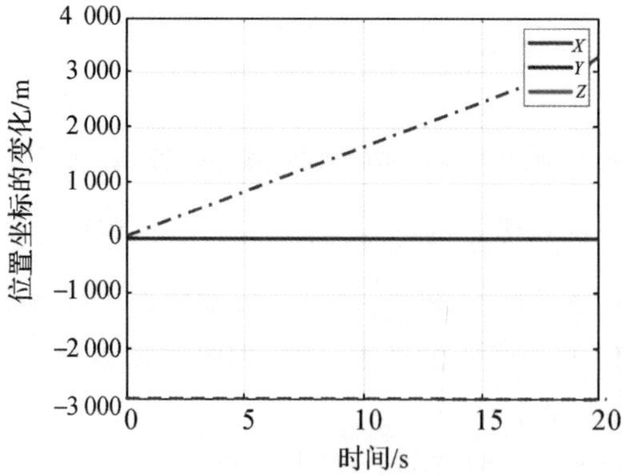

图 2-14　位置坐标的变化

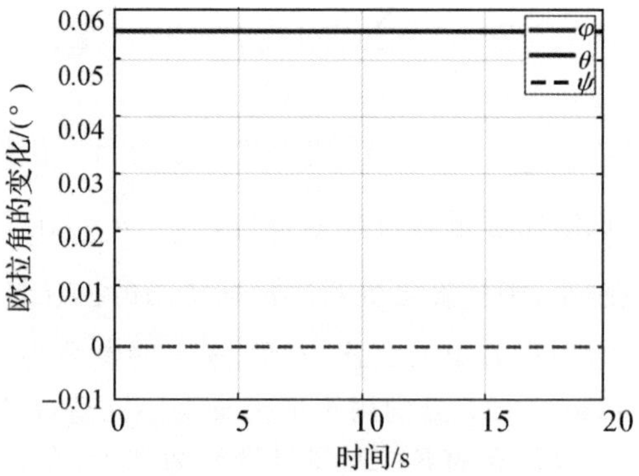

图 2-15　欧拉角的变化

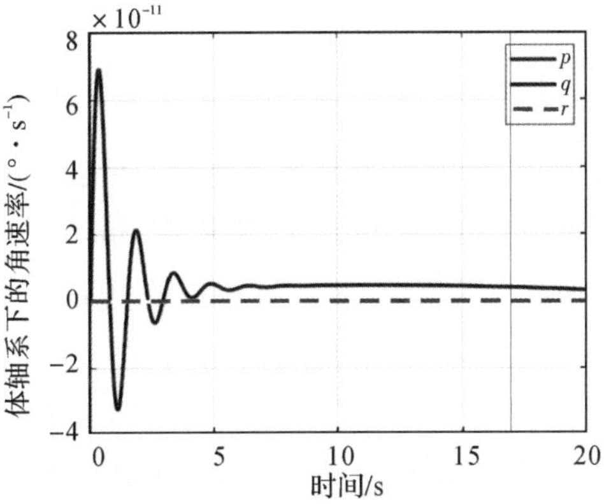

图 2－16　体轴系下的角速率

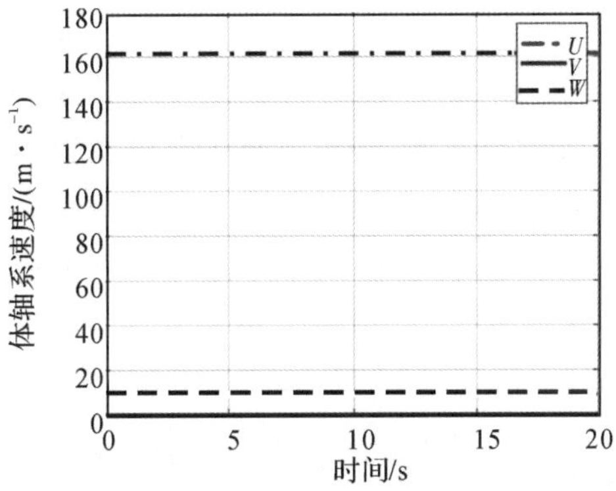

图 2－17　体轴系速度

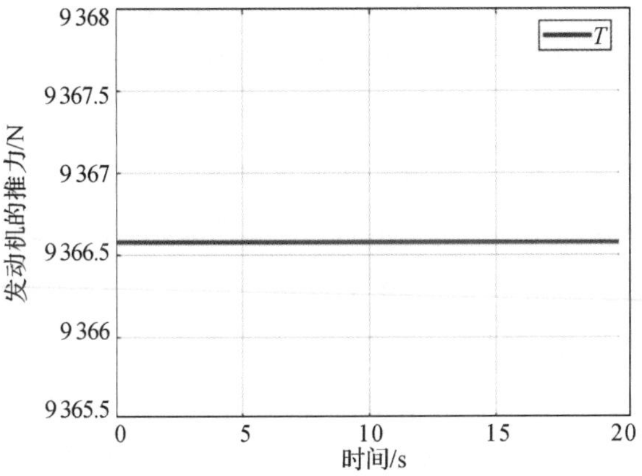

图 2－18　发动机的推力

2.6.2　线性化分析

前文提到的仿真模型是利用飞机的物理机理来进行建模的，拥有很多非线性环节，比如舵面偏角有范围限制、气动参数会根据迎角发生变化、空气密度会根据高度发生变化等，这些非线性特性很好地描述了飞机真实飞行中的情况，可以进行较为逼真的飞行仿真。它的缺点是建模复杂、计算量较大，对飞机特性描述得不清晰，可以进行试验验证却难以进行原理层面的分析。

因此本书引入了一种常用的简易模型，即状态空间模型。状态空间模型是利用小扰动假设，在飞机某个配平点，对飞行动力学特性进行线性化。可以进行线性化的条件有如下 3 个：

(1)飞机受扰动后的所有参数相对基准状态的变化量均为小量；

(2)作用在飞机上的瞬时气动力/力矩仅与当时瞬时的运动参数有关；

(3)气动力/力矩随运动参数线性变化。

状态空间的形式为

$$\left.\begin{aligned}\dot{\boldsymbol{x}}&=\boldsymbol{A}\boldsymbol{x}+\boldsymbol{B}\boldsymbol{u}\\ \boldsymbol{y}&=\boldsymbol{C}\boldsymbol{x}+\boldsymbol{D}\boldsymbol{u}\end{aligned}\right\}\tag{2.40}$$

式中：$\boldsymbol{x}$ 是状态量，包含飞机的状态参数，如速度、迎角等。本书所涉及的状态参数为 $\boldsymbol{x}=[\varphi\quad\theta\quad\psi\quad p\quad q\quad r\quad u\quad v\quad w\quad x\quad y\quad z]^{\mathrm{T}}$；使用 Inport 和 Outport 模块在 Simulink 模块图中分别表示输入和输出，$\boldsymbol{u}$ 为飞机的舵面输入，还包括发动机的推力，即 $\boldsymbol{u}=[\delta_{\mathrm{e}}\quad\delta_a\quad\delta_r\quad\eta]^{\mathrm{T}}$，其中 η 为推力归一化后的数值；$\boldsymbol{y}$ 为测量值，通常表示传感器对 $\boldsymbol{x}$ 进行测量后的值，$\boldsymbol{y}=[\varphi_{\mathrm{m}}\quad\theta_{\mathrm{m}}\quad\psi_{\mathrm{m}}\quad p_{\mathrm{m}}\quad q_{\mathrm{m}}\quad r_{\mathrm{m}}\quad u_{\mathrm{m}}\quad v_{\mathrm{m}}\quad w_{\mathrm{m}}\quad x_{\mathrm{m}}\quad y_{\mathrm{m}}\quad z_{\mathrm{m}}]^{\mathrm{T}}$；$\boldsymbol{A}$ 为状态矩阵，表示当前状态对未来状态的影响；$\boldsymbol{B}$ 为输入(控制)矩阵，表示舵面输入对未来状态的影响；$\boldsymbol{C}$ 为测量矩阵，表示传感器的特性；$\boldsymbol{D}$ 表示输入对测量值的影响，一般设置为 **0** 矩阵。

对某个配平的状态点进行线性化，可得到飞机纵向和横航向的状态空间模型。与纵向矩阵 $\boldsymbol{A}$ 匹配的状态 $\boldsymbol{x}$ 是一个四维列向量，它表示的状态是 $\boldsymbol{x}=[\theta\quad q\quad u\quad w]^{\mathrm{T}}$；输入 $\boldsymbol{u}$ 是一个二维向量，$\boldsymbol{u}=[\delta_{\mathrm{e}}\quad\eta]^{\mathrm{T}}$，依次表示升降舵舵偏(舵偏的单位为°)和发动机推力，其对应输出为 $\boldsymbol{y}=[\theta_{\mathrm{m}}\quad q_{\mathrm{m}}\quad u_{\mathrm{m}}\quad w_{\mathrm{m}}]^{\mathrm{T}}$。

与横航向矩阵 $\boldsymbol{A}$ 匹配的状态 $\boldsymbol{x}$ 也是一个四维列向量，它表示的状态是 $\boldsymbol{x}=[\varphi\ v\ p\ r]^{\mathrm{T}}$，输入 $\boldsymbol{u}$ 是一个二维向量，$\boldsymbol{u}=[\delta_a\quad\delta_r]^{\mathrm{T}}$，依次表示副翼舵偏、方向舵舵偏(舵偏的单位为°)，其对应的输出为 $\boldsymbol{y}=[\varphi_{\mathrm{m}}\quad v_{\mathrm{m}}\quad p_{\mathrm{m}}\quad r_{\mathrm{m}}]^{\mathrm{T}}$。

2.6.2.1 纵向模态及飞行品质

根据建立的非线性六自由度仿真模型，在高度为 3 000 m、前飞速度为 161.281 7 m/s 的配平状态点，对模型进行线性化分析。飞机的简化纵向方程表达式为

$$\begin{bmatrix}\dot{\theta}\\ \dot{q}\\ \dot{u}\\ \dot{w}\end{bmatrix}=\mathrm{Lon}\boldsymbol{A}\begin{bmatrix}\theta\\ q\\ u\\ w\end{bmatrix}+\mathrm{Lon}\boldsymbol{B}\begin{bmatrix}\delta_{\mathrm{e}}\\ \delta_T\end{bmatrix}\tag{2.41}$$

计算得出纵向状态矩阵方程为

$$\mathrm{Lon}\boldsymbol{A}=\begin{bmatrix}0 & 1 & 0 & 0\\ 0 & -0.874\,1 & 0.006\,353 & -0.115\,1\\ -9.795 & -8.529 & -0.009\,663 & 0.070\,23\\ -0.540\,6 & 149.2 & -0.075\,34 & -0.835\,7\end{bmatrix}\tag{2.42}$$

$$\mathrm{Lon}\boldsymbol{B}=\begin{bmatrix}0 & 0\\ -10.96 & 0\\ 3.347 & 8.206\\ -15.48 & 0\end{bmatrix}\tag{2.43}$$

飞机的纵向品质指标如表 1-3 和表 1-4 所示[7]。

表 1－3　长周期品质指标

	边界限定	一级	二级	三级
阻尼比	建议值	>0.08	>0.04	>0
	参考值	>0.04	>0	T_{2hp}>55 s

表中，T_2 为倍增时，$T_2=\frac{\ln 2}{|\mathrm{Re}|}$，式中，Re 为特征根的实部。

表 1－4　短周期品质指标

	飞行阶段	边界限定	一级	二级	三级
阻尼比	A,C	建议值	0.50～1.3	0.35～1.3	0.25～2.0
		参考值	0.35～1.3	0.25～0.2	T_{2sp}≥6 s
	B	建议值	0.40～1.5	0.30～0.20	0.20～2.0
		参考值	0.30～2.0	0.20～2.0	T_{2sp}≥6 s

根据状态矩阵，可以通过计算得出飞机的纵向特征根，如表 1－5 所示。

表 1－5　飞机的纵向特征根

	特征根	阻尼比	自然频率/(rad·s^{-1})	时间常数/s
长周期	−0.006 1±0.087 0 i	0.069 4	0.087 2	165
短周期	−0.853 7±4.149 4 i	0.202 0	4.24	1.17

由表 1－5 可知，飞机纵向模态的根为两组共轭特征根，绝对值大的为短周期模态，绝对值小的为长周期模态[8]。纵向长周期模态具有振荡周期长、衰减慢的特点，主要表现在无人机位置运动变化，对应受扰响应的中后期；纵向短周期模态具有振荡周期短、衰减快的特点，受静稳定裕度影响很大，主要表现在角度运动变化，对应受扰响应前期的迎角和俯仰角速度[9]。

长短周期明显且实部都为负值，表明飞机纵向是稳定的，即当纵向有干扰的时候，飞机自身有恢复平衡状态的趋势。该飞机的纵向飞行品质为，短周期模态阻尼比过小，受扰过程中出现振荡，飞机的飞行品质为二级；长周期模态可以快速收敛，阻尼比满足一级飞行品质。短周期和长周期响应曲线分别如图 2－19 和图 2－20 所示。

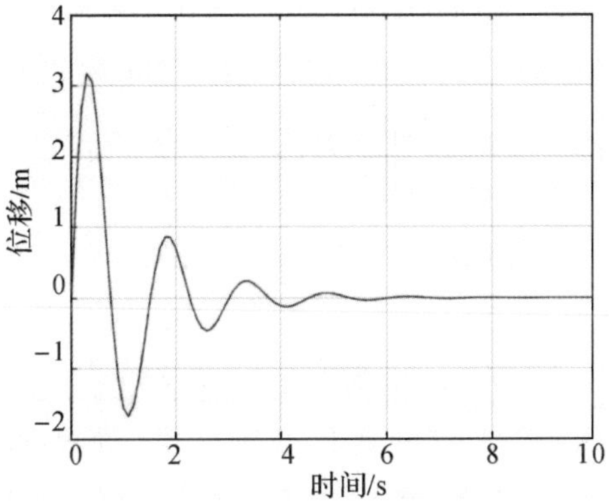

图 2－19　短周期响应曲线

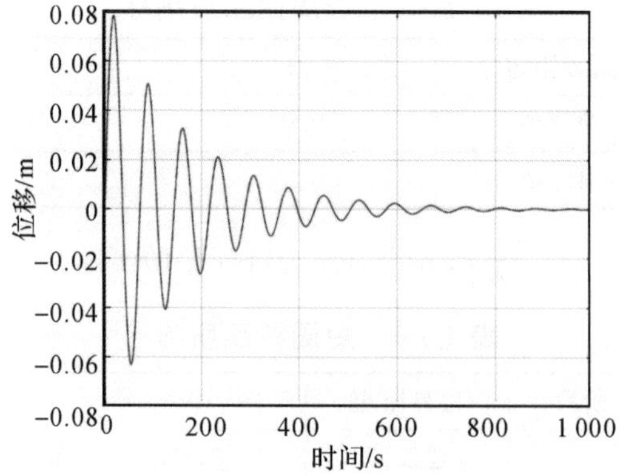

图 2-20 长周期响应曲线

2.6.2.2 横航向模态及飞行品质

根据建立的非线性六自由度仿真模型，在高度为 3 000 m、前飞速度为 161.281 7 m/s 的配平状态点，对横侧向进行线性化分析。飞机的简化横侧向方程表达式为

$$\begin{bmatrix}\dot{\varphi}\\ \dot{\psi}\\ \dot{p}\\ \dot{r}\\ \dot{y}\end{bmatrix}=\mathrm{Lat}\boldsymbol{A}\begin{bmatrix}\varphi\\ \psi\\ p\\ r\\ y\end{bmatrix}+\mathrm{Lat}\boldsymbol{B}\begin{bmatrix}\delta_a\\ \delta_r\end{bmatrix} \tag{2.44}$$

计算得出横侧向状态矩阵为

$$\mathrm{Lat}\boldsymbol{A}=\begin{bmatrix}0 & 0 & 1 & 0.055\,2 & 0\\ 0 & 0 & 0 & 1.002 & 0\\ 0 & 0 & -2.773 & 0.625\,6 & -0.200\,3\\ 0 & 0 & 0.009\,808 & -0.378\,6 & 0.100\,6\\ 9.765 & 0 & 8.861 & -160.5 & -0.252\,2\end{bmatrix} \tag{2.45}$$

$$\mathrm{Lat}\boldsymbol{B}=\begin{bmatrix}0 & 0\\ 0 & 0\\ -34.69 & 5.929\\ -1.353 & -3.635\\ 2.139 & 5.839\end{bmatrix} \tag{2.46}$$

飞机的横侧向品质指标如表 1-6～表 1-8 所示[7]。而根据状态矩阵，计算得出飞机的横航向特征根如表 1-9 所示。注意，表 1-9 中含有一个零根，对应于仅偏航角扰动时的中性稳定。

表 1-6　滚转模态品质指标

	飞行阶段	边界限定	一级	二级	三级
阻尼比	A,C	建议值	<0.8	<1.0	<5.0
		参考值	<1.0	<1.4	<10
	B	建议值	<1.0	<2.0	<5.0
		参考值	<1.4	<3.0	<10

表 1-7　螺旋模态品质指标

	飞行阶段	边界限定	一级	二级	三级
阻尼比	A,C	建议值	螺旋稳定	>12	>8
		参考值	>12	>8	>4
	B	建议值	螺旋稳定	>20	>8
		参考值	>20	>8	>4

表 1-8　荷兰滚模态品质指标

	飞行阶段	边界限定	一级	二级	三级
阻尼比	A,C	建议值	>0.25	>0.08	>0.02
		参考值	>0.19	>0.02	>0
	B	建议值	>0.15	>0.08	>0.02
		参考值	>0.08	>0.02	>0

表 1-9　飞机的横航向特征根

特征根		阻尼比	自然频率/(rad・s^{-1})	时间常数/s
偏航中性稳定	0	−1	0	Inf
滚转模态	−2.636 2	1	2.64	0.379
螺旋模态	0.000 504	−1	0.000 504	−1 980
荷兰滚模态	−0.384 1±4.193 3i	0.091 2	4.21	2.60

飞机的横航向模态由滚转模态、荷兰滚模态、螺旋模态组成[10]。

滚转模态为一阶模态，为绝对值大的负根，对应扰动运动初期引起滚转角和滚转角速度的变化。滚转模态是横航向扰动后立刻产生的高阻尼模态。

荷兰滚模态对应一对共轭复根，对应受扰响应中期，是滚转模态之后的振荡运动，由侧向特征方程共轭复根引起的一种滚转与偏航相结合的运动。

螺旋模态对应一个接近原点的根，即绝对值小的根，对应受扰响应后期偏航角和滚转角的变化，而其他变量变化缓慢。螺旋模态主要对应各个变量缓慢收敛的运动，其中侧滑变化缓慢，滚转角速度几乎为0。

从表1-6～表1-9可以看出：飞机滚转模态和荷兰滚模态符合横侧向基本特性，滚转收敛模态飞行品质为一级，荷兰滚模态飞行品质为二级；螺旋模态缓慢发散，飞行控制系统可以轻易干预，因此允许螺旋模态在缓慢变化的情况下发散。

3个模态的响应曲线分别如图2-21～图2-23所示。

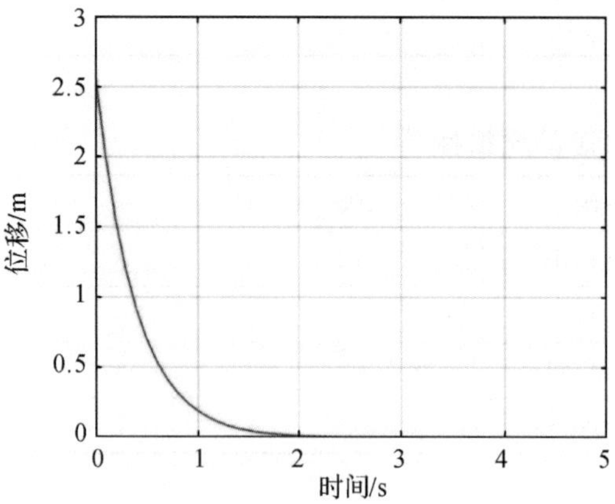

图2-21 滚转模态响应曲线

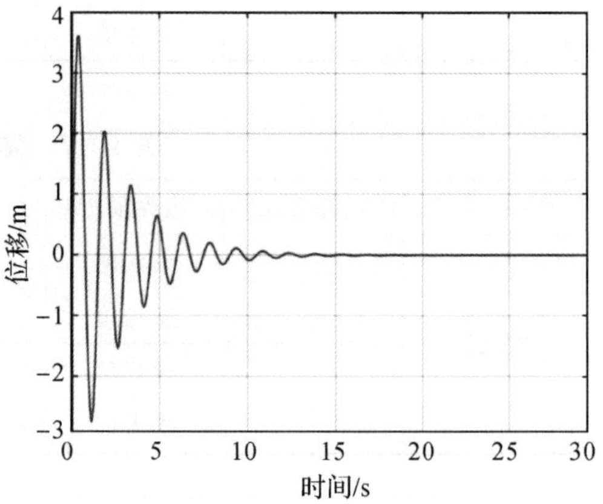

图2-22 荷兰滚模态响应曲线

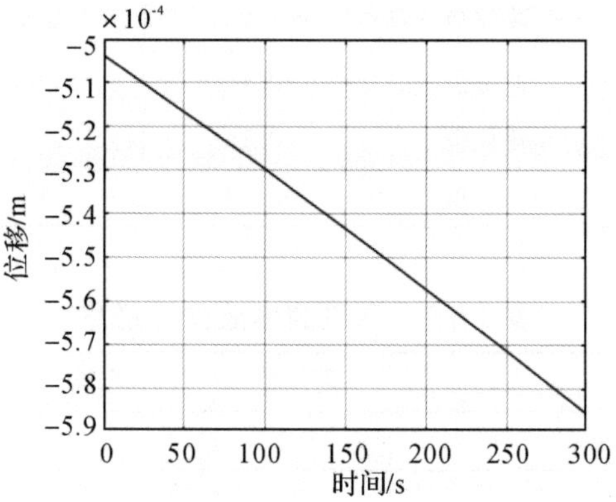

图2-23 螺旋模态响应曲线

参考文献

[1] 张永. 固定翼飞机纵向飞行品质评价指标研究[D]. 广汉：中国民用航空飞行学院，2018.

[2] 冯红星. 基于飞行任务的飞行品质评估方法研究[D]. 南京：南京航空航天大学，2009.

[3] EUGENE A M. Global nonlinear parametric modelling with application to F-16 aerodynamics[C]// Proceedings of the 1998 American Control Conference. Philadel-

phia：1998，997 - 1001.
[4]　葛立超. 基于任务的无人机飞行品质评估方法研究[D]. 南京：南京航空航天大学，2014.
[5]　吴扬. 虚拟试验风场建模及应用技术研究[D]. 哈尔滨：哈尔滨工业大学，2011.
[6]　侯捷. 风干扰下的小型无人直升机鲁棒飞行控制技术[D]. 南京：南京航空航天大学，2021
[7]　郭天豪. 无人机飞行品质评价研究[D]. 湖南：国防科学技术大学，2013.
[8]　阙向东. 飞机飞行状态估计与飞行品质评估研究[D]. 西安：西北工业大学，2004.
[9]　商重阳，左英桃，夏露，等. 飞机的性能、稳定性、动力学与控制[M]. 北京：航空工业出版社，2013.
[10]　傅庆庆. 固定翼飞机横航向飞行品质评价方法研究[D]. 广汉：中国民用航空飞行学院，2019.

第 3 章　基于滑模理论的飞机自适应容错控制方法

3.1　引　言

滑模控制方法又称变结构控制，是苏联学者 Utkin 和 Emelyanov 在 20 世纪 60 年代提出的非线性控制方法[1-2]。滑模控制的特点在于其控制的不连续性，能够通过对滑模面的设计实现对系统状态的鲁棒控制。滑模控制的发展经历了漫长的过程，控制对象从最初的单输入单输出(Single Input Single Output，SISO)的低阶线性对象到高阶线性对象，一直发展到现如今人们熟知的离散系统、非线性系统等复杂系统等。随着技术的进步，滑模控制也逐渐朝着更为智能的方向发展[3]，具有良好的鲁棒性和快速的响应特性，适用于处理系统中的非线性和不确定性问题，还具备快速响应、对参数变化及扰动不灵敏、实现过程简单等特点[1]。

滑模控制的核心是滑模面和控制律的设计，前者是后者设计的基础。

假设一个系统如下：

$$\dot{x}=f(x),x\in\mathbf{R}^n \tag{3.1}$$

在其状态空间中，有一个超曲面 $s(x)=s(x_1,x_2,\cdots,x_n)=0$，也称为切换面，如图 3 - 1 所示。

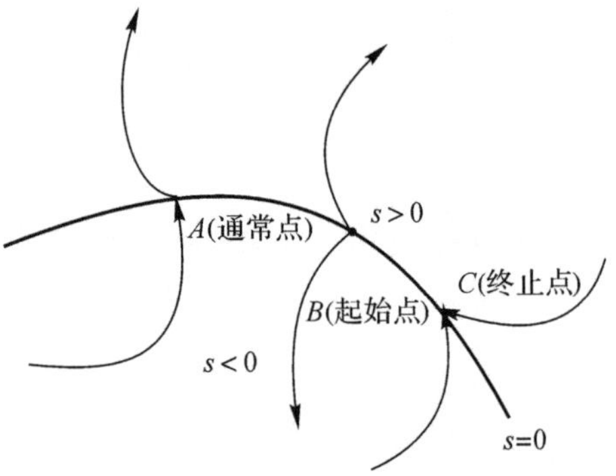

图 3 - 1　切换面上的三种点的特性

该切换面将系统的状态空间分割为两部分，其运动点可分为三种情况：通常点、起始点和终止点。滑模控制理论的关键在于终止点，假设某区域内的所有点均为终止点，那么附近的运动点都会被“吸引”到该区域。因此，将终止点构成的区域称为“滑模区”，该区域内的运动则称为“滑模运动”。

按照如上要求，当运动点到达切换面附近时，有

$$\lim_{s\to 0} s\dot{s} \leqslant 0 \tag{3.2}$$

式(3.2)对应李雅普诺夫函数的必要条件为

$$v(x_1,x_2,\cdots,x_n)=[s(x_1,x_2,\cdots,x_n)]^2 \tag{3.3}$$

可以推断出，在 $s=0$ 附近，v 是非增函数，系统本身也稳定于条件 $s=0$。

滑模运动包括趋近运动和滑模运动两个过程，系统从任意初始状态趋向切换面，直到到达切换面的运动被称为趋近运动，即 s 趋近于 0 的过程，采用趋近律的方式可以改善趋近运动的动态性能。

滑模控制利用切换控制律实现了两个目的：一是将非线性系统的轨迹驱动到指定的滑模面上，二是在以后的所有时间内保持系统在该曲面上的轨迹。与其他非线性控制方法相比，滑模控制的主要优点是其对外界干扰、模型不确定性和系统参数变化的鲁棒性，但缺点在于在状态轨迹到达滑模面后，很难沿着滑模面向着平衡点滑动，而是在滑模面两侧来回穿越，产生颤振。对飞机来说，在控制设计阶段，对于其自身故障和环境干扰，很难获得精确的不确定界。

因此，为了解决传统滑模控制由于不连续开关特性而导致的抖振问题，滑模控制领域很多研究人员采用了智能控制方法与滑模控制方法相结合的措施，如模糊算法[5]、遗传算法[6-8]、自适应[9-10]等控制方法。

本章主要围绕自适应和滑模相结合的控制方法展开讲解。

3.2　自适应容错控制器设计

3.2.1　问题描述

当执行器发生故障时，传统的控制方法存在一定的局限性，因此对于执行器故障问题，可以针对姿态控制设计自适应容错控制策略，以弥补执行器故障带来的负面影响。F-16 飞机的姿态控制系统可以表述为

$$\left.\begin{aligned}\dot{\boldsymbol{\Theta}}&=\boldsymbol{\omega}\\ \dot{\boldsymbol{\omega}}&=\boldsymbol{HF}+\boldsymbol{HBKu}+\boldsymbol{d}\end{aligned}\right\} \tag{3.4}$$

$$\boldsymbol{F}=\begin{bmatrix}0 & I_{zz}r & -I_{yy}q\\ I_{zz}r & 0 & -I_{xx}p\\ -I_{xx}q & I_{xx}p & 0\end{bmatrix}\begin{bmatrix}p\\ q\\ r\end{bmatrix} \tag{3.5}$$

式中：$\dot{\boldsymbol{\Theta}}$ 为飞机的姿态角的导数；$\boldsymbol{\omega}$ 为飞机姿态角速度；$\boldsymbol{u}$ 为控制输入向量；矩阵 $\boldsymbol{B}$ 是操纵效能矩阵；$\boldsymbol{H}$ 为对角矩阵，$\boldsymbol{H}=\boldsymbol{I}^{-1}$，$\boldsymbol{I}$ 为飞机的惯量矩阵；$\boldsymbol{d}$ 代表飞机所受外界扰动；$\boldsymbol{K}=\mathrm{diag}(K_1(t),K_2(t),K_3(t))$，当 $K_1(t)=1$ 时，代表第 i 个执行机构正常工作；当 $0\leqslant$

$K_i(t)<1$ 时,代表第 i 个执行机构出现了一定程度的故障。

3.2.2 滑模鲁棒控制设计

考虑如下控制系统表达式:

$$\left.\begin{aligned}\dot{x}_{1i}&=x_{2i}\\ \dot{x}_{2i}&=f_i(\boldsymbol{x}_1,\boldsymbol{x}_2,t)+b_iu_i(t)+d_i(t)\end{aligned}\right\}\tag{3.6}$$

式中:$\boldsymbol{x}_1=[\varphi\quad\theta\quad\psi]^{\mathrm{T}}$ 为飞机的姿态角;$\boldsymbol{x}_2=[\dot{\varphi}\quad\dot{\theta}\quad\dot{\psi}]^{\mathrm{T}}$ 为飞机的姿态角速度;$f_i(\boldsymbol{x}_1,\boldsymbol{x}_2,t)$ 为系统中的非线性项;b_i 代表执行器的控制效能;$u_i(t)$ 为执行器的控制输入;$d_i(t)$ 为外加干扰,且满足 $|d_i(t)|\leqslant D$。

滑模函数的设计形式为

$$\boldsymbol{s}(x)=\boldsymbol{\lambda}^{\mathrm{T}}\boldsymbol{x}=\sum_{i=1}^{n-1}\lambda_ix_i+x_n\tag{3.7}$$

式中:$\boldsymbol{x}$ 为状态向量;$\boldsymbol{\lambda}=[\lambda_1\quad\cdots\quad\lambda_{n-1}]^{\mathrm{T}}$,且参数 $\lambda_1,\lambda_2,\cdots,\lambda_{n-1}$ 应满足多项式 $p^{n-1}+\lambda_{n-1}p^{n-2}+\cdots+\lambda_2p+\lambda_1$ 为赫尔维茨多项式,其中 p 为拉普拉斯算子。

在本节控制器设计中,取 $n=3$,则滑模面可设计为

$$s_i(t)=\lambda_ie_i(t)+\dot{e}_i(t)\tag{3.8}$$

为了保证多项式 $p+\lambda_i$ 为赫尔维茨多项式,需要保证多项式 $p+\lambda_i=0$ 的特征值实数部分为负,即 $\lambda>0$。

由式(3.8)可知,当 $s_i=0$ 时,$\lambda_i\dot{e}_i+\dot{e}_i=0$,收敛结果为 $\dot{e}_i=-\lambda_ie_i$,即当 $t\to\infty$ 时,误差收敛于 0,收敛速度取决于 λ_i 值。

假设期望姿态角 $\boldsymbol{x}_1^{\mathrm{d}}$ 和期望姿态角变化率 $\boldsymbol{x}_2^{\mathrm{d}}$ 分别为

$$\boldsymbol{x}_1^{\mathrm{d}}=[\varphi_{\mathrm{d}}\quad\psi_{\mathrm{d}}\quad\theta_{\mathrm{d}}]^{\mathrm{T}}\tag{3.9}$$

$$\boldsymbol{x}_2^{\mathrm{d}}=[\dot{\varphi}_{\mathrm{d}}\quad\dot{\psi}_{\mathrm{d}}\quad\dot{\theta}_{\mathrm{d}}]^{\mathrm{T}}\tag{3.10}$$

姿态误差向量 $\boldsymbol{e}$ 为

$$\boldsymbol{e}=\boldsymbol{x}_1-\boldsymbol{x}_1^{\mathrm{d}}=\begin{bmatrix}\varphi-\varphi_{\mathrm{d}}\\ \psi-\psi_{\mathrm{d}}\\ \theta-\theta_{\mathrm{d}}\end{bmatrix}\tag{3.11}$$

姿态误差向量变化率 $\dot{\boldsymbol{e}}$ 为

$$\dot{\boldsymbol{e}}=\boldsymbol{x}_2-\boldsymbol{x}_2^{\mathrm{d}}=\begin{bmatrix}\dot{\varphi}-\dot{\varphi}_{\mathrm{d}}\\ \dot{\psi}-\dot{\psi}_{\mathrm{d}}\\ \dot{\theta}-\dot{\theta}_{\mathrm{d}}\end{bmatrix}\tag{3.12}$$

则

$$\begin{aligned}\dot{s}_i(t)&=\lambda_i\dot{e}_i(t)+\ddot{e}_i(t)\\ &=\lambda_i(\dot{x}_{1i}-\dot{x}_{1i}^{\mathrm{d}})+\dot{x}_{2i}-\dot{x}_{2i}^{\mathrm{d}}\\ &=\lambda_i(\dot{x}_{1i}-\dot{x}_{1i}^{\mathrm{d}})+(f_i+b_iu_i+d_i-\dot{x}_{2i}^{\mathrm{d}})\end{aligned}\tag{3.13}$$

采用等速趋近律

$$\dot{s}_i = -\eta_i \operatorname{sgn} s_i, \quad \eta_i > 0 \tag{3.14}$$

可得

$$\lambda_i(\dot{x}_{1i} - \dot{x}_{1i}^{\mathrm{d}}) + (f_i + b_i u_i + d_i - \dot{x}_{2i}^{\mathrm{d}}) = \dot{s}_i = -\eta_i \operatorname{sgn} s_i \tag{3.15}$$

需说明的是，$\eta_i \operatorname{sgn} s_i$ 为鲁棒项，用于克服干扰 $d_i(t)$。

滑模控制律为

$$u_i = \frac{1}{b_i}[-\eta_i \operatorname{sgn} s_i - \lambda_i(\dot{x}_{1i} - \dot{x}_{1i}^{\mathrm{d}}) + \dot{x}_{2i}^{\mathrm{d}} - f_i] \tag{3.16}$$

式(3.16)采用了切换函数，会导致控制输入信号产生抖振。

定义李雅普诺夫函数为

$$V = \sum_{i=1}^{3} \frac{1}{2} s_i^2 \tag{3.17}$$

其导数为

$$\dot{V} = \sum_{i=1}^{3} s_i \dot{s}_i \tag{3.18}$$

进一步计算可得

$$\begin{aligned}
\dot{V} &= \sum_{i=1}^{3} s_i [\lambda_i \dot{e}_i + (f_i + b_i u_i + d_i - \dot{x}_{2i}^{\mathrm{d}})] \\
&= \sum_{i=1}^{3} s_i (\lambda_i \dot{e}_i + f_i - \eta_i \operatorname{sgn} s_i - \lambda_i \dot{e}_i + \dot{x}_{2i}^{\mathrm{d}} - f_i + d_i - \dot{x}_{2i}^{\mathrm{d}}) \\
&= \sum_{i=1}^{3} s_i (-\eta_i \operatorname{sgn} s_i + d_i) \\
&= \sum_{i=1}^{3} s_i d_i - \eta_i |s_i|
\end{aligned} \tag{3.19}$$

令 $\dot{V} \leqslant 0$，则 η_i 取值为 $\eta_i \geqslant D$。

当飞机建模不确定性和干扰较大时，需要的 η_i 较大，会造成较大的抖振，因此一般采用饱和函数 $\operatorname{sat}(s_{\Phi_i})$ 代替符号函数 $\operatorname{sgn}(s_i)$。饱和函数表达式如下：

$$\operatorname{sat}(s_{\Phi_i}) = \begin{cases} \operatorname{sgn}(s_i), & |s_i| > \Phi_i \\ \dfrac{s_i}{\Phi_i}, & |s_i| \leqslant \Phi_i \end{cases} \tag{3.20}$$

式中：Φ_i 为正值，代表边界层的厚度。

此时，滑模控制律的表达式为

$$u_i = \frac{1}{b_i}[-\eta_i \operatorname{sat}(s_{\Phi_i}) - \lambda_i(\dot{x}_{1i} - \dot{x}_{1i}^{\mathrm{d}}) + \dot{x}_{2i}^{\mathrm{d}} - f_i] \tag{3.21}$$

3.2.3　积分滑模面设计

考虑如下控制系统：

$$\left.\begin{aligned}&\dot{x}_{1i}(t)=x_{2i}(t)\\&\dot{x}_{2i}(t)=F_i(\boldsymbol{x}_1(t),\boldsymbol{x}_2(t))+H_i(\boldsymbol{x}_1(t),\boldsymbol{x}_2(t))\nu_i(t)+d_i(t)\\&\nu_i(t)=B_i(t)u_i(t)\end{aligned}\right\}\tag{3.22}$$

式中：$\boldsymbol{x}_i(t)$代表状态向量；$F_i(\boldsymbol{x}_1(t),\boldsymbol{x}_2(t))$为系统中的非线性项；$H_i(\boldsymbol{x}_1(t),\boldsymbol{x}_2(t))$为系统中含不确定性的项；$\nu_i(t)$为虚拟控制输入；$u_i(t)$为执行器的控制输入；$B_i(t)$代表执行器的控制效能；$d_i(t)$为外加干扰，$|d_i(t)|\leqslant D$。

假设飞机实际姿态角为$\boldsymbol{x}_1=[\varphi\quad\psi\quad\theta]^{\mathrm{T}}$，期望姿态角为$\boldsymbol{x}_1^{\mathrm{d}}=[\varphi_{\mathrm{d}}\quad\psi_{\mathrm{d}}\quad\theta_{\mathrm{d}}]^{\mathrm{T}}$，姿态误差向量为

$$\boldsymbol{e}=\boldsymbol{x}_1-\boldsymbol{x}_1^{\mathrm{d}}=\begin{bmatrix}\varphi-\varphi_{\mathrm{d}}\\\psi-\psi_{\mathrm{d}}\\\theta-\theta_{\mathrm{d}}\end{bmatrix}\tag{3.23}$$

滑模面构型如下：

$$s_i=c_{1i}\int_0^t e_i(\tau)\,\mathrm{d}\tau+c_{2i}e_i+\dot{e}_i\tag{3.24}$$

式中：c_{1i}，c_{2i}用于确定滑模面。设计参数c_{1i}，c_{2i}的多项式$p^2+c_{2i}p+c_{1i}$需满足赫尔维茨多项式条件，即需要多项式$p^2+c_{2i}p+c_{1i}=0$的特征值实部为负数。假设$p^2+c_{2i}p+c_{1i}=p^2+2\lambda_i p+\lambda_i^2=(p+\lambda_i)^2=0$，则取$\lambda_i>0$可满足多项式$p^2+c_{2i}p+c_{1i}=0$的特征值实部为负数，对应可以取$c_{1i}=\lambda_i^2$，$c_{2i}=2\lambda_i$。

此时滑模面的表达式为

$$s_i=\lambda_i^2\int_0^t e_i(\tau)\,\mathrm{d}\tau+2\lambda_i e_i+\dot{e}_i=\left(\frac{\mathrm{d}}{\mathrm{d}t}+\lambda_i\right)^2\int_0^t e_i(\tau)\,\mathrm{d}\tau\tag{3.25}$$

给定$x_{1i}(t_0)=x_{1i}^0(t_0)$，当执行器未故障时，$x_{1i}^0$象征理想系统的状态，需在$t\geqslant t_0$时确保$x_{1i}=x_{1i}^0$。控制输入$u_i$可设计为

$$u_i=u_{0i}+u_{1i}\tag{3.26}$$

式中：u_{0i}是稳定的理想系统的连续控制部分；u_{1i}是用于补偿扰动以确保其按照所设计的控制律运动的不连续控制的部分，在系统轨迹上保持$\dot{s}_i=0$，即可得到u_{0i}。

通过令$\dot{s}_i=0$，可得

$$\begin{aligned}\dot{s}_i&=\ddot{e}_i+2\lambda_i\dot{e}_i+\lambda_i^2 e_i\\&=\ddot{x}_{1i}-\ddot{x}_{1i}^{\mathrm{d}}+2\lambda_i\dot{e}_i+\lambda_i^2 e_i\\&=F_i(x_1,x_2)+H_i(x_1,x_2)B_i u_{0i}-\ddot{x}_{1i}^{\mathrm{d}}+2\lambda_i\dot{e}_i+\lambda_i^2 e_i\end{aligned}\tag{3.27}$$

可求解u_{0i}表达式为

$$u_{0i}=B_i^{-1}H_i^{-1}(\ddot{x}_{1i}^{\mathrm{d}}-2\lambda_i\dot{e}_i-\lambda_i^2 e_i-F_i)\tag{3.28}$$

当系统遭受外部干扰时，$d_i(t)=\ddot{e}_i+2\lambda_i\dot{e}_i+\lambda_i^2 e_i$，此时系统的跟踪误差及其导数$\tilde{x}_{1i}$，$\dot{\tilde{x}}_{1i}$，$\ddot{\tilde{x}}_{1i}$将无法收敛到0，将连续和不连续的部分结合进行抑制干扰。

不连续控制部分的设计为

$$u_{1i}=-B_i^{-1}H_i^{-1}K_i\operatorname{sgn}(s_i) \tag{3.29}$$

式中：K_i 使滑模面更具吸引力。

将连续控制部分和不连续控制部分结合起来，则总体输入 u_i 的表达式为

$$u_i=B_i^{-1}H_i^{-1}[\ddot{x}_{1i}^{d}-2\lambda_i\dot{e}_i-\lambda_i^2e_i-F_i-K_i\operatorname{sgn}(s_i)] \tag{3.30}$$

为了抵消扰动的影响，不连续的控制会导致颤振。通过添加薄边界层平滑颤振，可以用饱和函数替代符号函数。饱和函数表述如下：

$$\operatorname{sat}(s_{\Phi_i})=\begin{cases}\operatorname{sgn}(s_i), & |s_i|>\Phi_i\\ \dfrac{s_i}{\Phi_i}, & |s_i|\leqslant\Phi_i\end{cases} \tag{3.31}$$

式中：Φ_i 为正值边界层的厚度。

输入 u_i 可改写为

$$u_i=B_i^{-1}H_i^{-1}[\ddot{x}_{1i}^{d}-2\lambda_i\dot{e}_i-\lambda_i^2e_i-F_i-K_i\operatorname{sat}(s_{\Phi_i})] \tag{3.32}$$

当不连续控制增益为 $K_i>\eta_i+D$ 时，系统可实现预期的滑动运动并保持在边界层内。证明如下：

取李雅普诺夫函数 $V=\sum_{i=1}^{3}\frac{1}{2}s_i^2$，令

$$\begin{aligned}\dot{s}_i&=\dot{e}_i+2\lambda_i\dot{e}_i+\lambda_i^2e_i\\&=F_i+H_iB_iu_i+d_i-\dot{x}_{1i}^{d}+2\lambda_i\dot{e}_i+\lambda_i^2e_i\\&=F_i+H_iB_i\{B_i^{-1}H_i^{-1}[\dot{x}_{1i}^{d}-2\lambda_i\dot{e}_i-\lambda_i^2e_i-F_i-K_i\operatorname{sat}(s_{\Phi_i})]\}+d_i-\dot{x}_{1i}^{d}+\\&\quad 2\lambda_i\dot{e}_i+\lambda_i^2e_i\\&=F_i+\dot{x}_{1i}^{d}-2\lambda_i\dot{e}_i-\lambda_i^2e_i-F_i-K_i\operatorname{sat}(s_{\Phi_i})+d_i-\dot{x}_{1i}^{d}+2\lambda\dot{e}+2\lambda_i\dot{e}_i+\lambda_i^2e_i\\&=-K_i\operatorname{sat}(s_{\Phi_i})+d_i\end{aligned} \tag{3.33}$$

可以得到

$$\begin{aligned}\dot{V}&=\sum_{i=1}^{3}s_i\dot{s}_i\\&=\sum_{i=1}^{3}s_i[-K_i\operatorname{sat}(s_{\Phi_i})+d_i]\\&=\sum_{i=1}^{3}-K_i\operatorname{sat}(s_{\Phi_i})s_i+d_is_i\\&\leqslant\sum_{i=1}^{3}-(\eta_i+D)\operatorname{sat}(s_{\Phi_i})s_i+d_is_i\\&\leqslant\sum_{i=1}^{3}-\eta_i|s_i|\leqslant 0\end{aligned} \tag{3.34}$$

因此，积分滑模控制可以保证系统的稳定性。

3.2.4 自适应滑模容错控制器设计

在积分滑模控制的基础上，可以设计自适应滑模控制。

令 $v_i = v_{di} + \tilde{v}_i$，则系统模型可表述为

$$\ddot{x}_{1i}(t) = F_i(x_1(t), x_2(t)) + H_i(x_1(t), x_2(t))(\nu_{di}(t) + \tilde{v}_i(t)) + d_i(t) \quad (3.35)$$

式中：$\tilde{v}_i(t)$表示虚拟控制误差。

为消除虚拟控制误差，可通过调整 H_i，将虚拟控制误差转换为 H_i 的不确定性：

$$\ddot{x}_{1i} = F_i + (H_i + \widetilde{H}_i) v_{di} + d_i \quad (3.36)$$

令估计参数 $\hat{\gamma}_i = \hat{H}_i^{-1}$，则滑模控制律可设计为

$$v_i = \hat{\gamma}_i [\ddot{x}_{1i}^{d} - 2\lambda_i \dot{e}_i - \lambda_i^2 e_i - F_i - K \operatorname{sat}(s_{\Phi_i})] \quad (3.37)$$

为更新估计参数 $\hat{\gamma}_i$，利用饱和函数和边界层 Φ_i 定义新变量σ_i 如下：

$$\sigma_i = s_i - \Phi_i \operatorname{sat}(s_{\Phi_i}) \quad (3.38)$$

当滑模变量保持在边界层之外时，有 $\dot{\sigma}_i = \dot{s}_i$；而当滑模变量保持在边界层内时，$\sigma_i = 0$。因此，参数 $\hat{\gamma}_i$ 的更新律可设计为

$$\dot{\hat{\gamma}}_i = [\ddot{x}_{1i}^{d} - 2\lambda_i \dot{e}_i - \lambda_i^2 e_i - F_i - K_i \operatorname{sat}(s_{\Phi_i})]\sigma_i \quad (3.39)$$

一旦滑模变量超出控制性能不可接受的边界层，自适应参数就会开始调整，强迫滑模变量回到边界层内，以保持系统的跟踪性能。当滑模变量到达边界层时，变量σ_i 停止自适应的调整模式，避免对参数的过度估计。

采用上述自适应滑模控制的方法，当 $K_i > \eta_i + D$ 时，系统可以实现预期的滑动运动，保证系统的跟踪性能。证明如下：

取李雅普诺夫函数：

$$V = \sum_{i=1}^{3} \frac{1}{2}[\sigma_i^2 + \gamma_i^{-1}(\hat{\gamma}_i - \gamma_i)^2]$$

则有

$$\begin{aligned}
\dot{V} &= \sum_{i=1}^{3} \sigma_i \dot{\sigma}_i + \gamma_i^{-1}(\hat{\gamma}_i - \gamma_i)\dot{\hat{\gamma}}_i \\
&= \sum_{i=1}^{3} \sigma_i \{F_i + \gamma_i^{-1}\hat{\gamma}_i [\dot{x}_{1i}^{d} - 2\lambda_i \dot{e}_i - \lambda_i^2 e_i - F_i - K_i \operatorname{sat}(s_{\Phi_i})] + \\
&\quad d_i - \dot{x}_{1i}^{d} + 2\lambda_i \dot{e}_i + \lambda_i^2 e_i\} + \gamma_i^{-1}(\hat{\gamma}_i - \gamma_i)\dot{\hat{\gamma}}_i \\
&= \sum_{i=1}^{3} \sigma_i (\gamma_i^{-1}\hat{\gamma}_i - 1)(\dot{x}_{1i}^{d} - 2\lambda_i \dot{e}_i - \lambda_i^2 e_i - F_i) - \sigma_i \gamma_i^{-1}\hat{\gamma}_i K_i \operatorname{sat}(s_{\Phi_i}) + \\
&\quad \gamma_i^{-1}(\hat{\gamma}_i - \gamma_i)\dot{\hat{\gamma}}_i + \sigma_i d_i \\
&= \sum_{i=1}^{3} (\gamma_i^{-1}\hat{\gamma}_i - 1)\{\dot{\hat{\gamma}}_i + [(\dot{x}_{1i}^{d} - 2\lambda_i \dot{e}_i - \lambda_i^2 e_i - F_i) - \sigma_i K_i \operatorname{sat}(s_{\Phi_i})]\} - \\
&\quad \sigma_i K_i \operatorname{sat}(s_{\Phi_i}) + \sigma_i d_i \\
&= \sum_{i=1}^{3} -\sigma_i K_i \operatorname{sat}(s_{\Phi_i}) + \sigma_i d_i \leqslant -\sigma_i(\eta_i + D)\operatorname{sat}(s_{\Phi_i}) + \sigma_i d_i \leqslant -|\sigma_i|\eta_i
\end{aligned} \quad (3.40)$$

因此，即使在执行器故障的情况下，自适应滑模控制依然是可以保持整个系统的稳定性的。

3.3　系统仿真验证与分析

在本节中将展示基于滑模理论的自适应容错控制方法的控制效果，验证所提出自适应控制策略的有效性。自适应滑模控制方法在期望输入和实际输入出现误差的时候改变连续控制和不连续控制的部分以消除误差。在滑模变量超出控制性能不可接受的边界层后，自适应参数就开始调整，强迫滑模变量回到边界层内，当滑模变量到达边界层的时候，自适应调整阶段自动停止，避免对参数过度估计。

仿真验证场景设置如表 3－1 所示。其中，场景一主要关注在无外界干扰和无执行器故障状况的情况下，所提出的基于滑模理论的自适应容错控制方法的控制性能。场景二的目标是展示所提出方法在有外界风干扰和执行器正常工作情况下的控制性能，着重验证自适应容错控制策略对外界干扰的鲁棒控制效果。场景三则通过考虑无外界干扰和有执行器效率损失的情况，侧重展示所提出控制策略对于执行器故障的安全控制效果。在场景四中，同时考虑外界风干扰和执行器存在效率损失的情况，展示所提出的基于滑模理论的自适应容错控制方法在复杂环境中的综合抗扰安全控制效果，进一步验证所提出控制策略的优越性能。

表 3－1　仿真验证场景设置

	外界风干扰	执行器故障
场景一	无	无
场景二	有	无
场景三	无	有
场景四	有	有

3.3.1　场景一

在场景一中分别采用符号函数和饱和函数进行仿真试验，仿真结果包括滚转角、俯仰角、偏航角、速度的跟踪效果图，自适应参数图和控制器参数图，以及舵面和推力的跟踪效果图。采用符号函数的仿真结果图如图 3－2～图 3－15 所示。

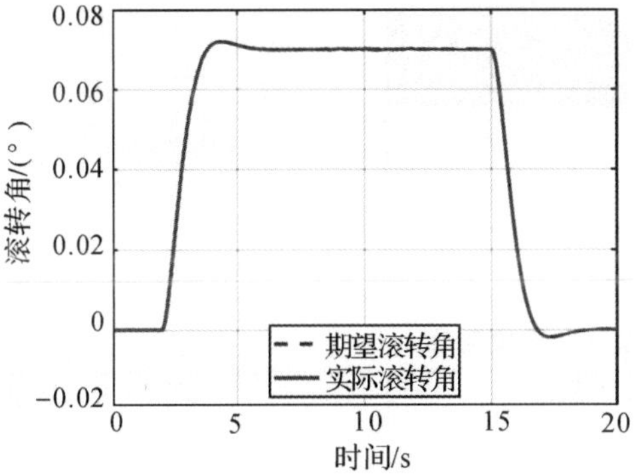

图 3－2　场景一滚转角跟踪效果

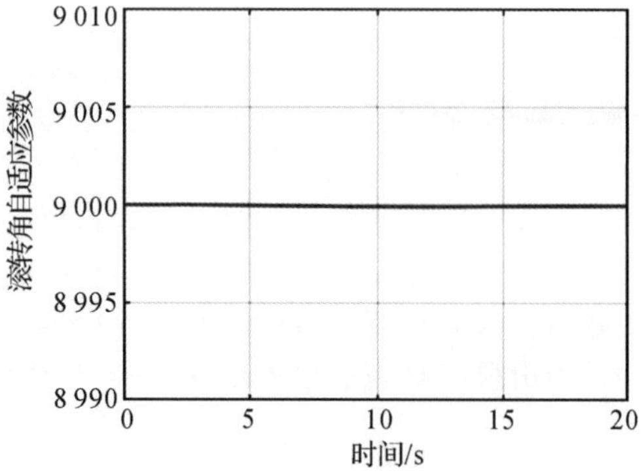

图 3-3　场景一滚转角跟踪自适应参数

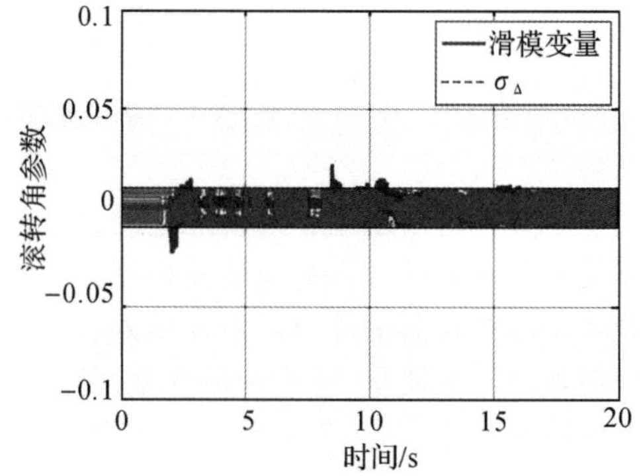

图 3-4　场景一滚转角跟踪滑模变量、σ_Δ 和边界层示意图

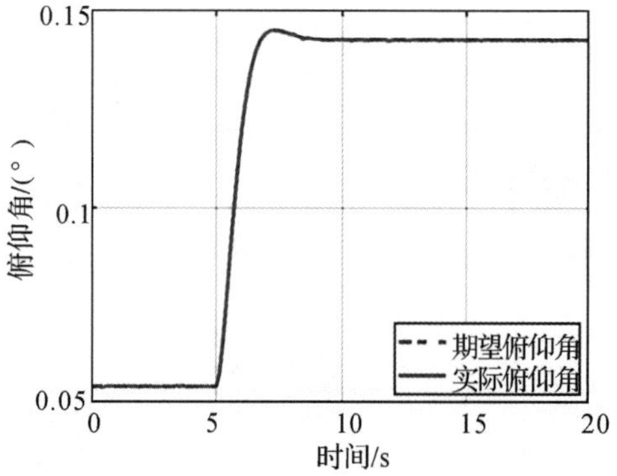

图 3-5　场景一俯仰角跟踪效果

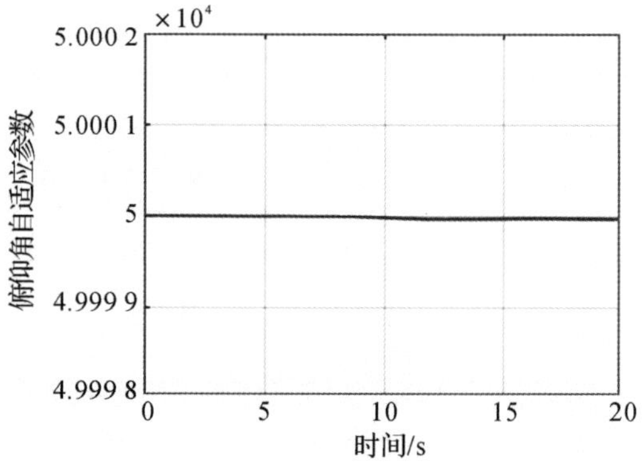

图 3-6　场景一俯仰角跟踪自适应参数

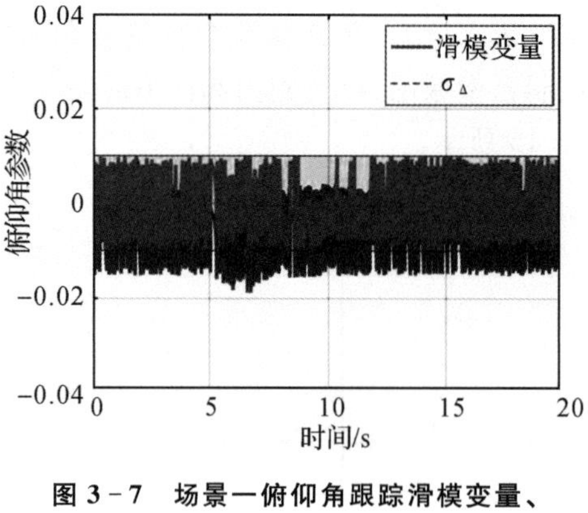

图 3-7　场景一俯仰角跟踪滑模变量、σ_Δ 和边界层示意图

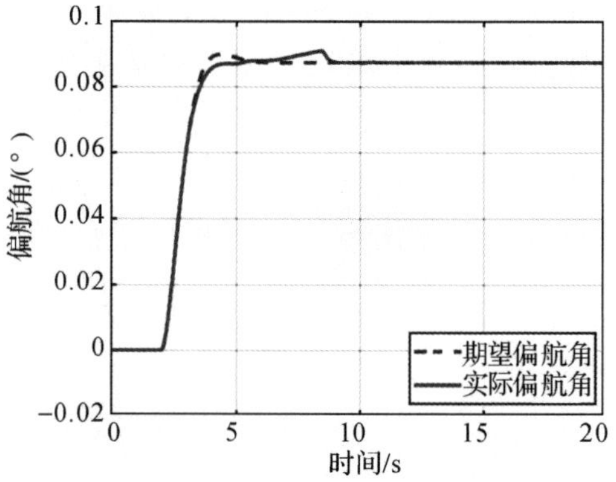

图 3-8　场景一偏航角跟踪效果

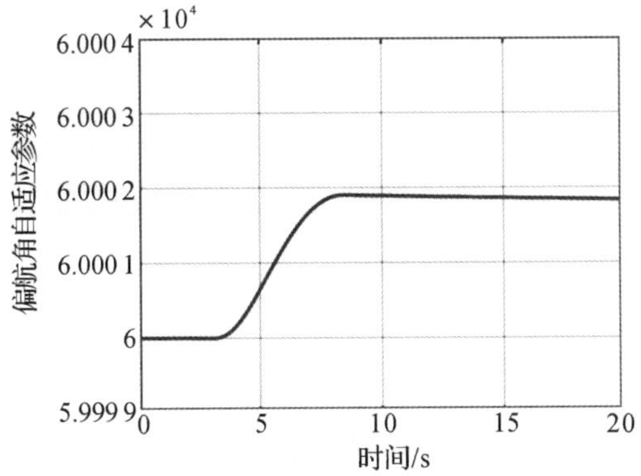

图 3-9　场景一偏航角跟踪自适应参数

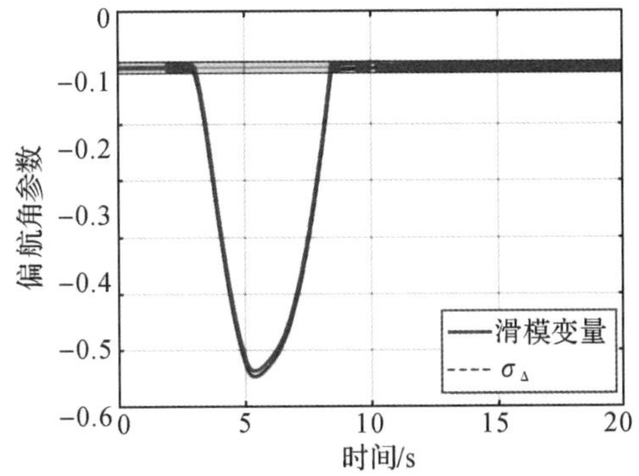

图 3-10　场景一偏航角跟踪滑模变量、σ_Δ 和边界层示意图

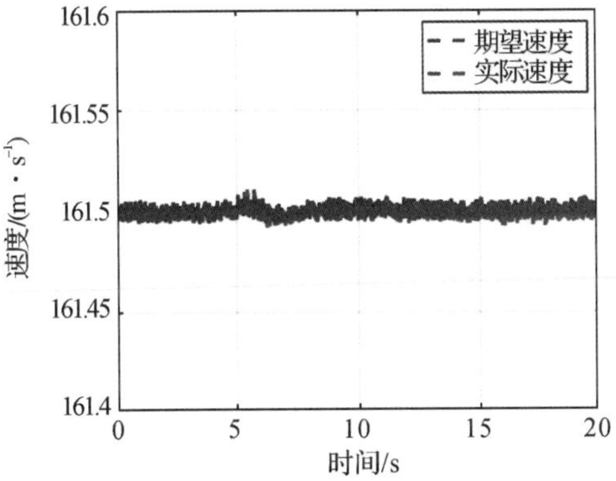

图 3-11　场景一速度跟踪效果

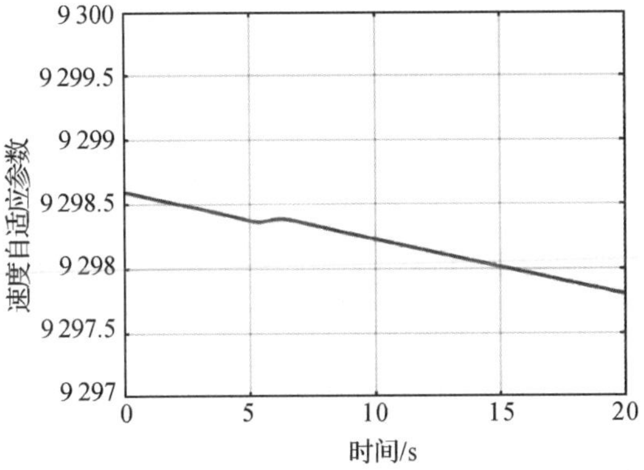

图 3-12　场景一速度跟踪自适应参数

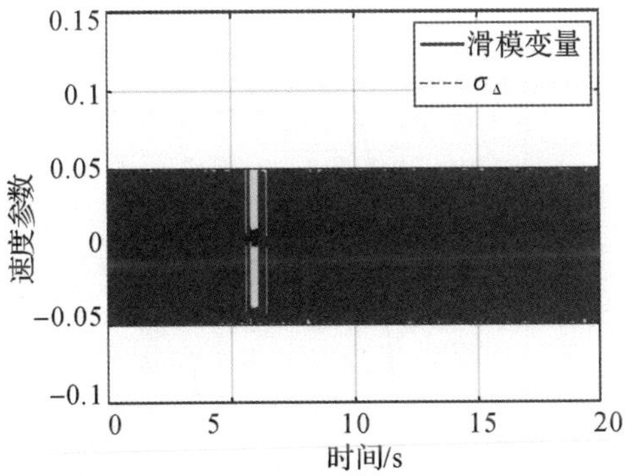

图 3-13　场景一速度跟踪滑模变量、σ_Δ 和边界层示意图

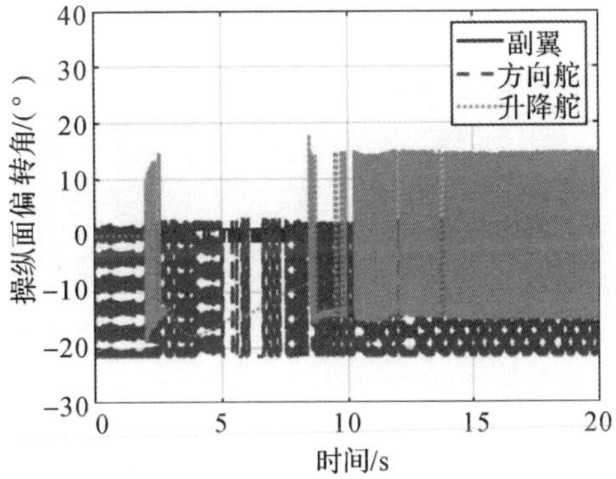

图 3-14　场景一操纵面偏转角

图 3-2～图 3-15 中为基于符号函数的自适应滑模控制，在无风扰、无故障的情况下，在舵面、发动机推力以及姿态角和速度的滑模面、σ_Δ 中均出现了抖振的现象。符号函数的不连续控制特性容易引起滑模变量快速穿越滑模面，发生抖振。这种抖振现象不仅会影响系统的控制性能和跟踪性能，还会引起操纵面的磨损。因此在滑模控制中引入了“准滑动模态”的概念。当滑动变量在边界层外部时，滑模控制器的结构与控制策略通常会发生变化，以将滑动变量快速引导至滑模面；当滑动变量在边界层内部时，滑模控制器的结构不变。这种控制方法从设计原理的角度避免了抖振的出现，兼顾了跟踪精度和稳定控制的双重设计目标。最常用的方法就是使用饱和函数代替符号函数。采用饱和函数的仿真结果如图 3-16～图 3-29 所示。

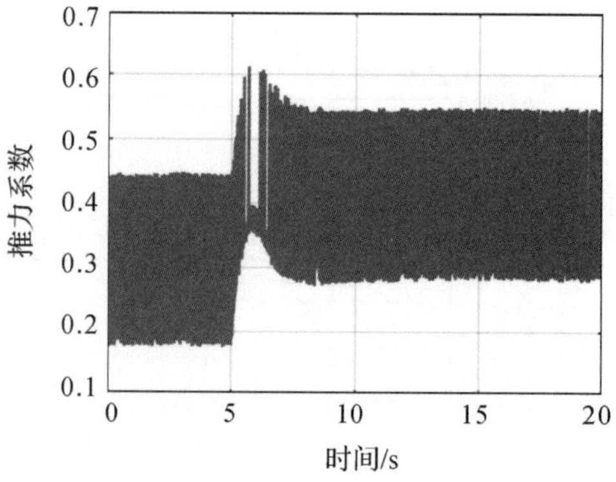

图 3-15　场景一推力系数

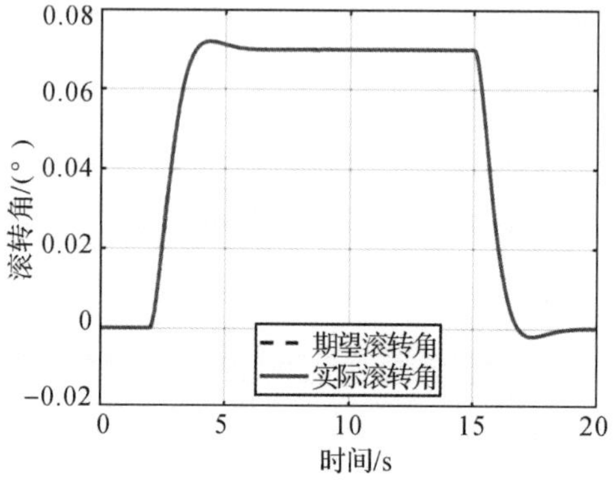

图 3-16　场景一滚转角跟踪效果

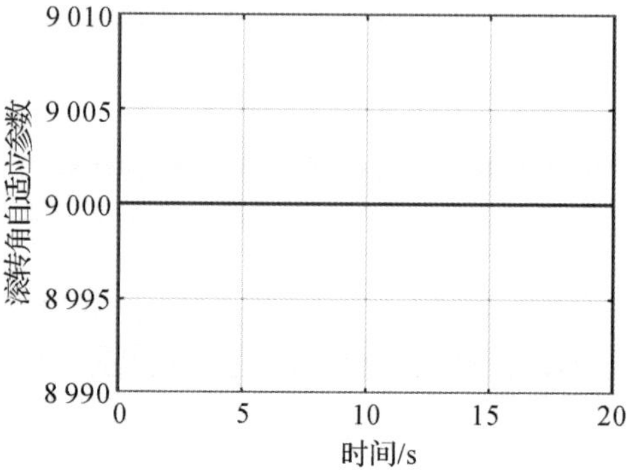

图 3-17　场景一滚转角跟踪自适应参数

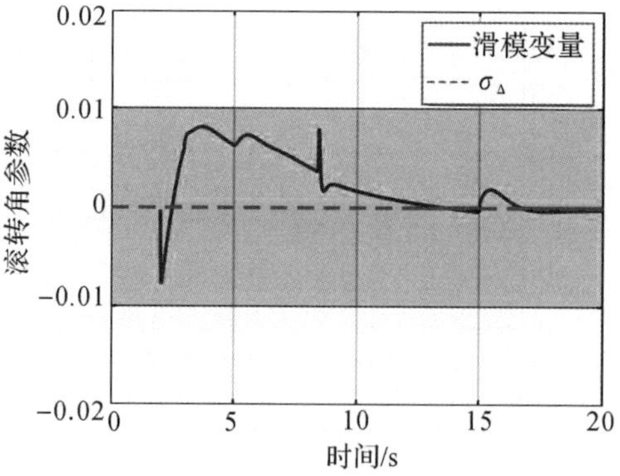

图 3-18　场景一滚转角跟踪滑模变量、σ_Δ 和边界层示意图

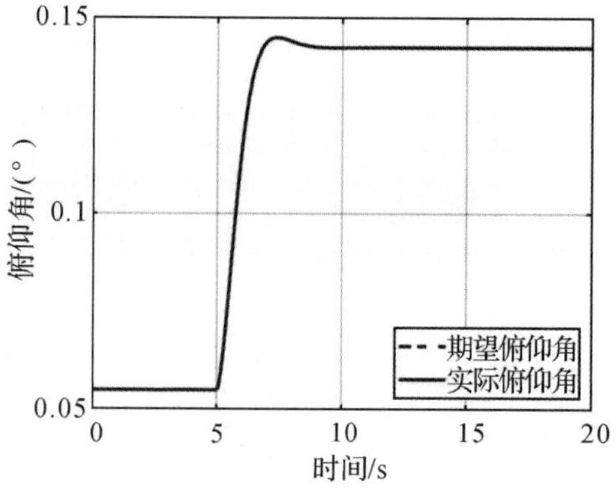

图 3-19　场景一俯仰角跟踪效果

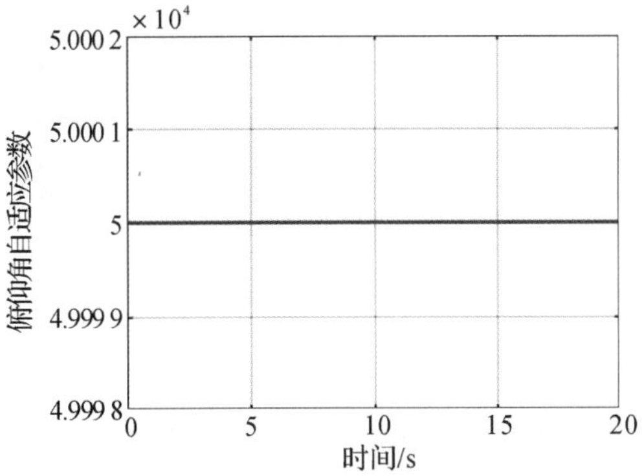

图 3 - 20　场景一俯仰角跟踪自适应参数

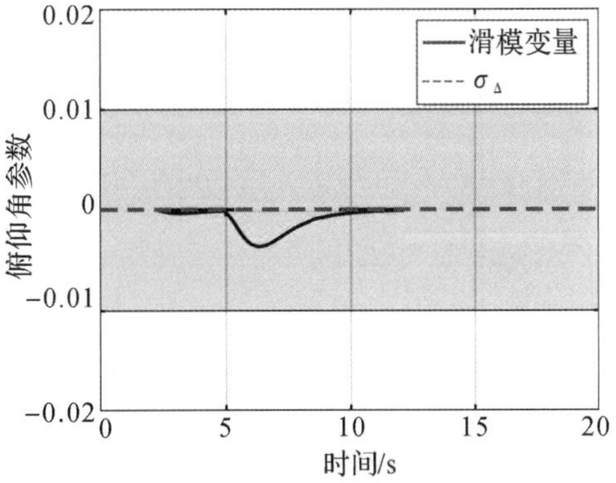

图 3 - 21　场景一俯仰角跟踪滑模变量、σ_Δ 和边界层示意图

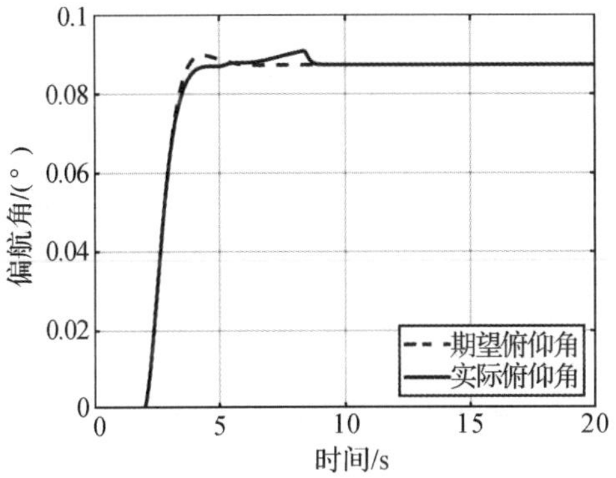

图 3 - 22　场景一偏航角跟踪效果

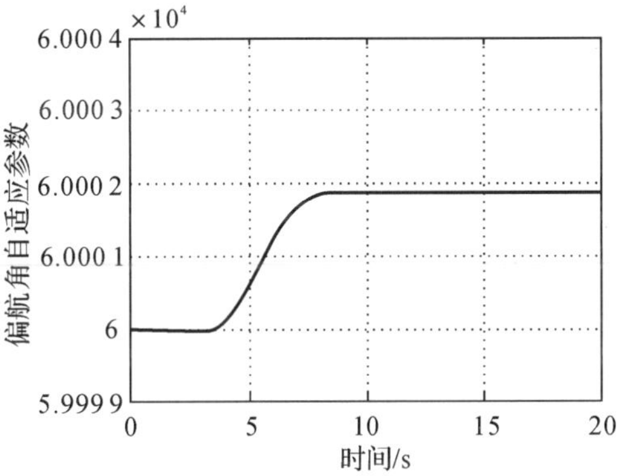

图 3 - 23　场景一偏航角跟踪自适应参数

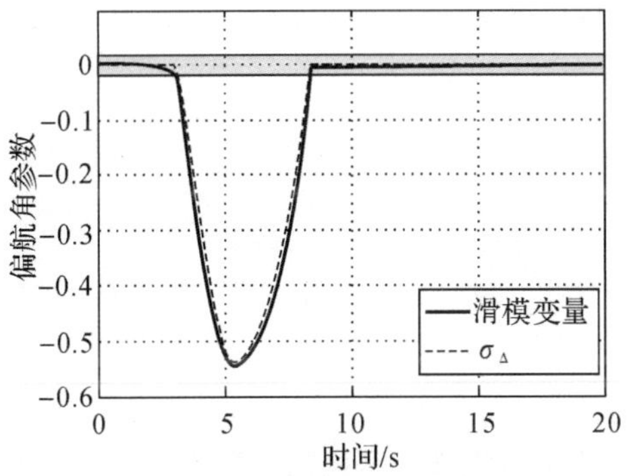

图 3 - 24　场景一偏航角跟踪滑模变量、σ_Δ 和边界层示意图

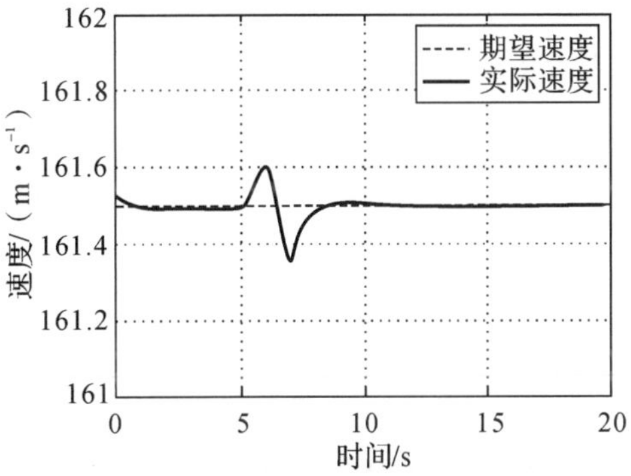

图 3 - 25　场景一速度跟踪效果

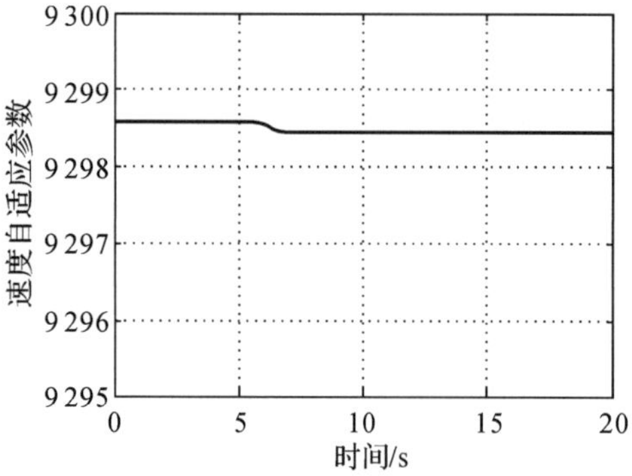

图 3-26　场景一速度跟踪自适应参数

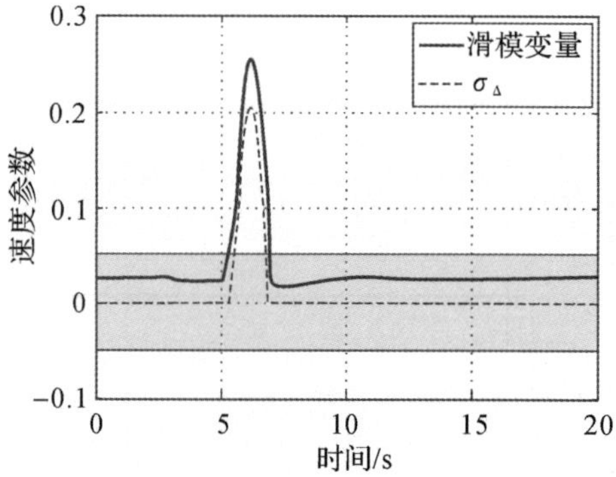

图 3-27　场景一速度跟踪滑模变量、σ_Δ 和边界层示意图

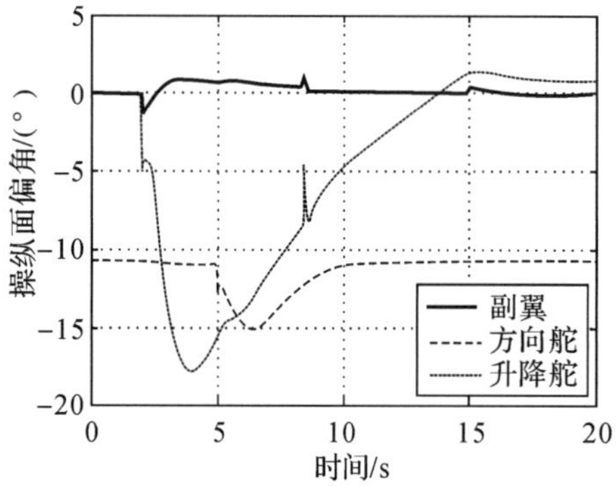

图 3-28　场景一操纵面偏转角

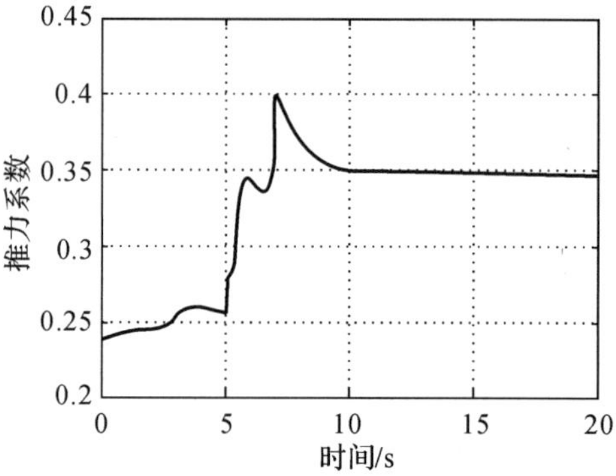

图 3-29　场景一推力系数

图 3-16～图 3-29 中为基于饱和函数的自适应滑模控制结果，相较于使用符号函数的控制结果，系统的抖振情况大大改善，可以实现良好的滚转角、俯仰角、偏航角和速度跟踪，飞机的升降舵、副翼、方向舵和推力正常。当滑模变量在边界层外时，σ_Δ 开始自适应调整，自适应参数开始改变，直到滑模变量返回边界层内，σ_Δ 和自适应参数停止改变，从而实现良好的跟踪效果。

3.3.2　场景二

场景二的目标是展示所提出方法在有外界风干扰和执行器正常工作情况下的控制性能，着重验证自适应容错控制策略对外界干扰的鲁棒控制效果。如图 3-30～图 3-43 所示，在场景二中，采用基于饱和函数的自适应滑模控制，在有风扰、无故障的情况下，无抖振现象产生，可以实现良好的滚转角、俯仰角、偏航角和速度跟踪，飞机的升降舵、副翼、方向舵和推力正常。当滑模变量在边界层外时，σ_Δ 开始自适应调整，自适应参数开始改变，直到滑模变量返回边界层内，σ_Δ 和自适应参数停止改变，从而实现良好的跟踪效果。

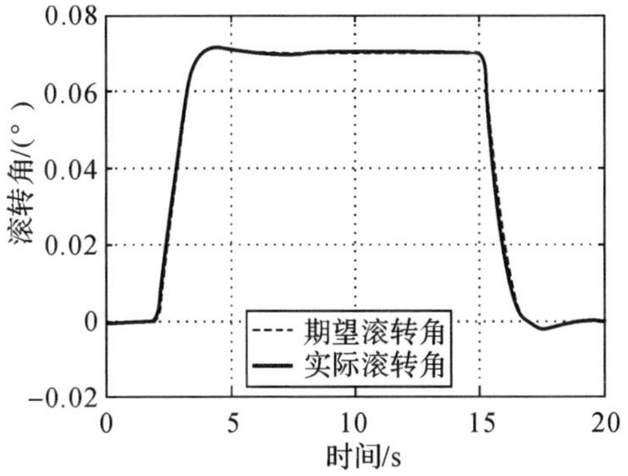

图 3-30　场景二滚转角跟踪效果

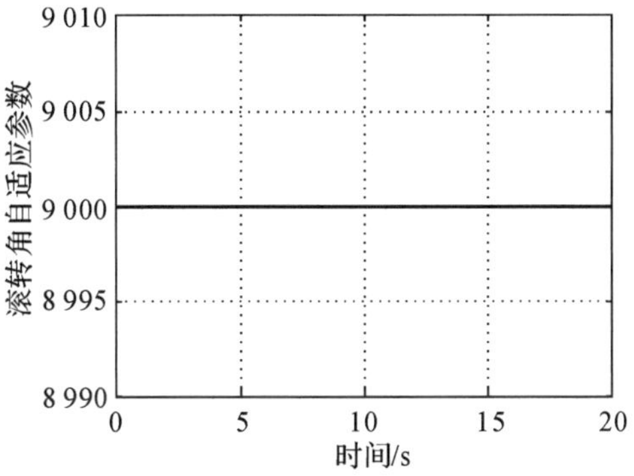

图 3-31　场景二滚转角跟踪自适应参数

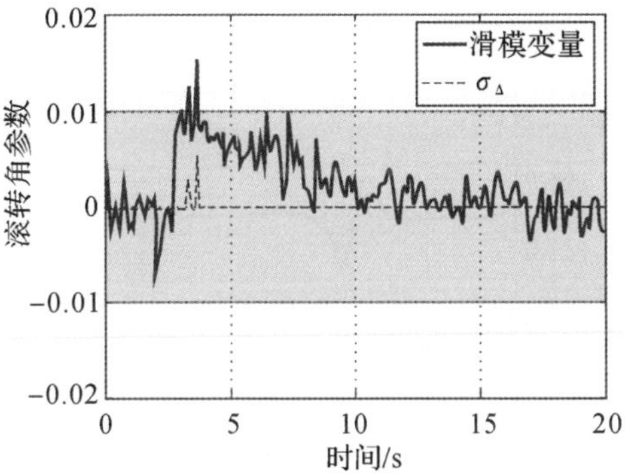

图 3-32　场景二滚转角跟踪滑模变量、$\boldsymbol{\sigma}_\Delta$ 和边界层示意图

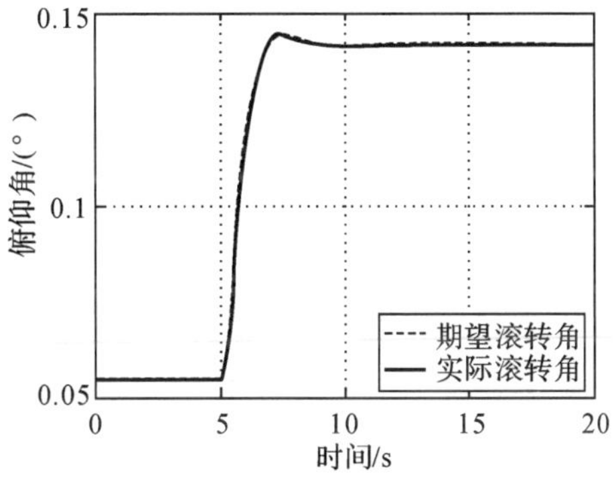

图 3-33　场景二俯仰角跟踪效果

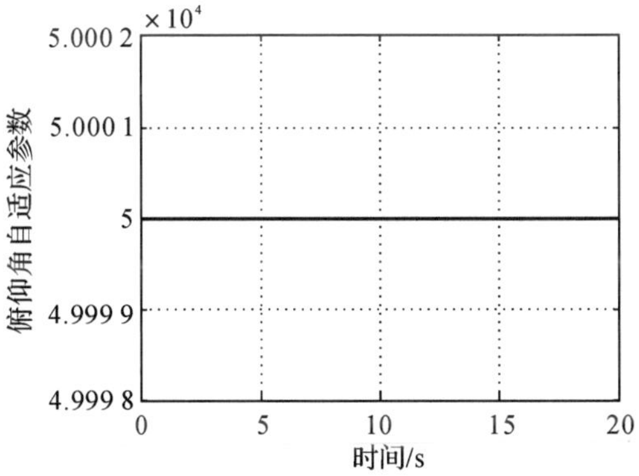

图 3-34　场景二俯仰角跟踪自适应参数

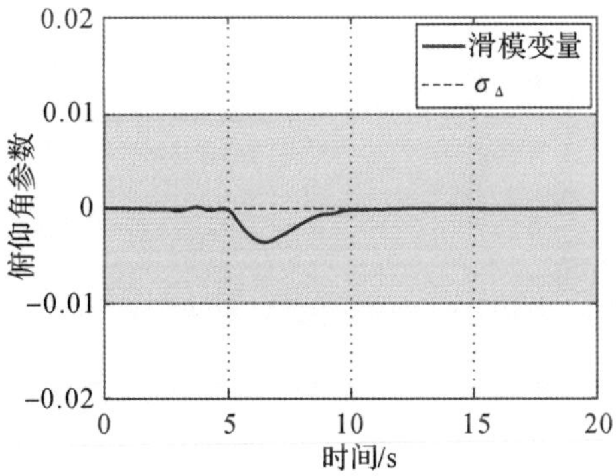

图 3-35　场景二俯仰角跟踪滑模变量、$\boldsymbol{\sigma}_\Delta$ 和边界层示意图

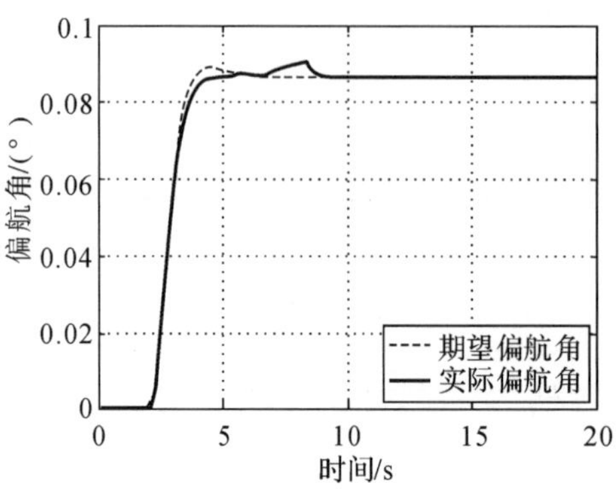

图 3-36　场景二偏航角跟踪效果

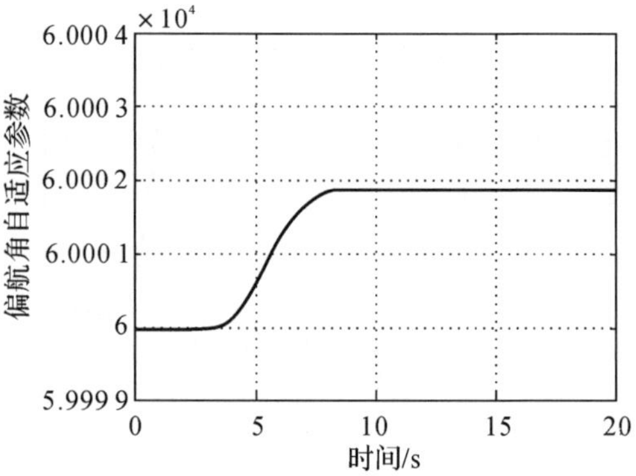

图 3-37　场景二偏航角跟踪自适应参数

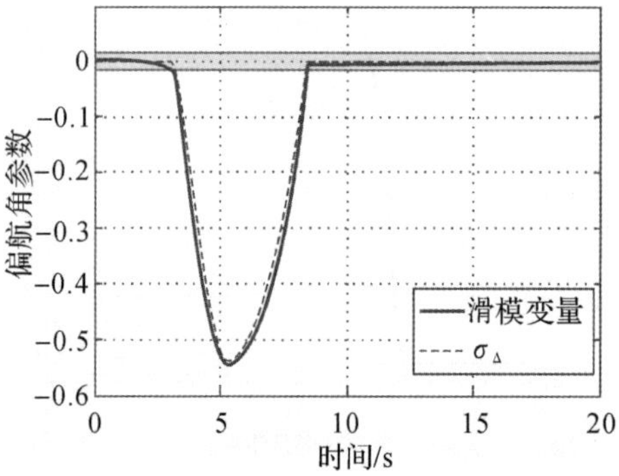

图 3-38　场景二偏航角跟踪滑模变量、σ_Δ 和边界层示意图

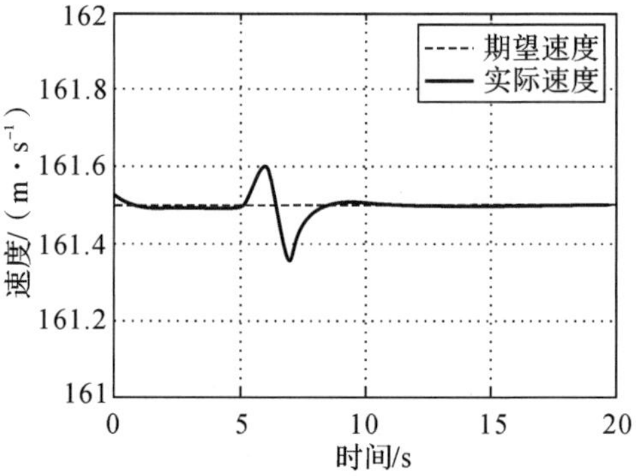

图 3-39　场景二速度跟踪效果

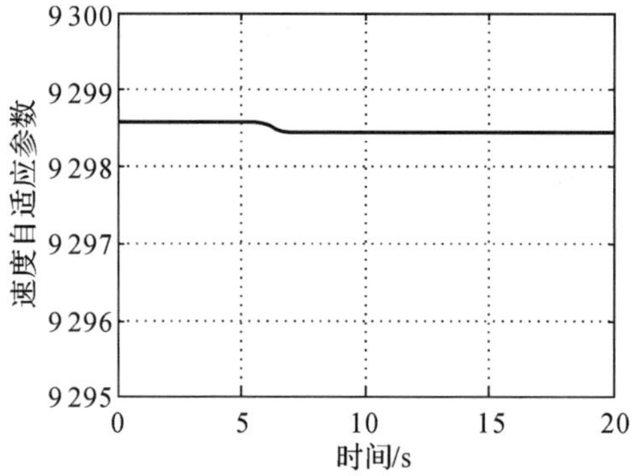

图 3-40　场景二速度跟踪自适应参数

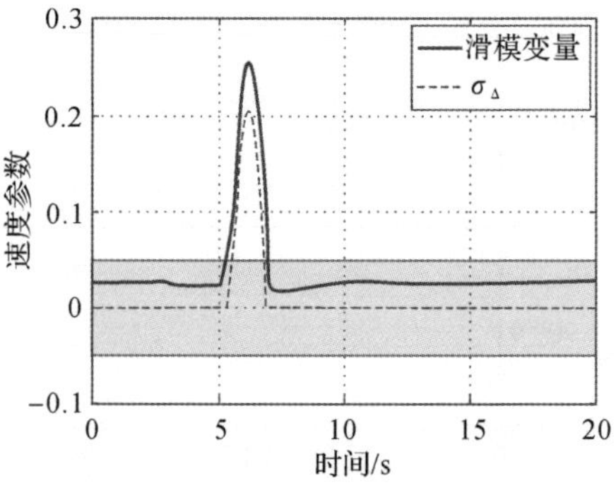

图 3-41　场景二速度跟踪滑模变量、σ_Δ 和边界层示意图

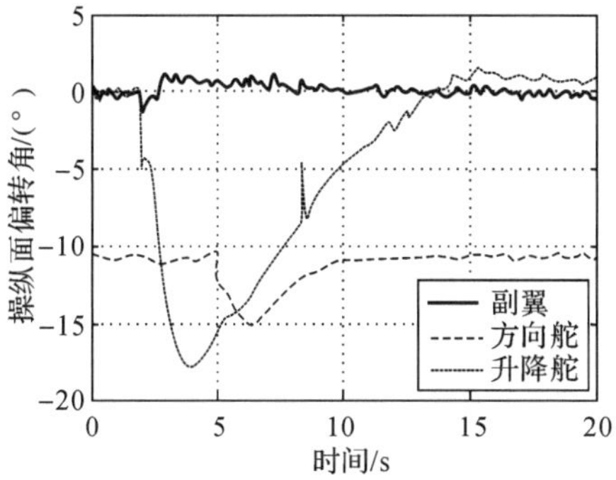

图 3-42　场景二操纵面偏转角

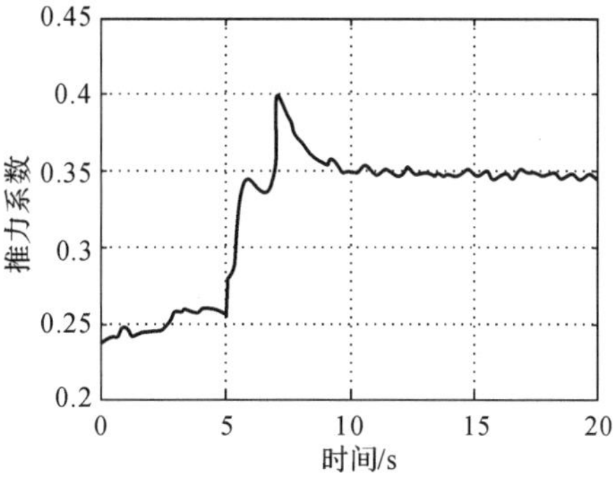

图 3-43　场景二推力系数

3.3.3　场景三

场景三通过考虑无外界干扰和有执行器效率损失的情况，侧重所提出控制策略对于执行器故障的安全控制效果。如图 3-44～图 3-57 所示，在场景三中，采用基于饱和函数的自适应滑模控制，在无风扰、有故障的情况下，无抖振现象产生，可以实现良好的滚转角、俯仰角、偏航角和速度跟踪，飞机的升降舵、副翼、方向舵和推力正常。当滑模变量在边界层外时，σ_Δ 开始自适应调整，自适应参数开始改变，直到滑模变量返回边界层内，σ_Δ 和自适应参数停止改变，从而实现良好的跟踪效果。

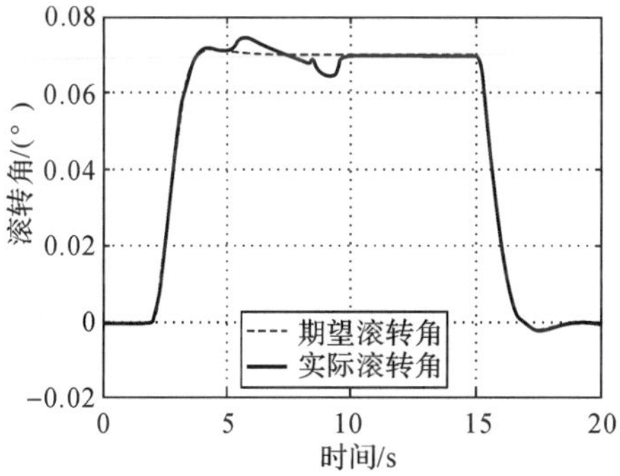

图 3-44　场景三滚转角跟踪效果

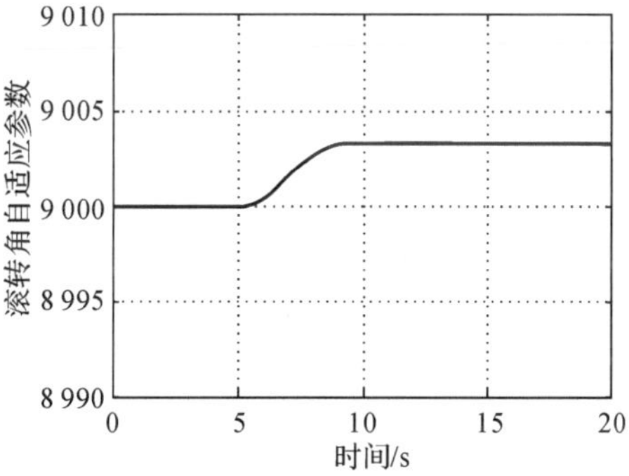

图 3-45　场景三滚转角跟踪自适应参数

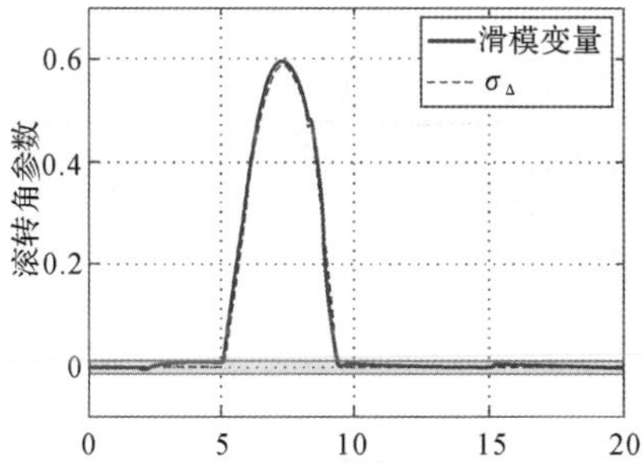

图 3-46　场景三滚转角跟踪滑模变量、σ_Δ 和边界层示意图

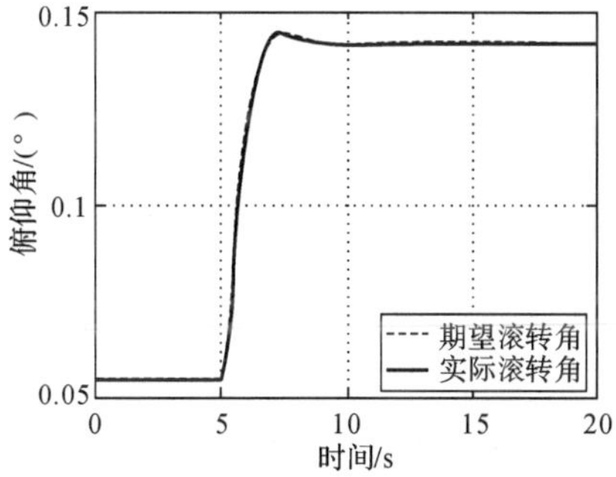

图 3-47　场景三俯仰角跟踪效果

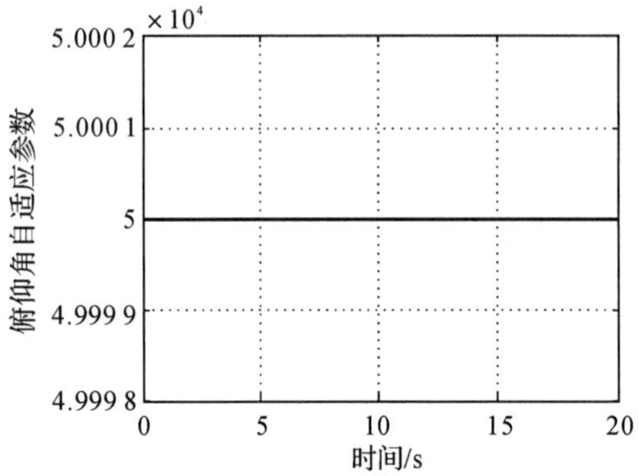

图 3-48 场景三俯仰角跟踪自适应参数

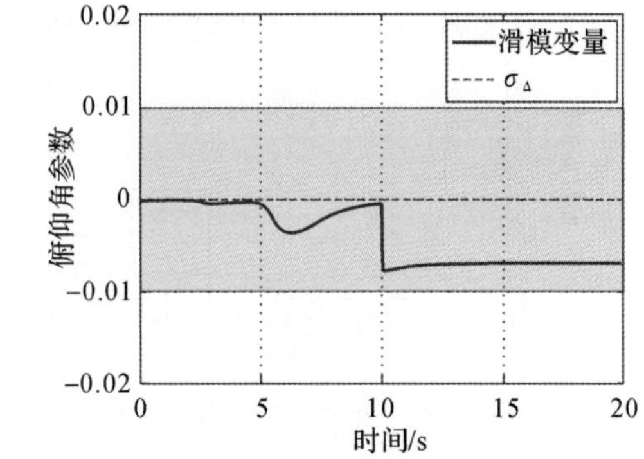

图 3-49 场景三俯仰角跟踪滑模变量、σ_Δ 和边界层示意图

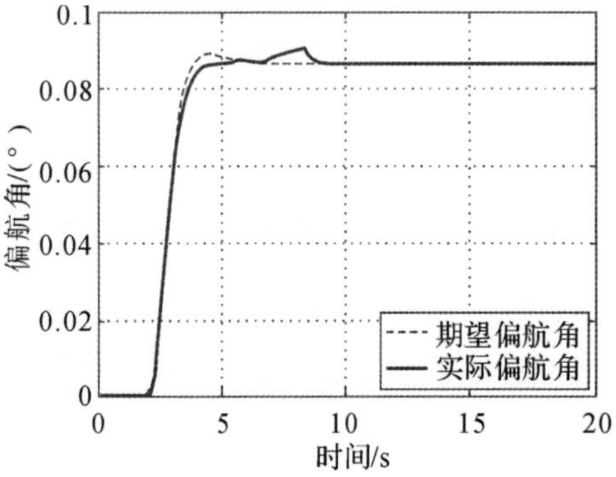

图 3-50 场景三偏航角跟踪效果

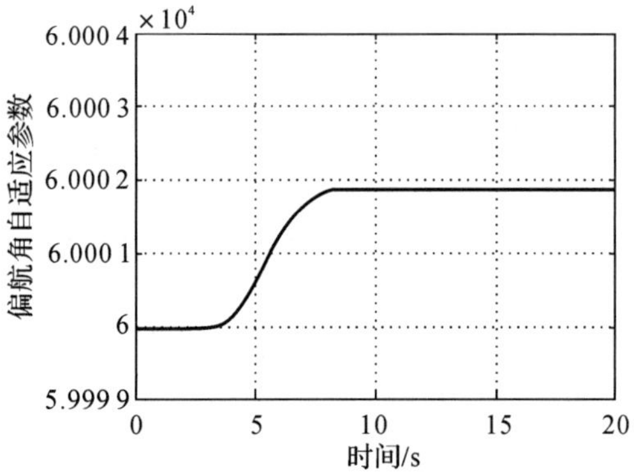

图 3-51 场景三偏航角跟踪自适应参数

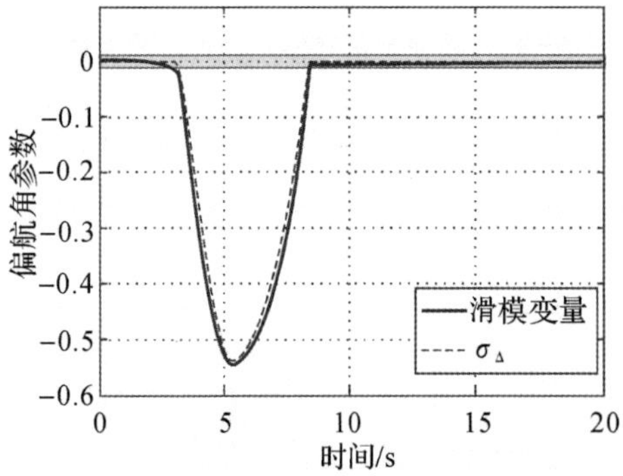

图 3-52 场景三偏航角跟踪滑模变量、σ_Δ 和边界层示意图

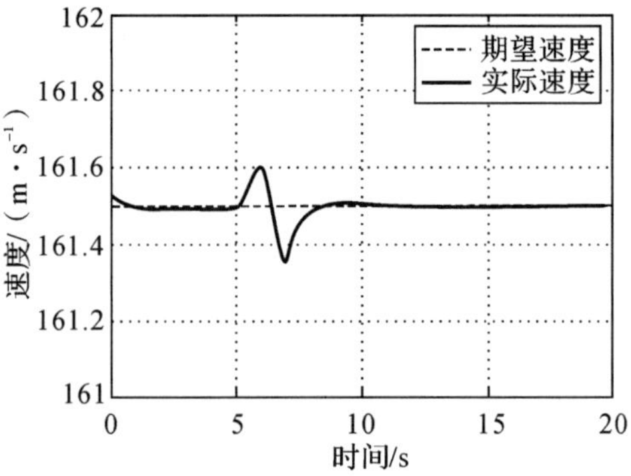

图 3-53 场景三速度跟踪效果

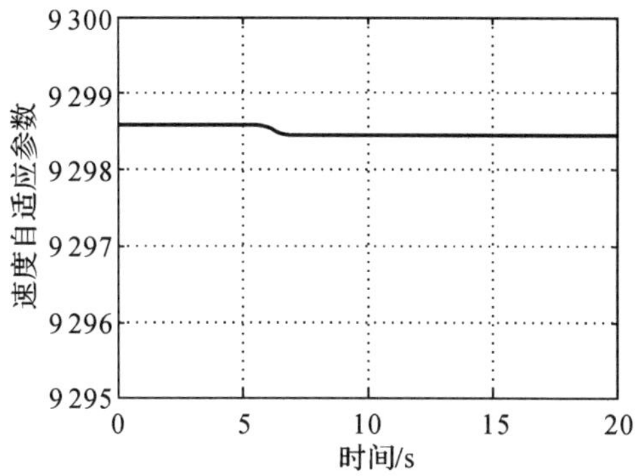

图 3-54　场景三速度跟踪自适应参数

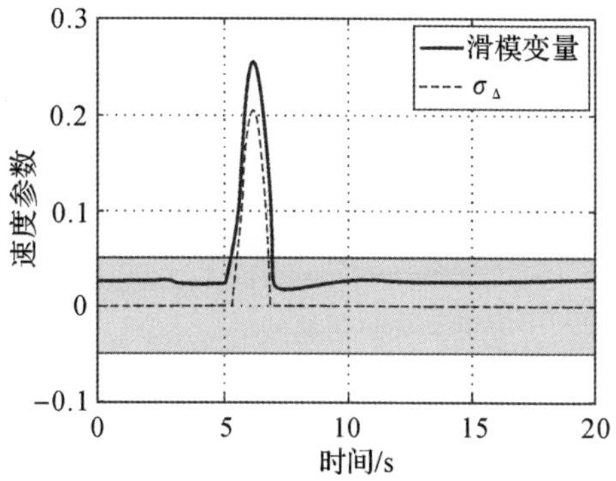

图 3-55　场景三速度跟踪滑模变量、σ_Δ 和边界层示意图

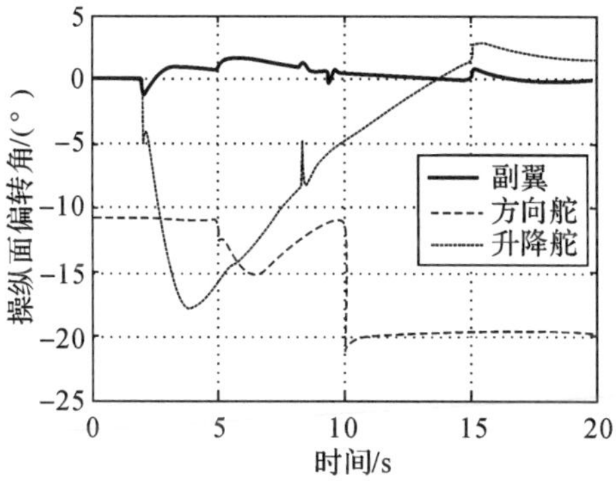

图 3-56　场景三操纵面偏转角

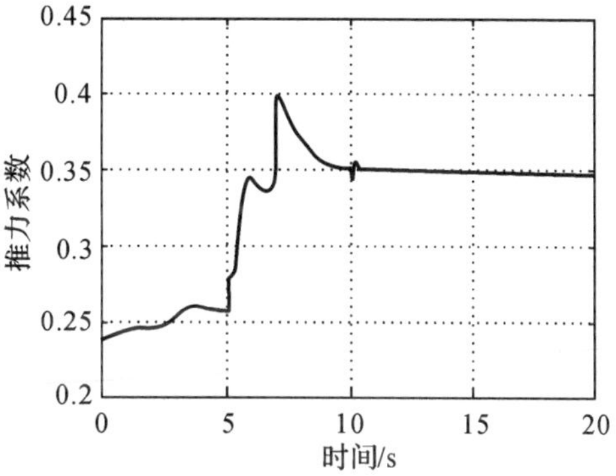

图 3-57　场景三推力系数

3.3.4　场景四

在场景四中，同时考虑外界风干扰和执行器存在效率损失的情况，展示所提出的基于滑模理论的自适应容错控制方法在复杂环境中的综合抗扰安全控制效果，进一步说明所提出控制策略的优越性能。如图 3-58～图 3-71 所示，在场景四中，采用基于饱和函数的自适应滑模控制，在有风扰、有故障的情况下，可以实现良好的滚转角、俯仰角、偏航角和速度跟踪，飞机的升降舵、副翼、方向舵和推力正常。当滑模变量在边界层外时，σ_Δ 开始自适应调整，自适应参数开始改变，直到滑模变量返回边界层内，σ_Δ 和自适应参数停止改变，从而实现良好的跟踪效果。

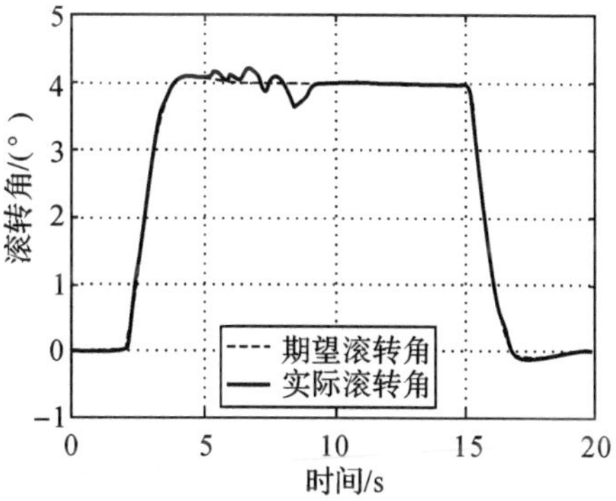

图 3-58　场景四滚转角跟踪效果

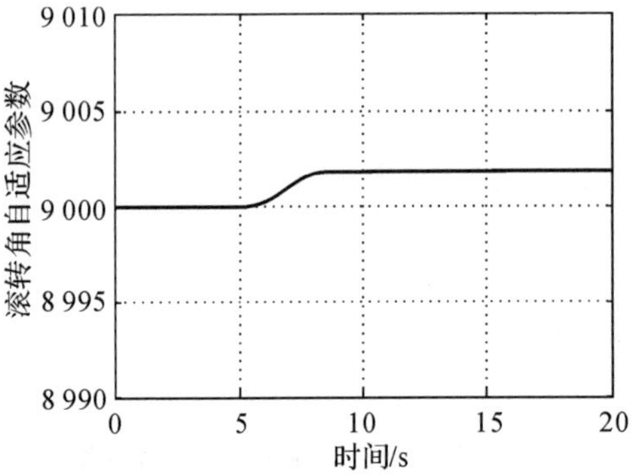

图 3-59　场景四滚转角跟踪自适应参数

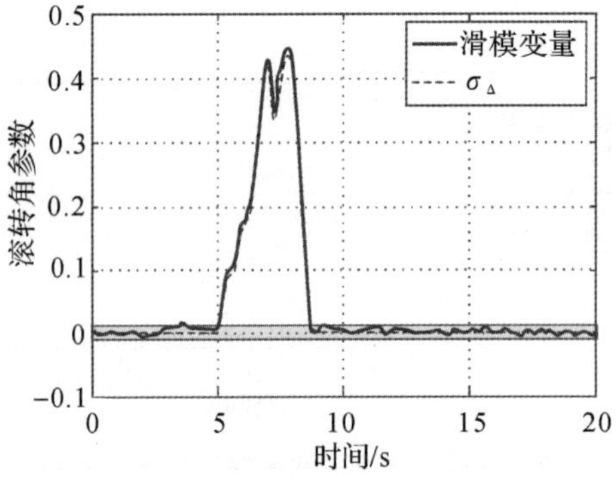

图 3-60　场景四滚转角跟踪滑模变量、σ_Δ 和边界层示意图

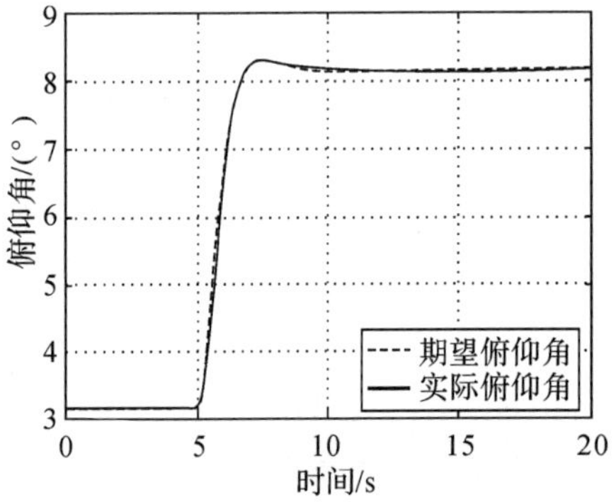

图 3-61　场景四俯仰角跟踪效果

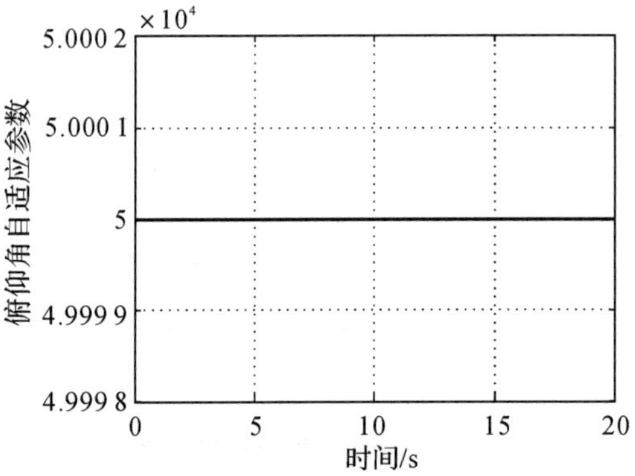

图 3-62　场景四俯仰角跟踪自适应参数

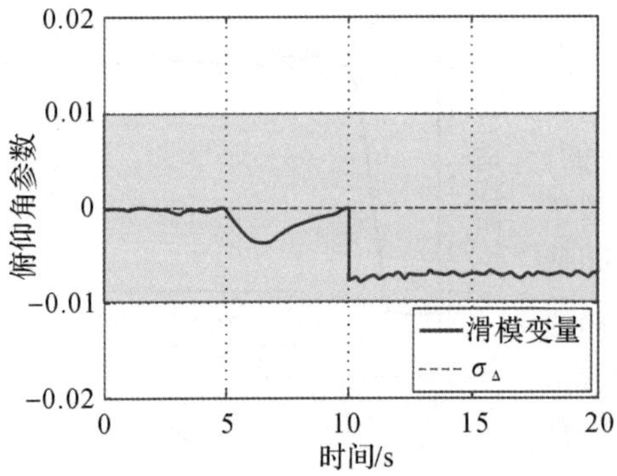

图 3-63　场景四俯仰角跟踪滑模变量、σ_Δ 和边界层示意图

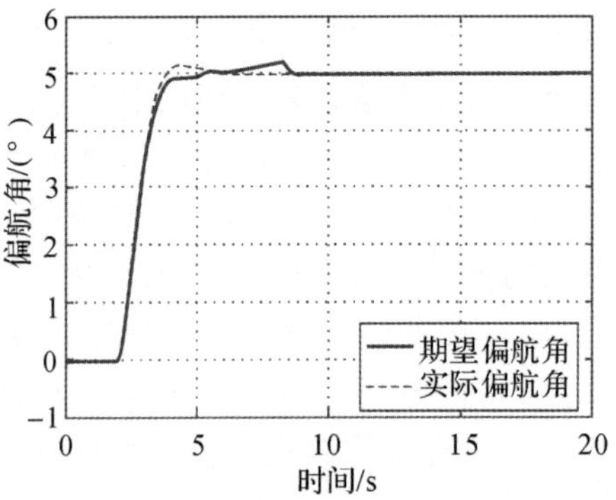

图 3-64　场景四偏航角跟踪效果

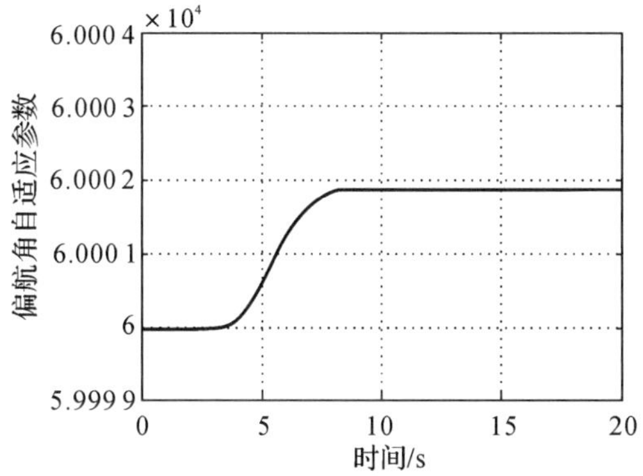

图 3-65　场景四偏航角跟踪自适应参数

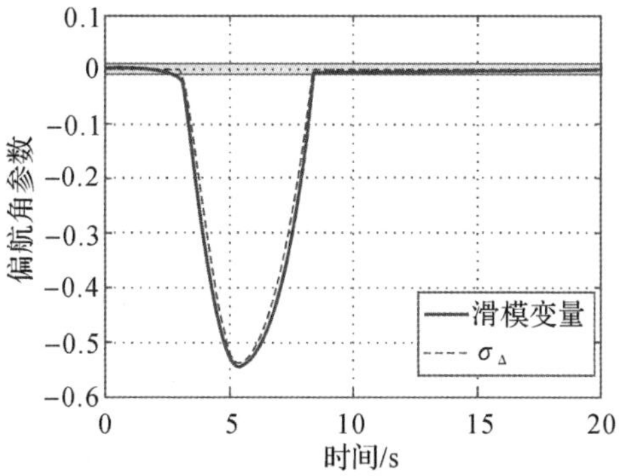

图 3-66　场景四偏航角跟踪滑模变量、σ_{Δ} 和边界层示意图

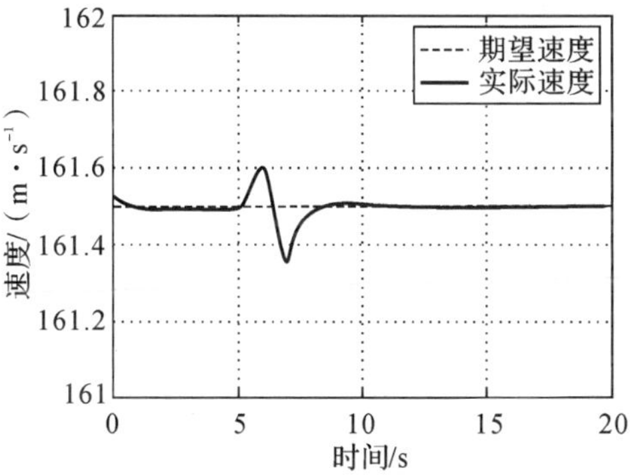

图 3-67　场景四速度跟踪效果

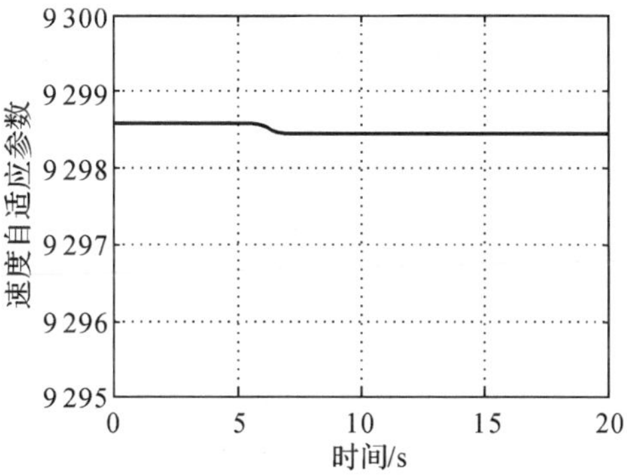

图 3-68　场景四速度跟踪自适应参数

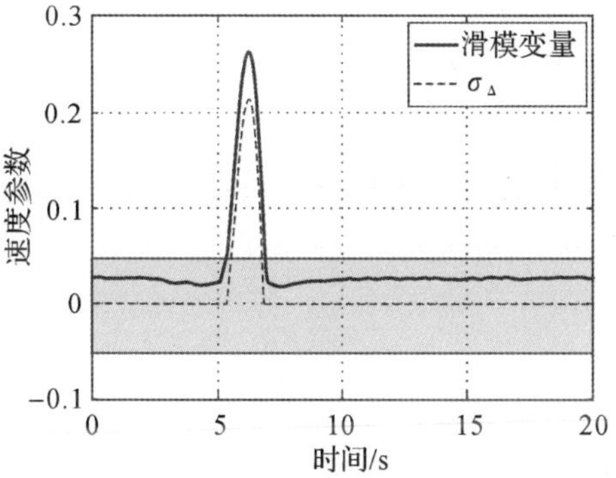

图 3-69　场景四速度跟踪滑模变量、σ_{Δ} 和边界层示意图

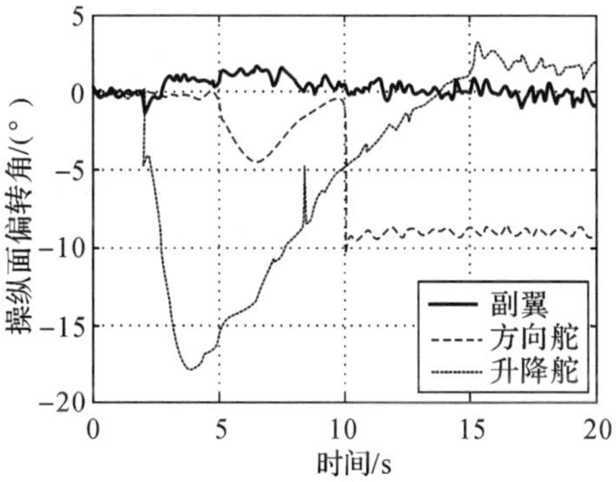

图 3-70　场景四操纵面偏转角

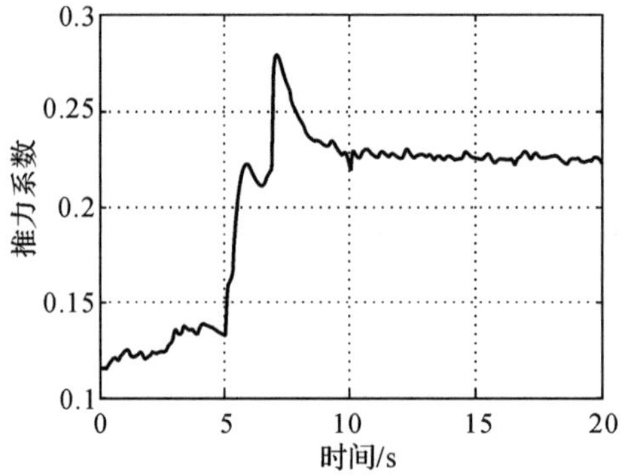

图 3-71 场景四推力系数

参考文献

[1] EMELYANOV S V. Variable structure control systems[M]. Moscow: Nauka, 1967.

[2] UTKIN V I. Sliding modes and their application in variable structure system[M]. Moscow: Mir Publishers, 1978.

[3] 胡凯. 自适应滑模控制原理及其应用研究[D]. 长沙:长沙理工大学, 2016.

[4] 刘金琨. 滑模变结构控制 MATLAB 仿真:基本理论与设计方法[M]. 3 版. 北京:清华大学出版社, 2015.

[5] 傅春,谢剑英. 模糊滑模控制研究综述[J]. 信息与控制, 2001, 30(5): 434-439.

[6] 张昌凡,王耀南,何静,等. 遗传算法和神经网络融合的滑模控制系统及其在印刷机中的应用[J]. 控制理论与应用, 2003, 20(2): 217-222.

[7] 达飞鹏,宋文忠. 基于输入输出模型的模糊神经网络滑模控制[J]. 自动化学报, 2000, 26(1): 140-143.

[8] 牛玉刚,杨成梧,陈雪如. 基于神经网络的不确定机器人自适应滑模控制[J]. 控制与决策, 2001, 16(1): 78-82.

[9] 周涛. 基于一种新型趋近律的自适应滑模控制[J]. 控制与决策, 2016, 31(7): 1335-1338.

[10] 付涛,王大镇,弓清忠,等. 改进神经网络自适应滑模控制的机器人轨迹跟踪控制[J]. 大连理工大学学报, 2014, 54(5): 523-530.

第4章 模型不确定条件下飞机智能自适应神经网络容错控制方法

4.1 引　　言

早在20世纪50年代，苏联学者Emelyanov和研究人员Utkins、Itkis等就提出了滑模控制方法。在随后几十年中，滑模控制设计引起了国内外学者的广泛关注[1-2]。

滑模控制为含有不确定性的非线性鲁棒控制提供了有效的控制途径。滑模变结构控制的原理是根据系统所期望的动态特性来设计系统的切换超平面，通过滑动模态控制器使系统状态从超平面之外向切换超平面运动[3]。系统一旦到达切换超平面，控制作用将保证系统状态沿切换超平面到达系统原点，这一沿切换超平面向原点的滑动运动称为滑模运动[4]。由于系统特性和参数只取决于所设计的切换超平面，与外界干扰没有关系，所以滑模变结构控制具有很强的鲁棒性。

近些年来，一些学者[5-6]将滑模控制结合神经网络用于非线性系统的控制中。但滑模控制存在稳定性分析难、达到条件难以满足、抖振等问题[7-8]。如果系统的数学模型已知，滑模控制器可以使系统输出直接跟踪期望指令。然而较大的外界扰动就需要较大的切换增益，这就会造成抖振问题的出现。抖振是滑模控制中难以避免的问题，而采用神经网络对滑模控制进行补偿[9-10]，为克服这一问题提供了有效的解决途径。

4.2 基准滑模控制器设计

考虑线性系统：

$$\dot{\boldsymbol{x}}=\boldsymbol{A}\boldsymbol{x}+\boldsymbol{b}u,\boldsymbol{x}\in\mathbf{R}^n \tag{4.1}$$

滑动控制变量可以设计为

$$s(\boldsymbol{x})=\boldsymbol{c}^{\mathrm{T}}\boldsymbol{x}=\sum_{i=1}^{n}c_ix_i=\sum_{i=1}^{n-1}c_ix_i+x_n \tag{4.2}$$

式中：$\boldsymbol{x}$为状态向量；$\boldsymbol{c}=[c_1 \quad \cdots \quad c_{n-1} \quad 1]^{\mathrm{T}}$。

在滑模控制中，应选择参数$c_1,c_2,\cdots,c_{n-1}$使得多项式$p^{n-1}+c_{n-1}p^{n-2}+\cdots+c_2p+c_1$满足Hurwitz稳定性定理，其中$p$为拉普拉斯算子。

例如，当$n=2$时，$s(\boldsymbol{x})=c_1x_1+x_2$。为了保证多项式$p+c_1$满足Hurwitz稳定性定理，$p+c_1=0$的特征值应该具有负实部，即$c_1>0$。比如，令$c_1=10$，那么$s(\boldsymbol{x})=$

$10x_1+x_2$。

再例如，当 $n=3$ 时，$s(\boldsymbol{x})=c_1x_1+c_2x_2+x_3$。为了保证多项式 $p^2+c_2p+c_1$ 满足 Hurwitz 稳定性定理，$p^2+c_2p+c_1=0$ 的特征值应该具有负实部。因此，可以在 $(p+\lambda)^2=0$ 中令 $\lambda>0$，得到 $p^2+2\lambda p+\lambda^2=0$，由此可得 $c_2=2\lambda$，$c_1=\lambda^2$。比如，令 $\lambda=5$，那么 $c_1=25$，$c_2=10$，$s(\boldsymbol{x})=25x_1+10x_2+x_3$。

现在考虑二阶系统的滑模控制设计，主要包含两个步骤：①设计一个滑模面，使被限制的系统在滑模面上有期望的系统响应；②构造一个趋近律使滑动变量到达滑模面。这些结构是建立在广义李雅普诺夫稳定性理论的基础上的。

例如，考虑以下系统：

$$J\ddot{\theta}(t)=u(t)+d(t) \tag{4.3}$$

式中：J 为惯性矩；$\ddot{\theta}(t)$ 为俯仰角的二阶导数；$u(t)$ 为控制输入；$d(t)$ 为干扰，且 $d(t)\leqslant D$，D 为 F 相上界。

首先，设计滑模面函数为

$$s(t)=ce(t)+\dot{e}(t) \tag{4.4}$$

式中：c 必须满足 Hurwitz 稳定性定理，$c>0$。

跟踪误差及其导数为

$$\left.\begin{aligned}e(t)&=\theta(t)-\theta_{\mathrm{d}}(t)\\ \dot{e}(t)&=\dot{\theta}(t)-\dot{\theta}_{\mathrm{d}}(t)\end{aligned}\right\} \tag{4.5}$$

式中：$\theta_{\mathrm{d}}(t)$ 为理想俯仰角信号。

设计李雅普诺夫函数为

$$V=\frac{1}{2}s^2 \tag{4.6}$$

可以得到

$$\begin{aligned}\dot{s}(t)&=c\dot{e}(t)+\ddot{e}(t)\\ &=c\dot{e}(t)+\ddot{\theta}(t)-\ddot{\theta}_{\mathrm{d}}(t)\\ &=c\dot{e}(t)+\frac{1}{J}(u+d)-\ddot{\theta}_{\mathrm{d}}(t)\end{aligned} \tag{4.7}$$

那么

$$s\dot{s}=s\left[c\dot{e}+\frac{1}{J}(u+d)-\ddot{\theta}_{\mathrm{d}}\right] \tag{4.8}$$

为了保证 $s\dot{s}<0$，设计滑模控制器为

$$u(t)=J\left[-c\dot{e}+\ddot{\theta}_{\mathrm{d}}-\eta\,\mathrm{sat}(s/\Phi)\right]-D\,\mathrm{sat}(s/\Phi) \tag{4.9}$$

式中：sat(·)函数设计为

$$\mathrm{sat}(s/\Phi)=\begin{cases}1, & s>\Phi\\ -1, & s<\Phi\\ s/\Phi, & |s|\leqslant\Phi\end{cases} \tag{4.10}$$

式中：Φ 代表边界层的厚度。

由此可以进一步得到 $s\dot{s}$ 的关系式为

$$s\dot{s}=s\left[c\dot{e}+\frac{1}{J}(u+d)-\ddot{\theta}_{\mathrm{d}}\right]-\eta|s|-\frac{D}{J}|s|<0 \tag{4.11}$$

最后，可以得出

$$\dot{V}\leqslant 0(\text{当 } s=0 \text{ 时},\dot{V}=0) \tag{4.12}$$

从本例中可以看出，滑模控制具有很好的鲁棒性，如果用较大的 D 值来克服较大的干扰 d，会产生控制输入的抖振现象，影响控制性能。因此，用饱和函数 sat(·)代替符号函数 sign(·)，可以有效地避免控制抖振。

此外，在控制律设计的过程中，建模信息 J 必须是已知的，但这在实际工程中比较困难。在本章中，可以使用径向基函数(Radial Basis Function，RBF)神经网络对模型的未知部分进行近似估计。

4.3　飞机智能自适应神经网络容错控制器设计

RBF 是一个取值仅取决于到原点距离的实值函数，记作 $\varphi(\boldsymbol{x})=\varphi(\|\boldsymbol{x}\|)$，或者是到任意一中心点 c 的距离，即 $\varphi(\boldsymbol{x},\boldsymbol{c})=\varphi(\|\boldsymbol{x}-\boldsymbol{c}\|)$。任何一个满足上述特性的函数都可以称为 RBF。

1971 年，Hardy 用 RBF 来处理飞机外形设计曲面拟合问题，取得了非常好的效果。20 世纪末，Broomhead、Lowe、Moody、Darken 等科学家先后将 RBF 应用于神经网络设计，提出了一种具有 RBF 的神经网络结构，即 RBF 神经网络。RBF 神经网络的结构与多层前向网络类似，是一种具有单隐含层的三层前向神经网络。其输入层由信号源节点组成；隐含层是单神经元层，但神经元数可视所描述问题的需要而定；输出层对输入的作用做出响应。从输入层空间到隐含层空间的变换是线性的。隐含层神经元的激活函数是 RBF，它是一种局部分布的中心径向对称衰减的非负非线性函数。在应用于函数逼近方面，反向传播神经网络(Back - Propagation，BP)是应用最广泛的神经网络模型之一，其本质是利用误差逆向传播算法训练的多层前馈神经网络。具体来说，当 BP 神经网络用于函数逼近时，权值的调节采用负梯度下降法，然而这种权值调节的方法存在着收敛速度慢和局部极小等局限性。同时，BP 神经网络在训练过程中需要对网络中的所有权值和阈值进行修正，属于全局逼近的神经网络。相比 BP 神经网络，RBF 神经网络在逼近能力、分类能力和学习速度等方面均具有优势。尽管 RBF 神经网络比 BP 神经网络需要更多的神经元，但是它能够按时间片来优化训练网络。因此，RBF 神经网络是一种局部逼近性能非常好的神经网络结构，有研究学者证明它能以任意精度逼近任一连续函数。

RBF 人工神经网络以其独特的信息处理能力在许多领域得到了成功的应用，它不仅继承了神经网络强大的非线性映射能力，而且还具有自适应、自学习和容错性，能够从大量的历史数据中进行聚类和学习，进而得到某些行为变化的规律。同时，RBF 神经网络是一种新颖、有效的前馈式神经网络，具有最佳局部逼近和全局最优的性能，且训练方法快速易行，这些优点使 RBF 神经网络在非线性时间序列预测中得到了广泛的应用。

另外，RBF 神经网络能够逼近任意的非线性函数，可以处理系统内难以解析的规律性，具有良好的泛化能力，并有很快的学习收敛速度。当有很多的训练向量时，这种网络很有效果。目前，RBF 神经网络已在非线性函数逼近、时间序列分析、数据分类、模式识别、信息处理、控制和故障诊断等多种场合得到了成功的应用。

RBF 神经元模型如图 4-1 所示。

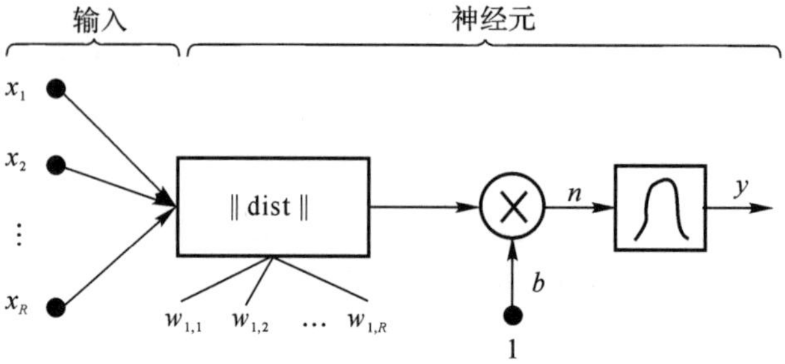

图 4-1 RBF 神经元模型

在图 4-1 中，‖ dist ‖ 为欧氏距离，是衡量输入向量与神经元中心之间距离的关键度量，这个距离通常用来计算隐藏层神经元的激活水平。欧氏距离的计算公式为

$$(\|\mathrm{dist}\| = \|\boldsymbol{x}-\boldsymbol{c}\| = \sqrt{\sum_{i=1}^{R}(x_i - c_i)^2} \tag{4.13}$$

式中：$\boldsymbol{x}=[x_1 \quad x_2 \quad \cdots \quad x_R]^{\mathrm{T}}$ 为输入向量；$\boldsymbol{c}=[c_1 \quad c_2 \quad \cdots \quad c_R]^{\mathrm{T}}$ 是该神经元的中心向量；R 为向量的维度。

令 $\boldsymbol{n}$ 表示为 RBF 神经元的中间运算结果，可由下式表示：

$$\boldsymbol{n} = \|\boldsymbol{w}-\boldsymbol{x}\|\boldsymbol{b} \tag{4.14}$$

RBF 神经元模型的输出 $\boldsymbol{y}$ 为

$$\boldsymbol{y} = \mathrm{rbf}(\boldsymbol{n}) = \mathrm{rbf}(\|\boldsymbol{w}-\boldsymbol{x}\|\boldsymbol{b}) \tag{4.15}$$

式中：$\mathrm{rbf}(\boldsymbol{x})$ 为径向基函数，常见的形式有

$$\mathrm{rbf}(\boldsymbol{x}) = \exp\left[-\left(\frac{\boldsymbol{x}}{\sigma}\right)^2\right] \tag{4.16}$$

$$\mathrm{rbf}(\boldsymbol{x}) = \frac{1}{(\sigma^2+\boldsymbol{x}^2)^{\alpha}}, \alpha>0 \tag{4.17}$$

$$\mathrm{rbf}(\boldsymbol{x}) = (\sigma^2+\boldsymbol{x}^2)^{\beta}, \alpha<\beta<1 \tag{4.18}$$

其中：σ 代表标准差。

RBF 神经网络由输入层、隐含层、输出层三层构成，其结构如图 4-2 所示。

图 4-2 中，$\boldsymbol{n}^1$ 为 RBF 神经网络隐含层的中间运算结果，可由下式表示为

$$\begin{aligned}\boldsymbol{n}^1 &= \|\boldsymbol{W}^1-\boldsymbol{x}\|\boldsymbol{b}^1 \\ &= [\mathrm{diag}(\boldsymbol{W}^1-\mathrm{ones}(N,1)\boldsymbol{x}^{\mathrm{T}})(W^1-\mathrm{ones}(N,1)\boldsymbol{x}^{\mathrm{T}})^{\mathrm{T}}]^{\frac{1}{2}}\boldsymbol{b}^1\end{aligned} \tag{4.19}$$

式中：$\mathrm{diag}(\boldsymbol{x})$ 表示取矩阵向量主对角线上的元素组成的列向量。

RBF 神经网络隐含层的输出 $\boldsymbol{y}^1$ 为

$$\boldsymbol{y}^1 = \mathrm{rbf}(\boldsymbol{n}^1) \tag{4.20}$$

$\boldsymbol{n}^2$ 为 RBF 输出层的中间运算结果，可由下式表示：

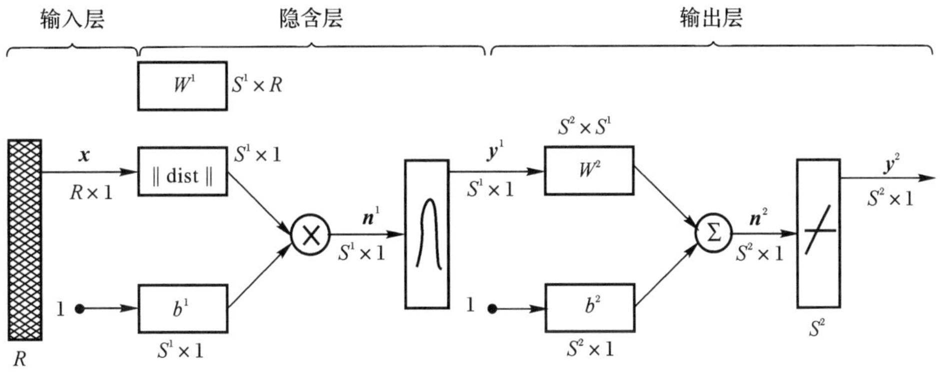

图 4-2　RBF 神经网络的结构原理图

$$\boldsymbol{n}^2 = \boldsymbol{W}^2 y^1 + b^2 \tag{4.21}$$

RBF 神经网路的输出$\boldsymbol{y}^2$ 为

$$\boldsymbol{y}^2 = \text{purelin}(\boldsymbol{n}^2) \tag{4.22}$$

隐含层节点中的径向基函数对输入信号在局部产生响应，即当输入信号靠近该函数的中央范围时，隐含层节点将产生较大的输出。因此，RBF 神经网络具有局部逼近能力，RBF 神经网络也被称为局部感知场网络。

RBF 神经网络的基本思想是用径向基函数作为隐含层单元的“基”构成隐含层空间，隐含层对输入向量进行变换，将低维空间的输入数据映射到高维空间，使得在低维空间线性不可分的问题，在高维空间实现线性可分。

假设 RBF 神经网络的输入向量 $\boldsymbol{x}$ 为R 维，输出向量$\boldsymbol{y}^2$ 为 S^2 维，输入输出样本长度为 N。RBF 神经网络隐含层的传递函数由径向基函数构成，通常选择高斯函数。输入层节点传递输入信号到隐含层，实现了 $\boldsymbol{x} \rightarrow \boldsymbol{y}^1(\boldsymbol{x})$的非线性映射，即

$$y_i^1 = \exp\left[-\frac{(\boldsymbol{x}-c_i)^{\mathrm{T}}(\boldsymbol{x}-c_i)}{2\sigma_i^2}\right], i=1,2,\cdots,S^1 \tag{4.23}$$

式中：y_i^1 是 RBF 神经网络第 i 个隐含层节点的输出；σ_i 是第 i 个隐含层节点的扩展常数；S^1 是隐含层节点的个数；$\boldsymbol{x} = [x_1 \quad x_2 \quad \cdots \quad x_R]^{\mathrm{T}}$ 是输入样本；c_i 是第 i 个隐含层节点径向基函数的中心向量，此向量是一个与输入样本 $\boldsymbol{x}$ 的维数相同的列向量，即 $\boldsymbol{c}_i = [c_{i1} \quad c_{i2} \quad \cdots \quad c_{iR}]^{\mathrm{T}}$。由式(4.23)可知，隐含层节点的输出范围在 0～1 之间，且输入样本越靠近节点的中心，输出值越大。

输出层传递函数采用线性函数，隐含层到输出层的信号传递实现了$\boldsymbol{y}^1(x) \rightarrow \boldsymbol{y}^2$ 的线性映射，即

$$\boldsymbol{y}^2 = \sum_{i=1}^{S^1} w_{ki}^2 y_i^1 + b_k^2, k=1,2,\cdots,S^2 \tag{4.24}$$

式中：y_i^1 是第 i 个隐含层节点的输出；y_k^2 是第 k 个输出层节点的输出；w_{ki}^2 是隐含层到输出层的加权系数；b_k^2 是隐含层的阈值。

4.3.1　问题描述

考虑如下二阶非线性系统：

$$\ddot{\theta}=f(\theta,\dot{\theta})+g(\theta,\dot{\theta})u+d(t) \tag{4.25}$$

式中：$f(\cdot)$和 $g(\cdot)$为非线性函数；u 为控制输入；$d(t)$为外部扰动，$|d(t)|\leqslant D$。

假设期望输出为 θ_d，那么定义误差：

$$e=\theta_d-\theta \tag{4.26}$$

设计滑模函数为

$$s=\dot{e}+ce \tag{4.27}$$

式中：$c>0$，那么

$$\begin{aligned}\dot{s}&=\ddot{e}+c\dot{e}\\&=\ddot{\theta}_d-\ddot{\theta}+c\dot{e}\\&=\ddot{\theta}_d-f-gu-d(t)+c\dot{e}\end{aligned} \tag{4.28}$$

如果 $f(\cdot)$和 $g(\cdot)$是已知的，那么设计以下控制律：

$$u=\frac{1}{g}[-f+\ddot{\theta}_d+c\dot{e}+\eta\mathrm{sat}(s/\Phi)] \tag{4.29}$$

$\dot{s}$ 可以进一步表示为

$$\begin{aligned}\dot{s}&=\ddot{e}+c\dot{e}=\ddot{\theta}_d-\ddot{\theta}+c\dot{e}=\ddot{\theta}_d-f-gu-d(t)+c\dot{e}\\&=-\eta\mathrm{sat}(s/\Phi)-d(t)\end{aligned} \tag{4.30}$$

令 $\eta\geqslant D$，可以得出 $s\dot{s}$ 满足：

$$s\dot{s}=-\eta|s|-s\cdot d(t)\leqslant 0 \tag{4.31}$$

如果 $f(\cdot)$未知，就需要设计相应的算法来估计函数 $f(\cdot)$。下面将使用 RBF 神经网络来近似估计不确定项 $f(\cdot)$。

4.3.2 基于 RBF 网络逼近 $f(\cdot)$的滑模控制

在该控制系统中，使用 RBF 网络对不确定项 $f(\cdot)$进行近似拟合。RBF 神经网络算法为

$$h_j=\exp\left(\frac{\|\boldsymbol{x}-\boldsymbol{c}_j\|^2}{2b_j^2}\right) \tag{4.32}$$

$$f=\boldsymbol{W}^{*\mathrm{T}}\boldsymbol{h}(\boldsymbol{x})+\varepsilon \tag{4.33}$$

式中：$\boldsymbol{x}$ 是网络的输入；i 为网络输入的个数；j 为网络隐含层节点的个数；$\boldsymbol{h}=[h_j]^{\mathrm{T}}$ 为高斯函数的输出；$\boldsymbol{W}^*$ 为理想神经网络权重；ε 为神经网络的近似误差，且 $\varepsilon\leqslant\varepsilon_N$；$f$ 为网络的输出值。

网络的输入选择为 $\boldsymbol{x}=[e\quad\dot{e}]^{\mathrm{T}}$，RBF 的输出为

$$\hat{f}(x)=\hat{\boldsymbol{W}}^{\mathrm{T}}\boldsymbol{h}(\boldsymbol{x}) \tag{4.34}$$

式中：$\boldsymbol{h}(\boldsymbol{x})$为 RBF 神经网络的高斯函数。

控制输入可以被写为

$$u=\frac{1}{g}[-\hat{f}+\ddot{\theta}_d+c\dot{e}+\eta\mathrm{sat}(s/\Phi)] \tag{4.35}$$

带入 $\dot{s}$ 的求解公式得到

$$\begin{aligned}\dot{s}&=\ddot{\theta}_d-f-gu-d(t)+c\dot{e}\\&=\ddot{\theta}_d-f-[-\hat{f}+\ddot{\theta}_d+c\dot{e}+\eta\mathrm{sat}(s/\Phi)]-d(t)+c\dot{e}\\&=-f+\hat{f}-\eta\mathrm{sat}(s/\Phi)-d(t)=-\tilde{f}-d(t)-\eta\mathrm{sat}(s/\Phi)\end{aligned}\tag{4.36}$$

式中：$\tilde{f}=f-\hat{f}$。令 $\tilde{\boldsymbol{W}}=\boldsymbol{W}^*-\hat{\boldsymbol{W}}$，则 $\tilde{f}$ 可表示为

$$\tilde{f}=f-\hat{f}=\boldsymbol{W}^{*\mathrm{T}}\boldsymbol{h}(\boldsymbol{x})+\varepsilon-\tilde{\boldsymbol{W}}^{\mathrm{T}}\boldsymbol{h}(\boldsymbol{x})=\tilde{\boldsymbol{W}}^{\mathrm{T}}\boldsymbol{h}(\boldsymbol{x})+\varepsilon\tag{4.37}$$

现在定义李雅普诺夫函数为

$$L=\frac{1}{2}s^2+\frac{1}{2}\gamma\tilde{\boldsymbol{W}}^{\mathrm{T}}\tilde{\boldsymbol{W}}\tag{4.38}$$

式中：$\gamma>0$。

计算 L 的导数为

$$\begin{aligned}\dot{L}&=s\dot{s}+\gamma\tilde{\boldsymbol{W}}^{\mathrm{T}}\dot{\tilde{\boldsymbol{W}}}\\&=s[-\tilde{f}-d(t)-\eta\mathrm{sat}(s/\Phi)]-\gamma\tilde{\boldsymbol{W}}^{\mathrm{T}}\dot{\hat{\boldsymbol{W}}}\\&=s[-\tilde{\boldsymbol{W}}^{\mathrm{T}}\boldsymbol{h}(\boldsymbol{x})-\varepsilon-d(t)-\eta\mathrm{sat}(s/\Phi)]-\gamma\tilde{\boldsymbol{W}}^{\mathrm{T}}\dot{\hat{\boldsymbol{W}}}\\&=-\tilde{\boldsymbol{W}}^{\mathrm{T}}[s\boldsymbol{h}(\boldsymbol{x})+\gamma\dot{\hat{\boldsymbol{W}}}]-s[\varepsilon+d(t)+\eta\mathrm{sat}(s/\Phi)]\end{aligned}\tag{4.39}$$

令自适应律设计为

$$\dot{\hat{\boldsymbol{W}}}=-\frac{1}{\gamma}s\boldsymbol{h}(\boldsymbol{x})\tag{4.40}$$

那么可以得出

$$\begin{aligned}\dot{L}&=-s[\varepsilon+d(t)+\eta\mathrm{sat}(s/\Phi)]\\&=-s[\varepsilon+d(t)]-\eta|s|\end{aligned}\tag{4.41}$$

由于近似误差 ε 有限且足够小，通过设计 $\eta\geqslant\varepsilon_N+D$，则可以近似得到 $\dot{L}\leqslant0$。

4.3.3　基于 RBF 网络逼近 $f(\cdot)$ 与 $g(\cdot)$ 的滑模控制

针对二阶非线性系统式(4.25)，假设非线性函数 $f(\cdot)$ 与 $g(\cdot)$ 均为未知函数，u 和 y 分别为控制输入和控制输出，$d(t)$ 为外部扰动，且 $|d(t)|\leqslant D$。

考虑期望输出为 θ_d，定义误差 $e=\theta_d-\theta$，设计滑模函数 $s=\dot{e}+ce$，$c>0$。

在该控制系统中，将使用两个 RBF 神经网络分别对未知非线性函数 $f(\cdot)$ 与 $g(\cdot)$ 进行估计。图 4-3 所示为基于 RBF 神经网络的闭环自适应控制方案。

RBF 网络的算法为

$$h_j=\exp\left(\frac{\|\boldsymbol{x}-\boldsymbol{c}_j\|^2}{2b_j^2}\right)\tag{4.42}$$

$$f(\cdot)=\boldsymbol{W}^{*\mathrm{T}}\boldsymbol{h}_f(\boldsymbol{x})+\varepsilon_f,\ g(\cdot)=\boldsymbol{V}^{*\mathrm{T}}\boldsymbol{h}_g(\boldsymbol{x})+\varepsilon_g\tag{4.43}$$

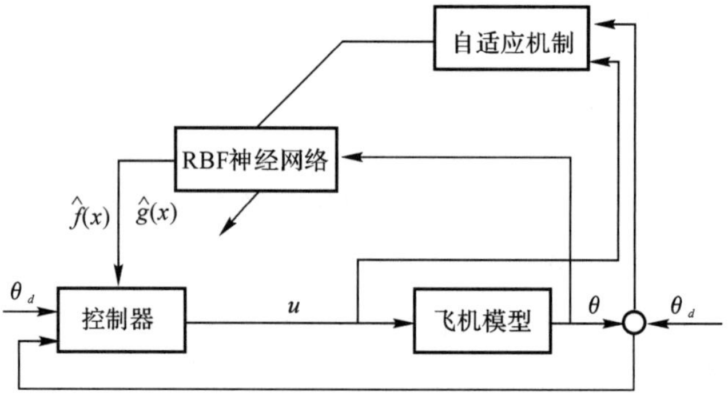

图 4-3　基于 RBF 神经网络的闭环自适应控制方案

式中：$\boldsymbol{x}$ 为 RBF 神经网络的输入；i 为网络输入的个数；j 为网络隐含层节点的个数；$\boldsymbol{h}=[h_j]^{\mathrm{T}}$ 为高斯函数的输出；$\boldsymbol{W}^*$ 和$\boldsymbol{V}^*$ 为理想神经网络权重；ε_f 和 ε_g 为神经网络的近似误差，且$|\varepsilon_f|\leqslant\varepsilon_{Mf}$，$|\varepsilon_g|\leqslant\varepsilon_{Mg}$；$f(\cdot)$和 $g(\cdot)$分别为网络的输出值。

RBF 的输出为

$$\hat{f}(x)=\hat{\boldsymbol{W}}^{\mathrm{T}}\boldsymbol{h}_f(\boldsymbol{x}),\hat{g}(x)=\hat{\boldsymbol{V}}^{\mathrm{T}}\boldsymbol{h}_g(\boldsymbol{x}) \tag{4.44}$$

式中：$\boldsymbol{h}_f(\boldsymbol{x})$和$\boldsymbol{h}_g(\boldsymbol{x})$为 RBF 神经网络的高斯函数。

那么控制律可以被重写为

$$u=\frac{1}{\hat{g}(x)}[-\hat{f}(x)+\ddot{\theta}_{\mathrm{d}}+c\dot{e}+\eta\mathrm{sat}(s/\Phi)] \tag{4.45}$$

式中：$\eta\geqslant D$。

进而得到

$$\begin{aligned}\dot{s}&=\ddot{e}+c\dot{e}\\&=\ddot{\theta}_{\mathrm{d}}-\ddot{\theta}+c\dot{e}\\&=\ddot{\theta}_{\mathrm{d}}-f-gu-d(t)+c\dot{e}\\&=\ddot{\theta}_{\mathrm{d}}-f-\hat{g}u+(\hat{g}-g)u-d(t)+c\dot{e}\\&=\ddot{\theta}_{\mathrm{d}}-f-\hat{g}\frac{1}{\hat{g}(x)}[-\hat{f}(x)+\ddot{\theta}_{\mathrm{d}}+c\dot{e}+\eta\mathrm{sat}(s/\Phi)]+\\&\quad(\hat{g}-g)u-d(t)+c\dot{e}\\&=(\hat{f}-f)-\eta\mathrm{sat}(s/\Phi)+(\hat{g}-g)u-d(t)\\&=-\tilde{f}-\eta\mathrm{sat}(s/\Phi)+\tilde{g}u-d(t)\\&=\tilde{\boldsymbol{W}}^{\mathrm{T}}\boldsymbol{h}_f(\boldsymbol{x})-\varepsilon_f-\eta\mathrm{sat}(s/\Phi)+[\tilde{\boldsymbol{V}}^{\mathrm{T}}\boldsymbol{h}_g(\boldsymbol{x})-\varepsilon_g]u-d(t)\end{aligned} \tag{4.46}$$

式中：$\tilde{\boldsymbol{W}}=\boldsymbol{W}^*-\hat{\boldsymbol{W}}$，$\tilde{\boldsymbol{V}}=\boldsymbol{V}^*-\hat{\boldsymbol{V}}$，且

$$\begin{aligned}\tilde{f}&=\hat{f}-f\\&=\hat{\boldsymbol{W}}^{\mathrm{T}}\boldsymbol{h}_f(\boldsymbol{x})-\boldsymbol{W}^*\boldsymbol{h}_f(\boldsymbol{x})-\varepsilon_f\\&=\tilde{\boldsymbol{W}}^{\mathrm{T}}\boldsymbol{h}_f(\boldsymbol{x})-\varepsilon_f\end{aligned} \tag{4.47}$$

$$\begin{aligned}\tilde{g}&=\hat{g}-g\\&=\hat{\boldsymbol{V}}^{\mathrm{T}}\boldsymbol{h}_g(\boldsymbol{x})-\boldsymbol{V}^{*}\boldsymbol{h}_g(\boldsymbol{x})-\varepsilon_g\\&=\tilde{\boldsymbol{V}}^{\mathrm{T}}\boldsymbol{h}_g(\boldsymbol{x})-\varepsilon_g\end{aligned}\tag{4.48}$$

定义李雅普诺夫函数为

$$L=\frac{1}{2}S^2+\frac{1}{2\gamma_1}\tilde{\boldsymbol{W}}^{\mathrm{T}}\tilde{\boldsymbol{W}}+\frac{1}{2\gamma_2}\tilde{\boldsymbol{V}}^{\mathrm{T}}\tilde{\boldsymbol{V}}\tag{4.49}$$

式中：$\gamma_1>0$；$\gamma_2>0$。

对李雅普诺夫函数进行求导，可以得到

$$\begin{aligned}\dot{L}&=s\dot{s}+\frac{1}{\gamma_1}\tilde{\boldsymbol{W}}^{\mathrm{T}}\dot{\tilde{\boldsymbol{W}}}+\frac{1}{\gamma_2}\tilde{\boldsymbol{V}}^{\mathrm{T}}\dot{\tilde{\boldsymbol{V}}}\\&=s\{\tilde{\boldsymbol{W}}^{\mathrm{T}}\boldsymbol{h}_f(\boldsymbol{x})-\varepsilon_f-\eta\mathrm{sat}(s/\Phi)+[\tilde{\boldsymbol{V}}^{\mathrm{T}}\boldsymbol{h}_g(\boldsymbol{x})-\varepsilon_g]u-d(t)\}-\frac{1}{\gamma_1}\tilde{\boldsymbol{W}}^{\mathrm{T}}\dot{\hat{\boldsymbol{W}}}-\frac{1}{\gamma_2}\tilde{\boldsymbol{V}}^{\mathrm{T}}\dot{\hat{\boldsymbol{V}}}\\&=\tilde{\boldsymbol{W}}^{\mathrm{T}}\left[s\boldsymbol{h}_f(x)-\frac{1}{\gamma_1}\dot{\hat{\boldsymbol{W}}}\right]+\tilde{\boldsymbol{V}}^{\mathrm{T}}\left[s\boldsymbol{h}_g(x)u-\frac{1}{\gamma_2}\dot{\hat{\boldsymbol{V}}}\right]+s[-\varepsilon_f-\eta\mathrm{sat}(s/\Phi)-\varepsilon_g u-d(t)]\end{aligned}\tag{4.50}$$

自适应律为

$$\dot{\hat{\boldsymbol{W}}}=-\gamma_1 s\boldsymbol{h}_f(x)\tag{4.51}$$

$$\dot{\hat{\boldsymbol{V}}}=-\gamma_2 s\boldsymbol{h}_g(x)\tag{4.52}$$

最后，李雅普诺夫函数的导数可表示为

$$\begin{aligned}\dot{L}&=s[-\varepsilon_f-\eta\mathrm{sat}(s/\Phi)-\varepsilon_g u-d(t)]\\&=[-\varepsilon_f-\varepsilon_g u-d(t)]s-\eta|s|\end{aligned}\tag{4.53}$$

由于近似误差 ε_f 和 ε_g 有限且足够小，所以可以通过设计 η，使其满足条件 $\eta\geqslant|\varepsilon_f+\varepsilon_g u+d(t)|$，则可以近似得到 $\dot{L}\leqslant0$。

4.4　系统仿真验证与分析

为了验证所提出的基于滑模控制和 RBF 神经网络的复合自适应容错控制策略在执行器故障、模型不确定性和外部干扰下的性能，进行了一系列仿真验证。仿真场景设置如表 4－1 所示。其中，场景一主要关注在无外界干扰和无执行器故障状况的情况下所提出的基于 RBF 神经网络的自适应容错控制方法的控制性能。场景二的目标是展示所提出方法在有外界风干扰和执行器正常工作情况下的控制性能，着重验证所提出控制策略对外界干扰的鲁棒控制效果。场景三则通过考虑无外界干扰和有执行器效率损失的情况，侧重所提出控制策略对于执行器故障的安全控制效果。在场景四中，同时考虑外界风干扰和执行器存在效率损失的情况，展示所提出的基于 RBF 神经网络的自适应容错控制方法在复杂环境中的综合抗扰安全控制效果，进一步说明所提出控制策略的优越性能。

所选择的控制参数：$\boldsymbol{c}_{ij}=[-1\quad -0.5\quad 0\quad 0.5\quad 1;-1\quad -0.5\quad 0\quad 0.5\quad 1]$，$b_j=5$，

$c=15, \eta=0.1, \Phi_1=0.05, \Phi_2=0.01, \Phi_3=0.1$。

表 4-1 仿真场景设置

	外界风干扰	执行器故障
场景一	无	无
场景二	有	无
场景三	无	有
场景四	有	有

4.4.1 场景一

场景一主要关注在无外界干扰和无执行器故障状况的情况下所提出的基于 RBF 神经网络的自适应容错控制方法的控制性能。

如图 4-4～图 4-17 所示，在场景一中，所提出的控制策略可以实现良好的滚转角、俯仰角、偏航角和速度跟踪。速度跟踪采用的是自适应滑模控制算法，可以看到当滑模变量在边界层外时，σ_Δ 开始自适应调整，自适应参数开始改变，直到滑模变量返回边界层内，σ_Δ 和自适应参数停止改变，从而实现良好的跟踪效果。姿态角跟踪采用的是本书所提出的神经网络滑模控制，通过自适应地改变自适应参数 f 与 g，因此姿态角跟踪误差较小。

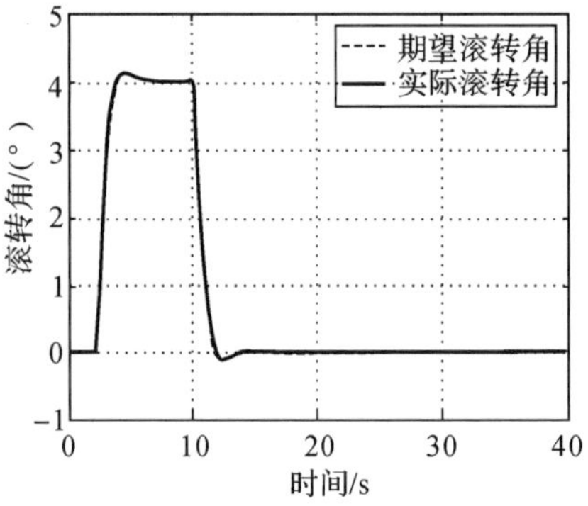

图 4-4 场景一滚转角跟踪效果

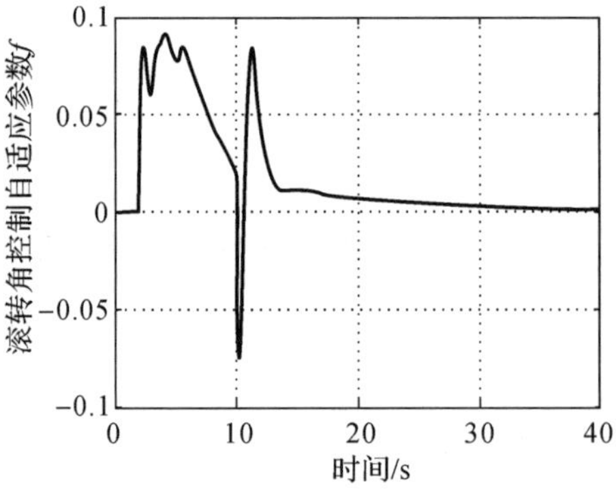

图 4-5 场景一滚转角跟踪自适应参数 f

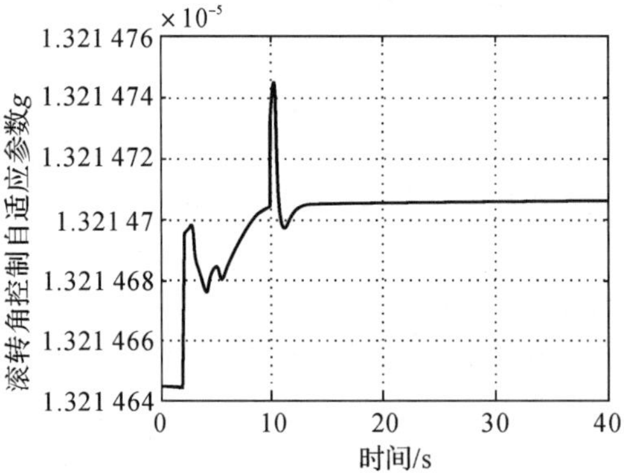

图 4-6 场景一滚转角跟踪自适应参数 g

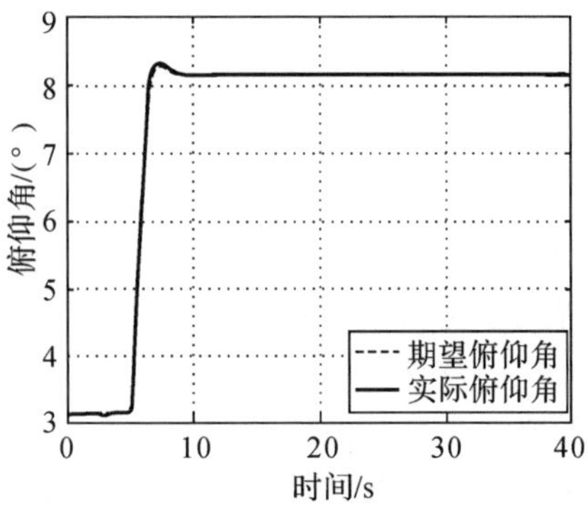

图 4-7 场景一俯仰角跟踪效果

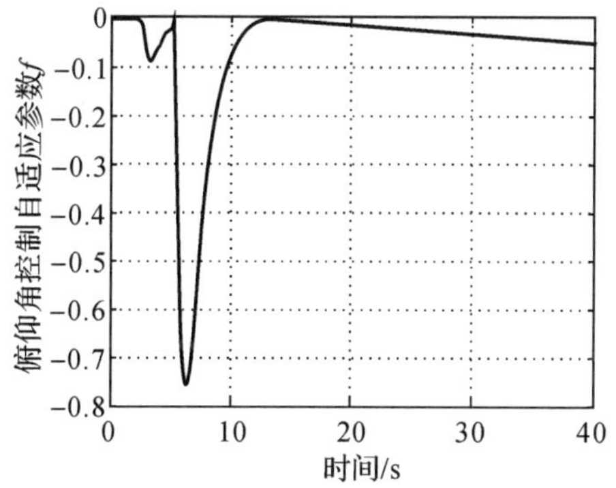

图 4-8　场景一俯仰角跟踪自适应参数 f

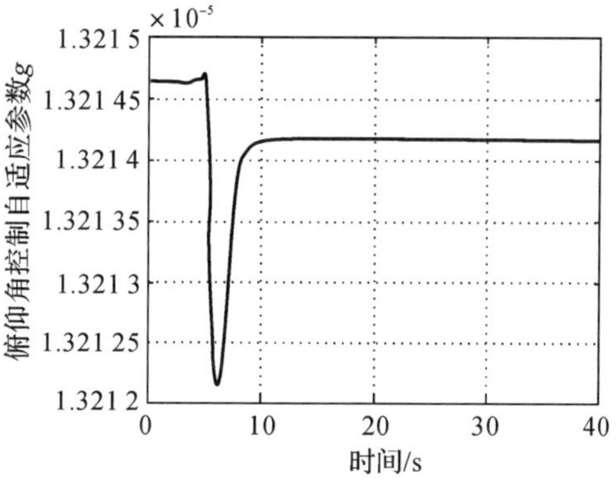

图 4-9　场景一俯仰角跟踪自适应参数 g

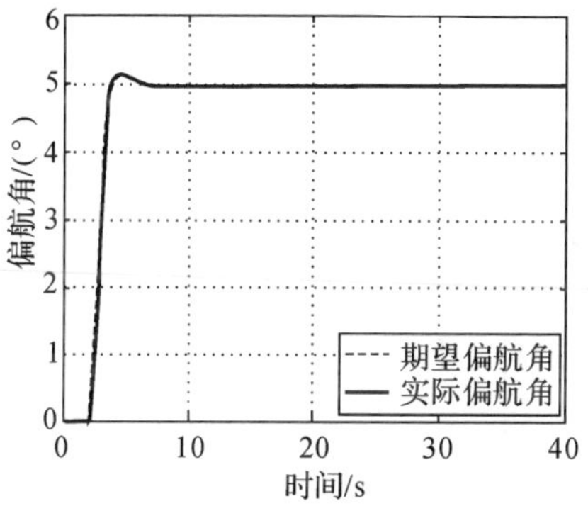

图 4-10　场景一偏航角跟踪效果

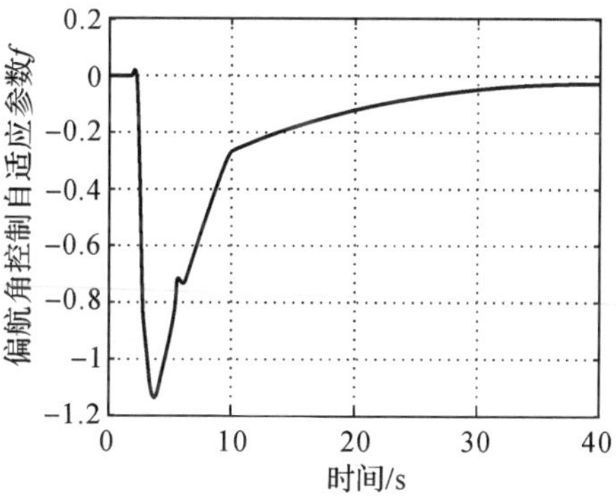

图 4-11　场景一偏航角跟踪自适应参数 f

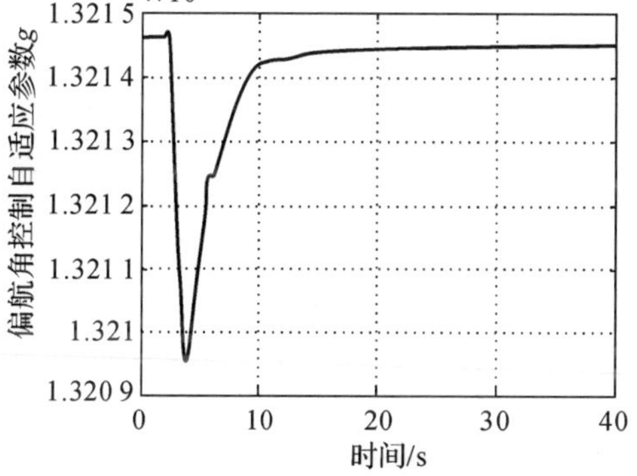

图 4-12　场景一偏航角跟踪自适应参数 g

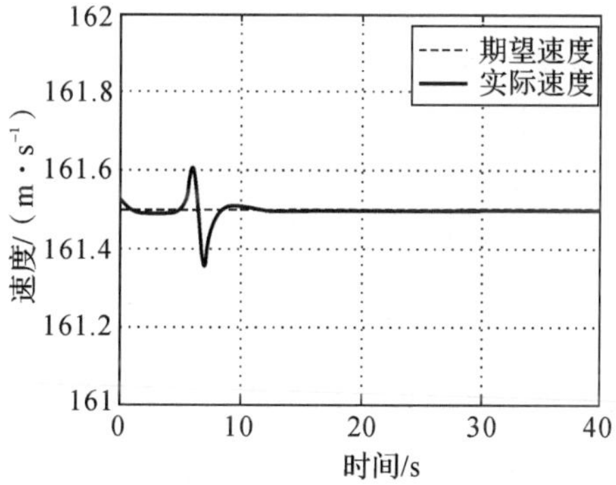

图 4-13　场景一速度跟踪效果

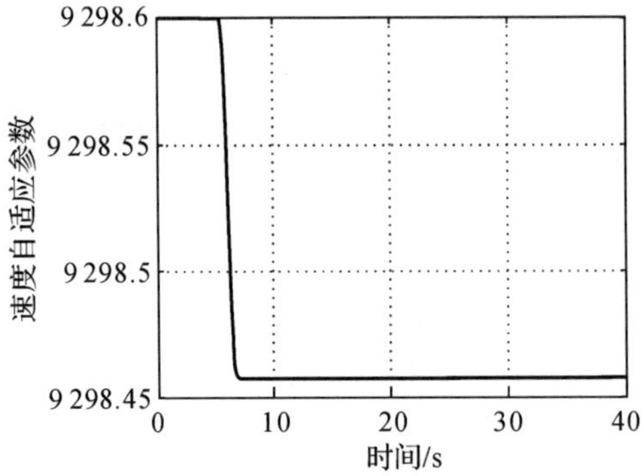

图 4-14　场景一速度跟踪自适应参数

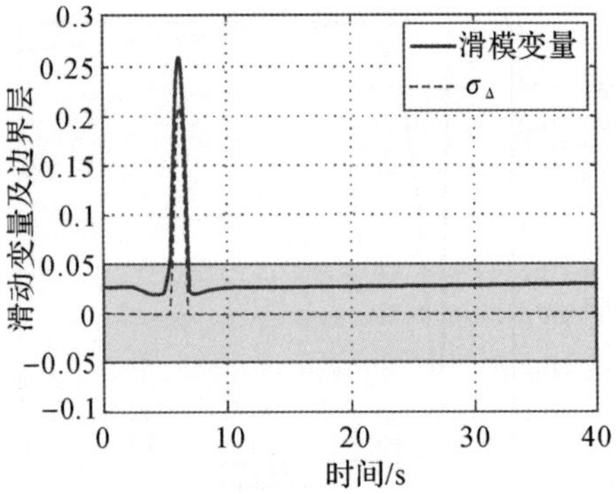

图 4-15　场景一速度跟踪滑模变量、σ_{Δ}和边界层示意图

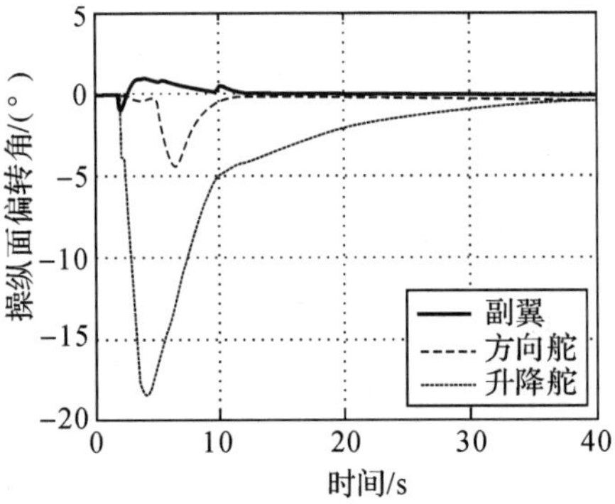

图 4-16　场景一操纵面偏转角

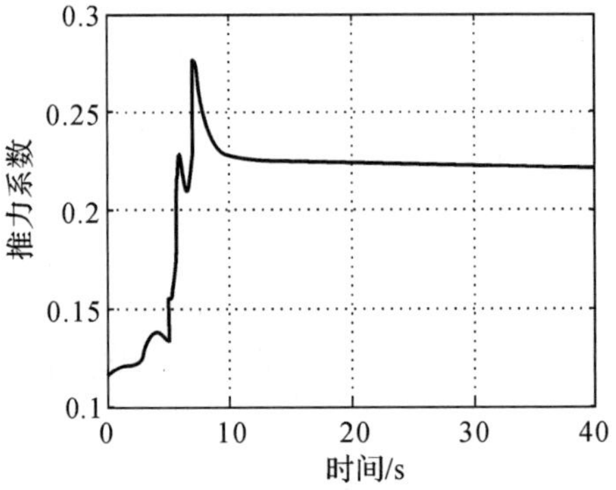

图 4-17　场景一推力系数

4.4.2　场景二

场景二的目标是展示所提出的方法在有外界风干扰和执行器正常工作情况下的控制性能，着重验证基于 RBF 神经网络的自适应容错控制策略对外界干扰的鲁棒控制效果。

如图 4-18～图 4-32 所示，为了进一步验证所提出的控制策略的有效性，在场景二中加入了外部风干扰。虽然有干扰风的注入，但采用所提出的自适应 RBF 神经网络控制在姿态轨迹跟踪时，仍可以获得较小的误差跟踪。

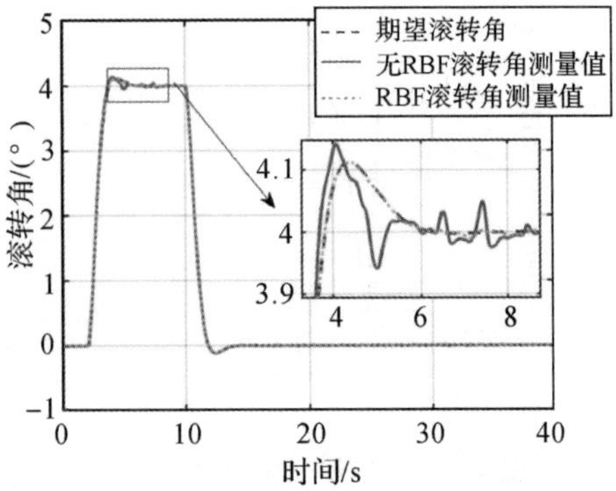

图 4-18　场景二滚转角跟踪效果

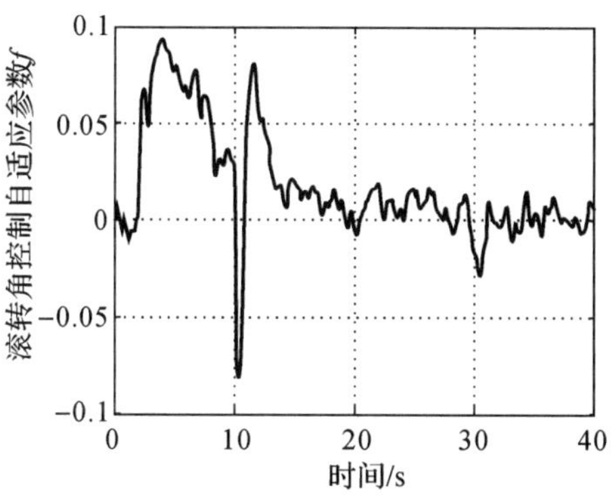

图 4-19　场景二滚转角跟踪自适应参数 *f*

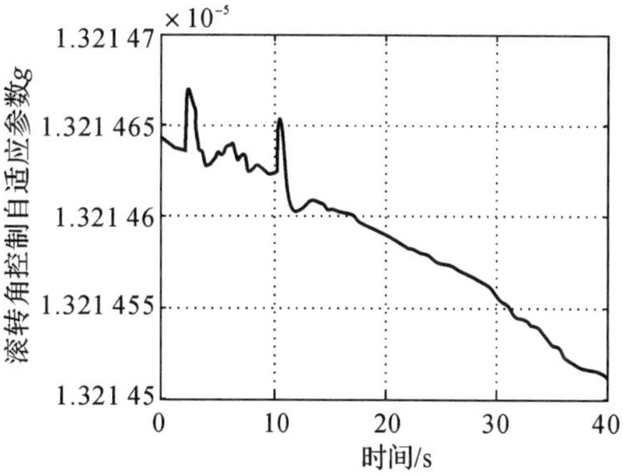

图 4-20　场景二滚转角跟踪自适应参数 *g*

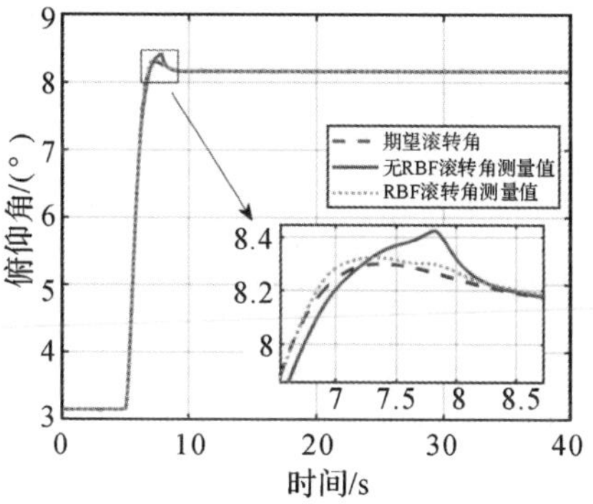

图 4-21　场景二俯仰角跟踪效果

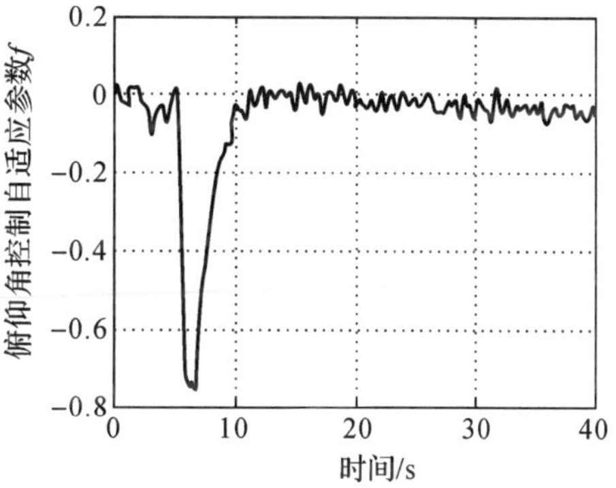

图 4-22　场景二俯仰角跟踪自适应参数 *f*

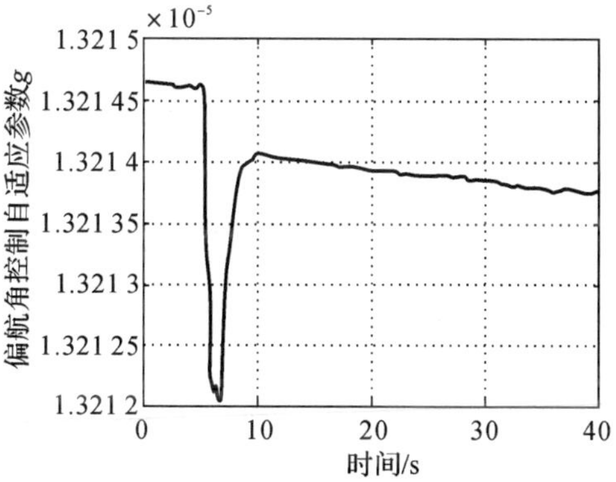

图 4-23　场景二俯仰角跟踪自适应参数 *g*

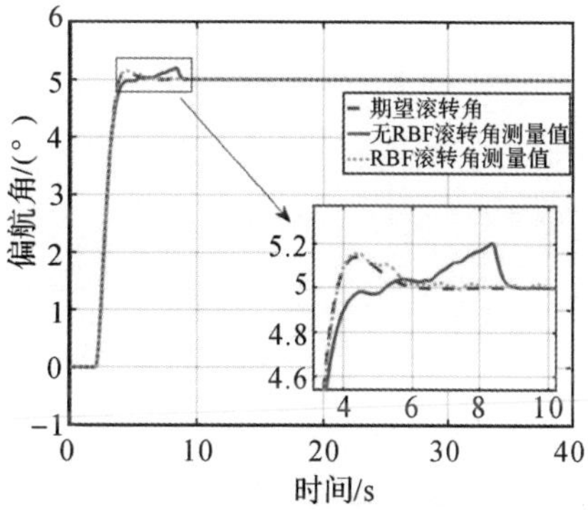

图 4-24　场景二偏航角跟踪效果

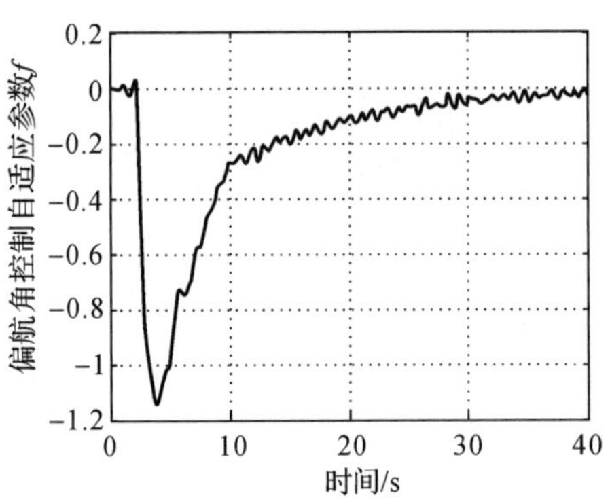

图 4-25　场景二偏航角跟踪自适应参数 *f*

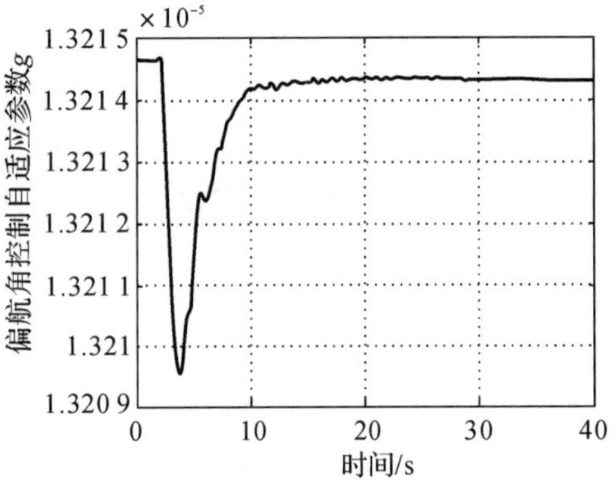

图 4-26　场景二偏航角跟踪自适应参数 *g*

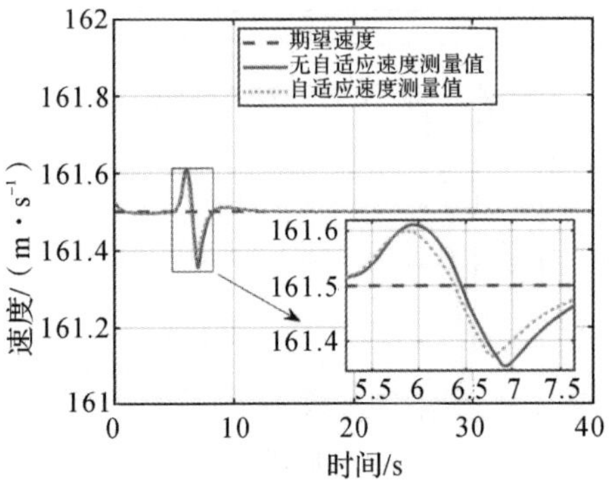

图 4-27　场景二速度跟踪效果

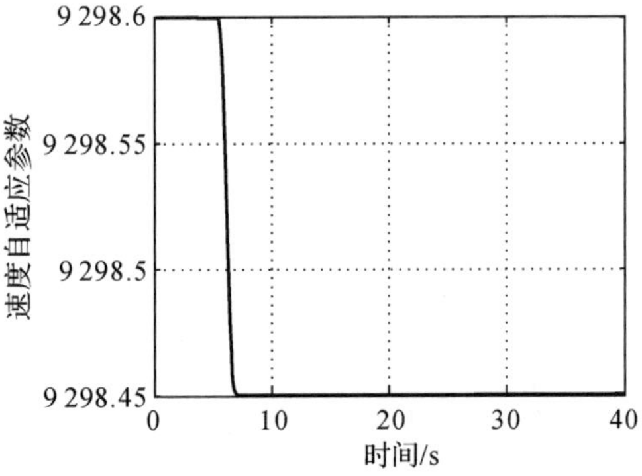

图 4-28　场景二速度跟踪自适应参数

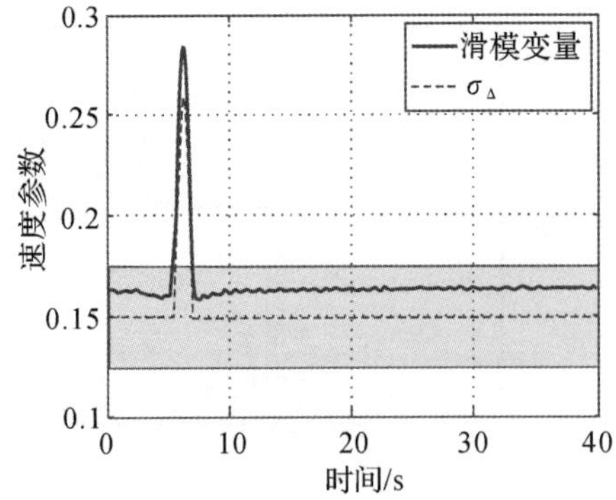

图 4-29　场景二速度跟踪滑模变量、$\boldsymbol{\sigma}_{\Delta}$ 和边界层示意图

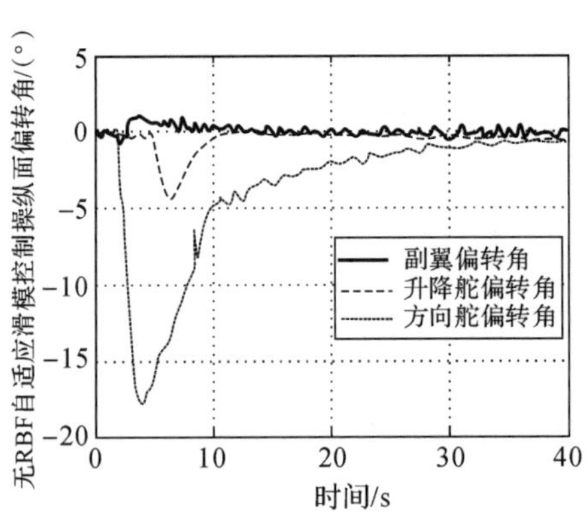

图 4-30　场景二无 RBF 自适应滑模控制操纵面偏转角

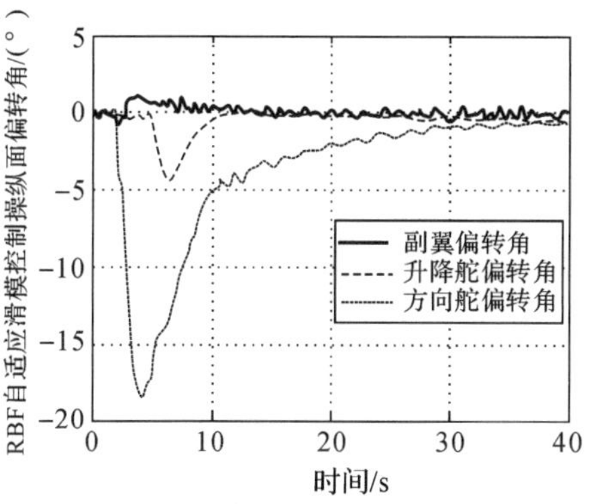

图 4-31　场景二 RBF 自适应滑模控制操纵面偏转角

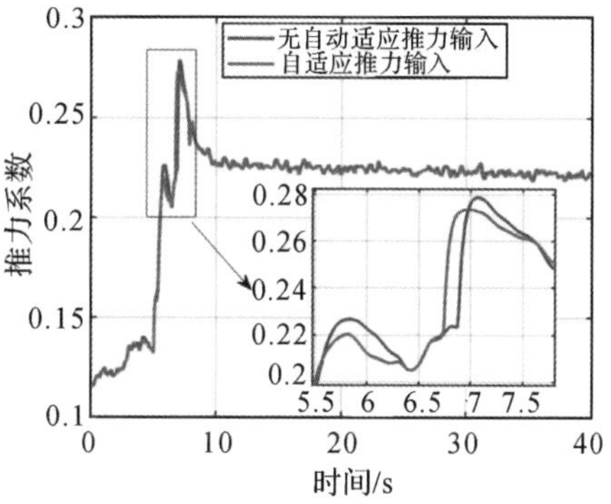

图 4-32　场景二推力系数

4.4.3　场景三

场景三通过考虑无外界干扰和有执行器效率损失的情况，侧重展示所提出的基于 RBF 神经网络的自适应容错控制策略对于执行器故障的安全控制效果。

如图 4-33～图 4-47 所示，在场景三中，在 15 s 时给升降舵注入 40%控制效能损失的故障，在 30 s 时给方向舵注入 50%控制效能损失的故障，俯仰、滚转和偏航运动的跟踪性能如图 4-33～图 4-41 所示。本书所提出的自适应 RBF 神经网络控制方法在执行器效率损失时可以及时调整自适应参数，从而补偿执行器故障造成的系统失稳，具有良好的跟踪性能。

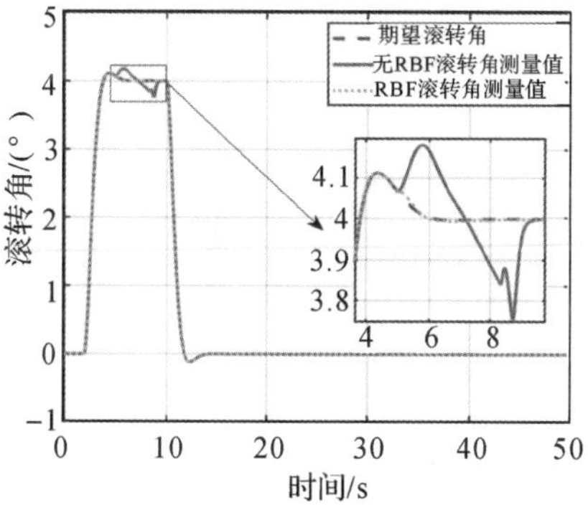

图 4-33　场景三滚转角跟踪效果

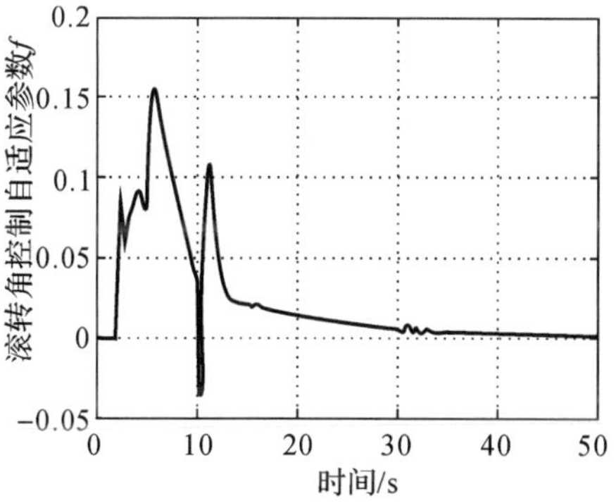

图 4-34　场景三滚转角跟踪自适应参数 f

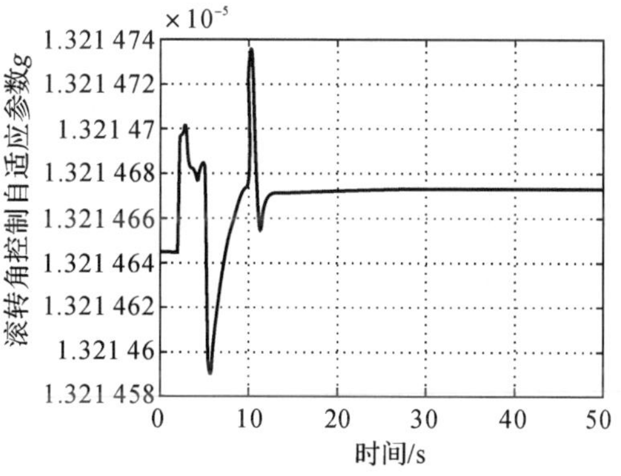

图 4-35　场景三滚转角跟踪自适应参数 g

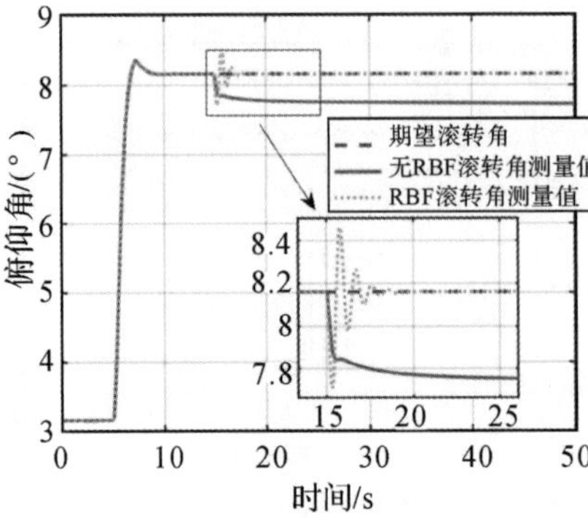

图 4-36　场景三俯仰角跟踪效果

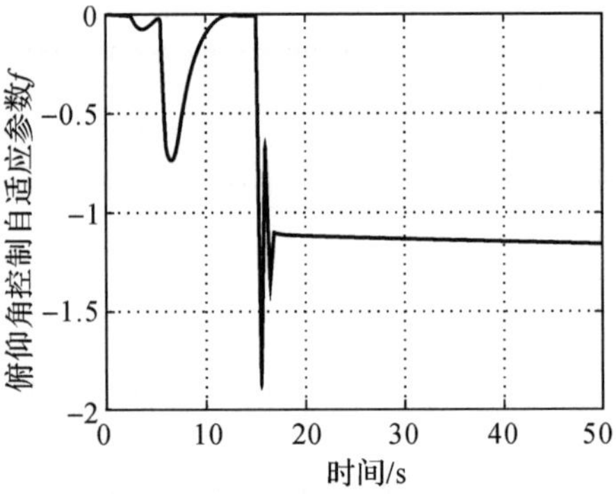

图 4-37　场景三俯仰角跟踪自适应参数 *f*

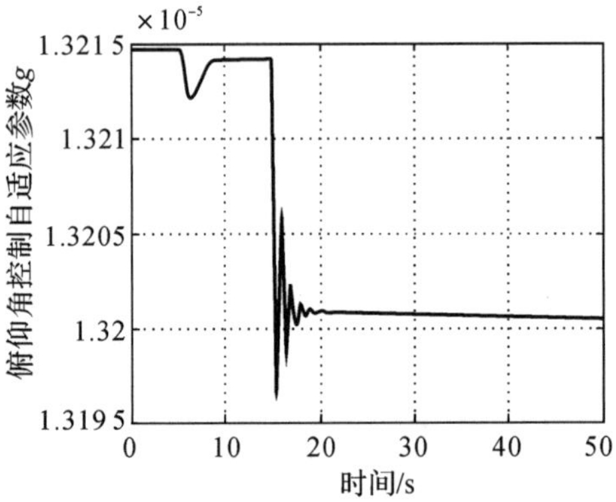

图 4-38　场景三俯仰角跟踪自适应参数 *g*

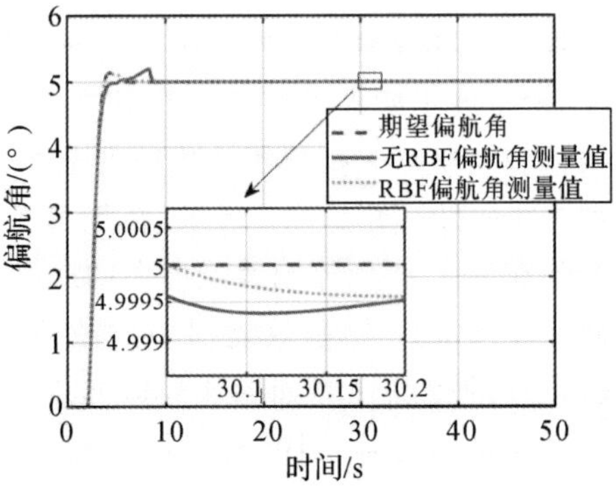

图 4-39　场景三偏航角跟踪效果

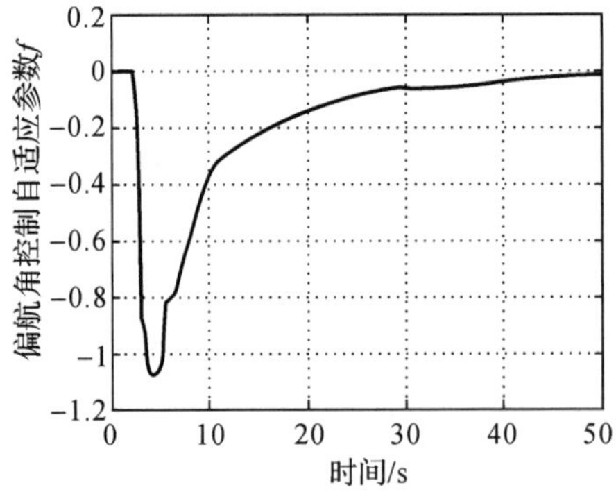

图 4-40　场景三偏航角跟踪自适应参数 *f*

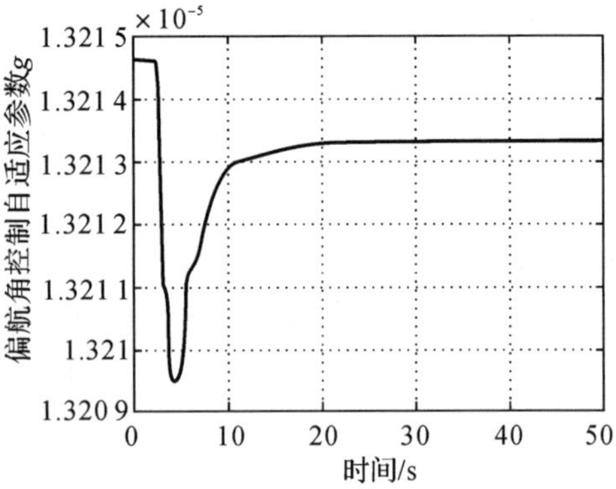

图 4-41　场景三偏航角跟踪自适应参数 *g*

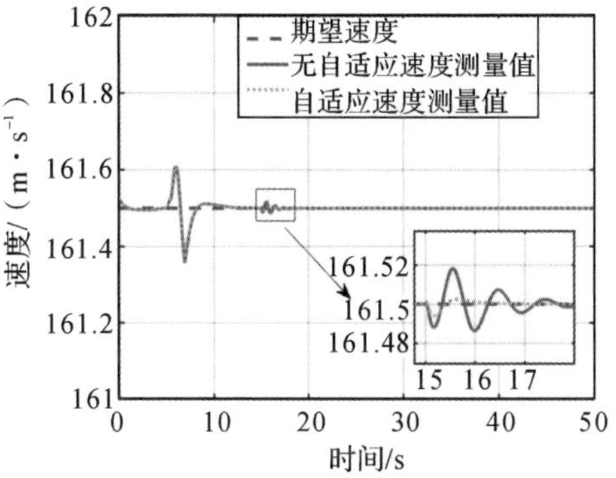

图 4-42　场景三速度跟踪效果

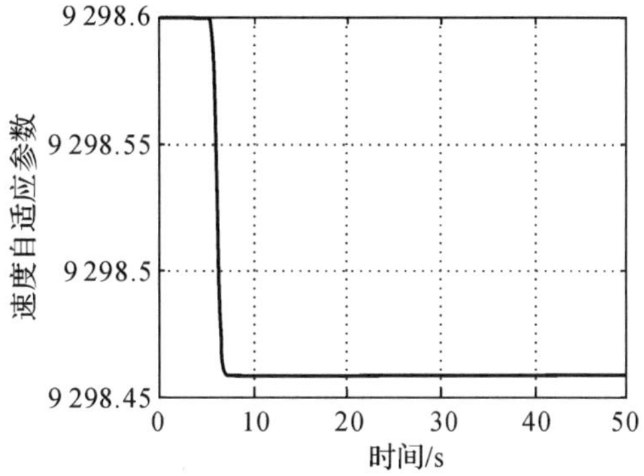

图 4-43　场景三速度跟踪自适应参数

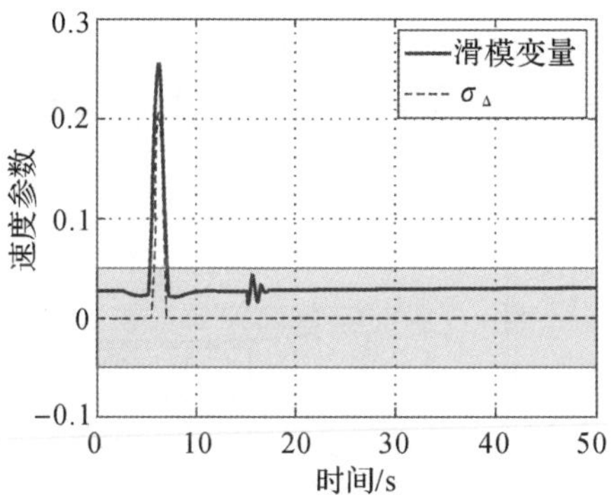

图 4-44　场景三速度跟踪滑模变量、σ_Δ 和边界层示意图

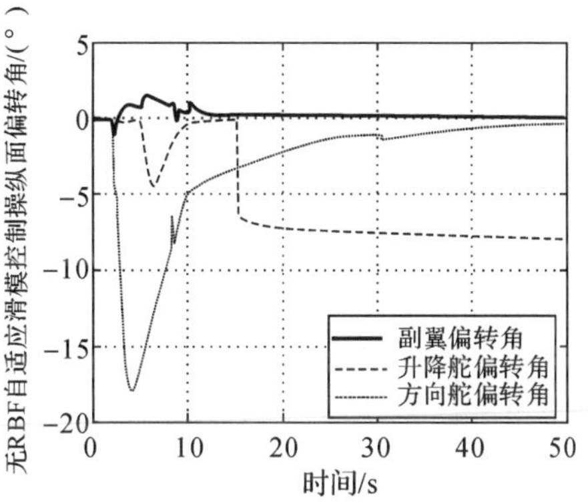

图 4-45　场景三无 RBF 自适应滑模控制操纵面偏转角

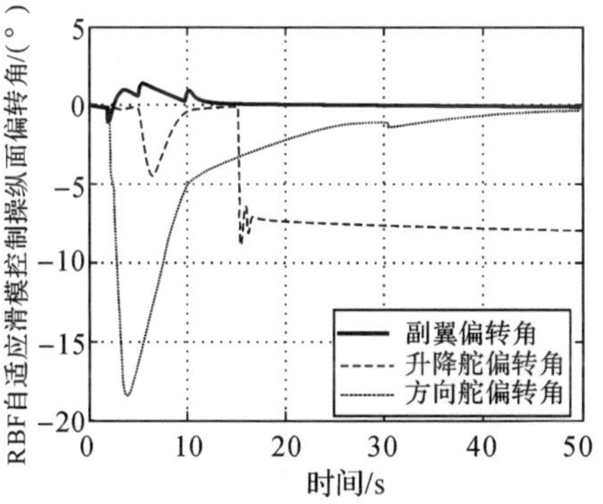

图 4-46　场景三 RBF 自适应滑模控制操纵面偏转角

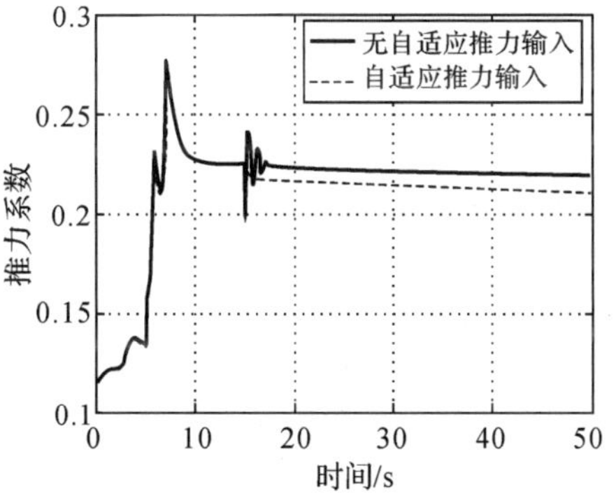

图 4-47　场景三推力系数

4.4.4　场景四

在场景四中，同时考虑外界风干扰和执行器存在效率损失的情况，展示所提出的基于

RBF 神经网络的自适应容错控制方法在复杂环境中的综合抗扰安全控制效果，进一步说明所提出控制策略的优越性能。

如图 4－48～图 4－62 所示，在场景四中，所提出的控制策略可以实现良好的滚转角、俯仰角、偏航角和速度跟踪。通过仿真验证了所提出的自适应 RBF 滑模控制的有效性。

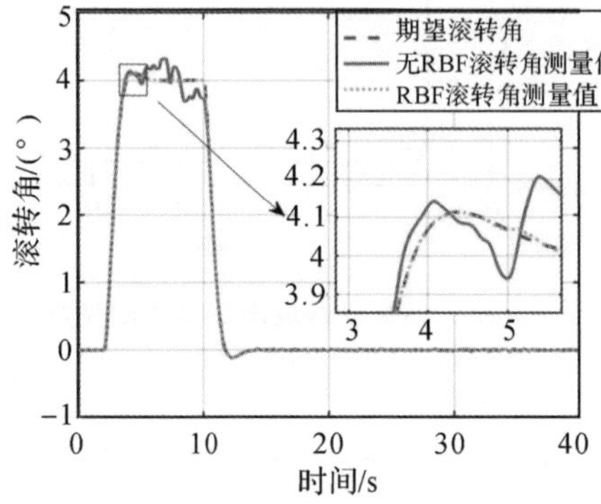

图 4－48　场景四滚转角跟踪效果

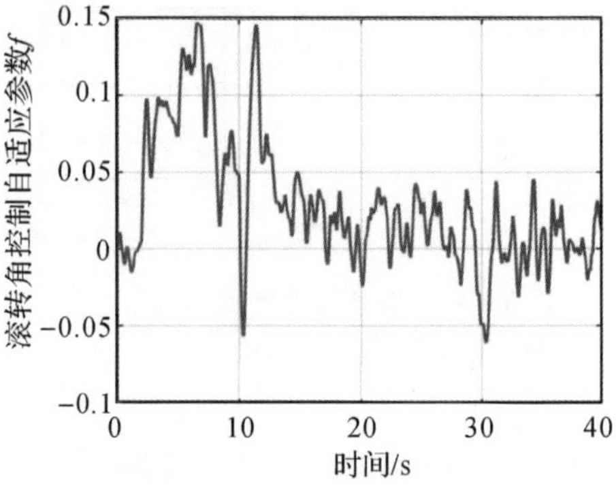

图 4－49　场景四滚转角跟踪自适应参数 f

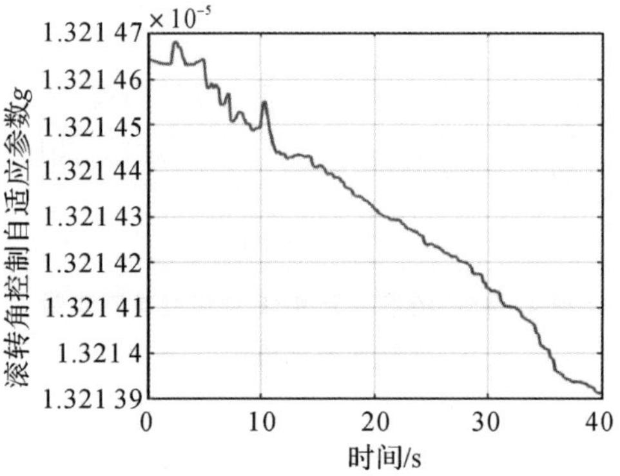

图 4－50　场景四滚转角跟踪自适应参数 g

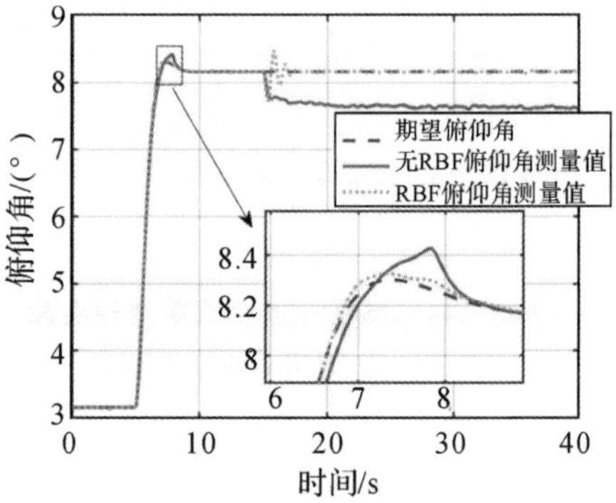

图 4－51　场景四俯仰角跟踪效果

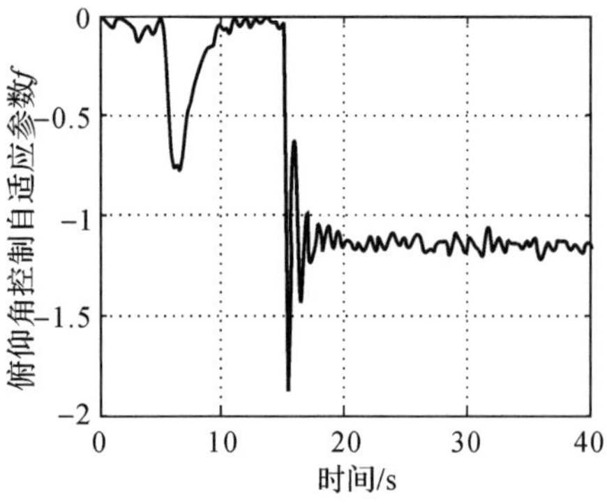

图 4－52　场景四俯仰角跟踪自适应参数 f

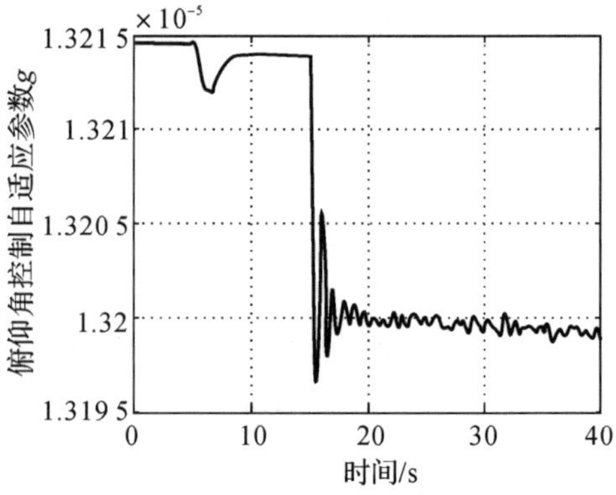

图 4－53　场景四俯仰角跟踪自适应参数 g

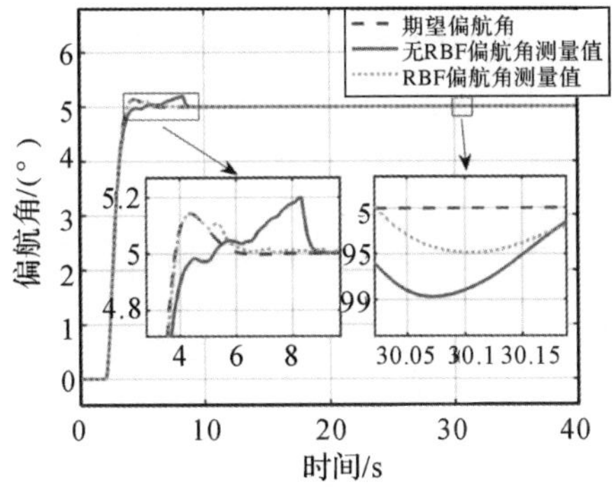

图 4-54　场景四偏航角跟踪效果

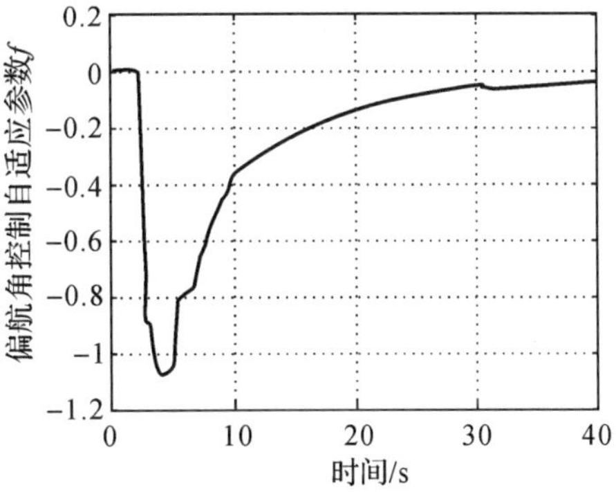

图 4-55　场景四偏航角跟踪自适应参数 f

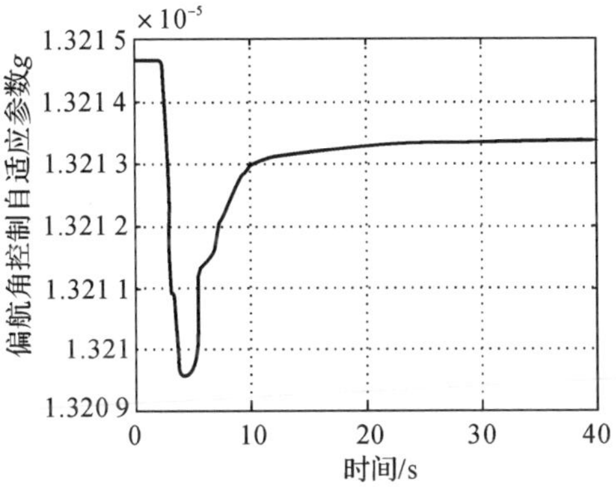

图 4-56　场景四偏航角跟踪自适应参数 g

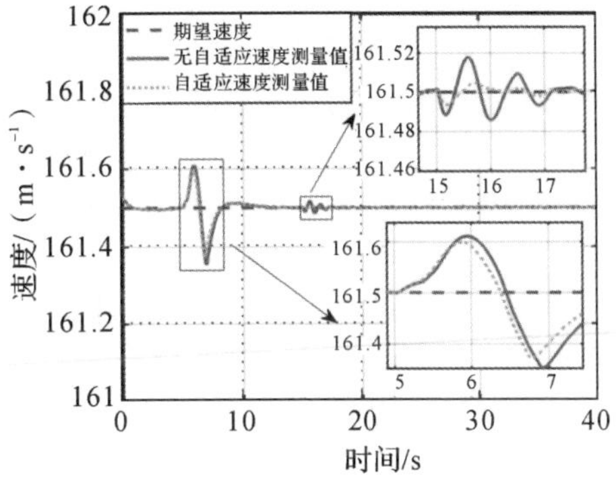

图 4-57　场景四速度跟踪效果

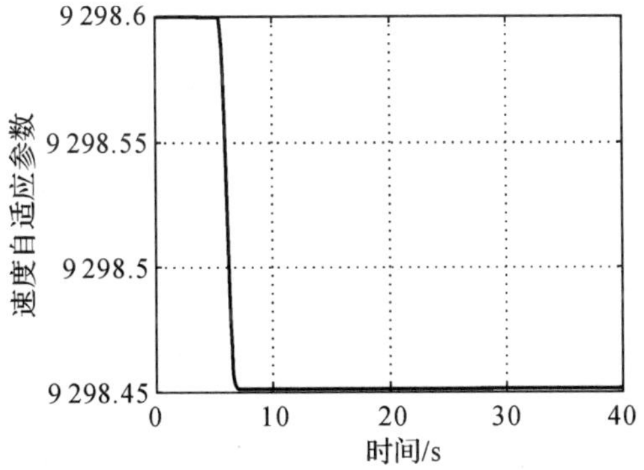

图 4-58　场景四速度跟踪自适应参数

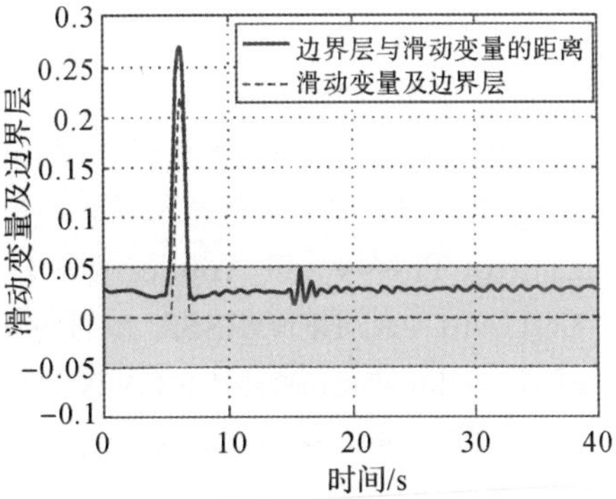

图 4-59　场景四速度跟踪滑模变量、σ_Δ 和边界层示意图

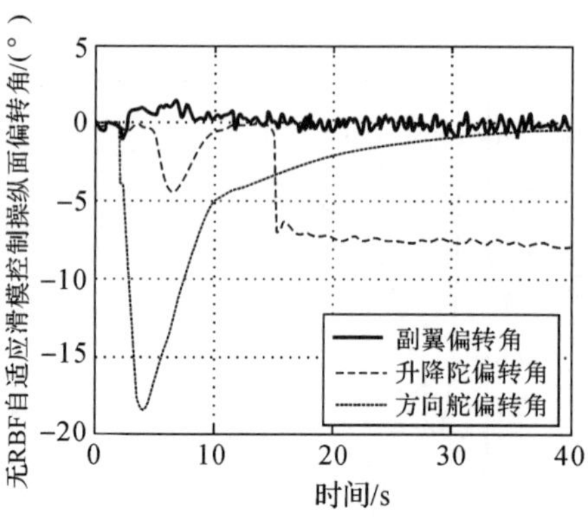

图 4-60　场景四无 RBF 自适应滑模控制操纵面偏转角

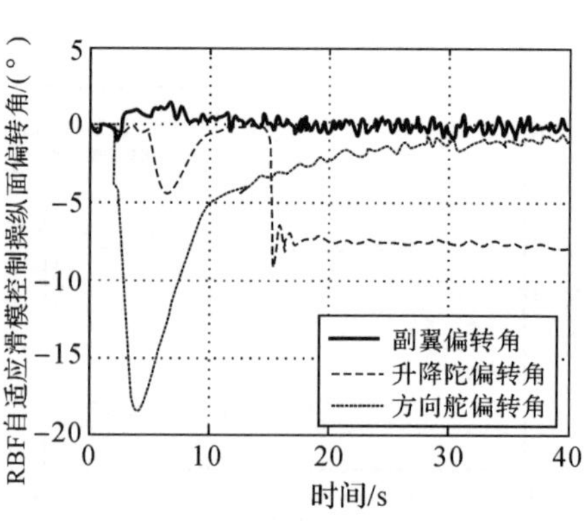

图 4-61　场景四 RBF 自适应滑模控制操纵面偏转角

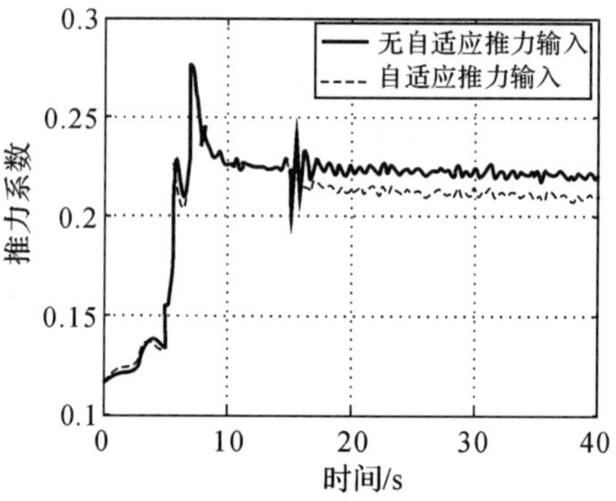

图 4-62　场景四推力系数

参考文献

[1] HUNG J Y, GAO W, HONG J C. Variable structure control: a survey[J]. IEEE Transactions on Industrial Electronics, 1993, 40(1):2-22.

[2] ZHANG D Q, PANDA S K. Chattering-free and fast-response sliding mode controller[J]. Control Theory and Applications, 1999, 146(2):171-177.

[3] BOUAFIA S, BENAISSA A, BARKAT S, et al. Second order sliding mode control of three-level four-leg DSTATCOM based on instantaneous symmetrical components theory[J]. Springer Energy Systems, 2018,9(1):78-111.

[4] XIAN B, GUO J C. ZHANG Y, et al. Sliding mode tracking control for miniature unmanned helicopters[J]. Chinese Journal of Aeronautics, 2015, 28(1):277-284.

[5] BEYHAN S,ALCI M. A new RBF network based sliding-mode control of nonlinear systems[C]// 2009 International Multiconference on Computer Science and Information Technology. New York:IEEE,2009: 11-16.

[6] TASI C H, CHUNG H Y, YU F M. Neuro-sliding mode control with its applications to seesaw systems [J]. IEEE Transactions on Neural Networks, 2004, 15 (1): 124 - 134.

[7] EDWARDS C, SPURGEON S K. Sliding mode control: theory and applications [M]. Boca Raton: CRC Press, 1998.

[8] 喻伯牙,高俊宏,王鸿,等. 四旋翼无人机的 RBF 神经网络姿态控制研究[J]. 机械科学与技术, 2023:1 - 8.

[9] LEWIS F L, LIU K. YESILDIREK A. Neural net robot controller with guaranteed tracking performance[J]. IEEE Transactions on Neural Networks, 1995, 6(3): 703 - 715.

[10] WANG W P, JIA X, WANG Z, et al. Fixed-time synchronization of fractional order memristive MAM neural networks by sliding mode control[J]. Neurocomputing, 2020, 401(11): 364 - 376.

第5章　基于干扰观测器的飞机自适应容错控制方法

5.1 引　　言

在飞机飞行控制系统的设计中，高可靠性、安全性和强环境适应性是设计者希望得到的重要特征。因此，不确定性和干扰的抑制方法已经成了飞机飞行控制系统设计的重点。在传统的反馈控制策略中，干扰对于系统的影响可以使用前馈控制策略进行调节，但是在工程实践中往往无法直接利用传感器得到干扰量的测量值并且进行前馈处理，因此设计能够估计干扰值的方法成了重要研究方向。具体地说，对于具有高精度控制需求的现代飞机飞行控制系统，外界风干扰、部件故障和模型不确定性等因素引起的扰动力和力矩将对飞机控制性能产生严重影响，而基于 PID 控制理论的传统飞行控制系统在设计之初就没有考虑各种影响飞行控制性能的因素，因此无法实现高精度控制。基于工业实践的现实需要，应当开发可提升传统飞行控制系统抗干扰性能的模块。

日本学者 K. Ohnishi 创新性地提出将控制系统的实际输出和名义模型的输出之间的差作为等效干扰，并将这个等效干扰补偿到控制系统的输入，从而使控制系统获得名义模型的控制效果，增强系统的鲁棒性和抗干扰性能[1]。在控制系统的实际设计中，通常可以基于时标分离原理将控制器分为控制内环和控制外环，将干扰观测器模块设置于内环时可以有效提高系统的鲁棒性，简化观测器本身和控制器外环的设计难度。干扰观测器的基本原理框图如图 5-1 所示，其中：u 为控制输入；y 为控制输出；d 为干扰；$\hat{d}$ 为干扰估计值；x 为控制状态；y_r 为名义模型的输出；u_{ff} 为前馈控制量；u_{fb} 为反馈控制量。

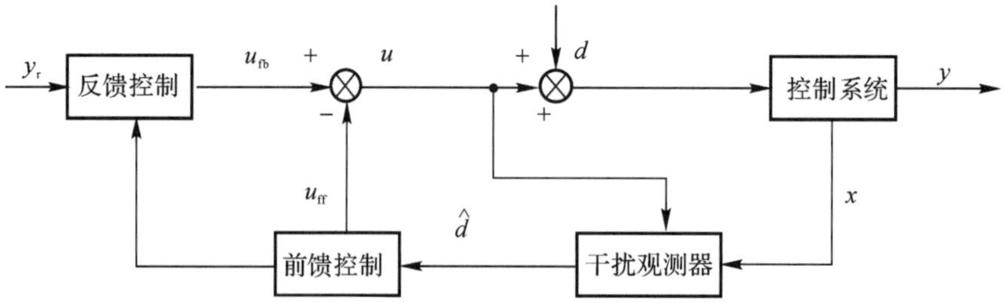

图 5-1　干扰观测器的基本原理框图

干扰观测器的设计主要由反馈控制和前馈控制两部分组成，反馈控制部分主要用来实现对被控对象的跟踪控制，而前馈控制部分主要用来实现对被控对象的抗扰控制。

前馈控制部分的引入并不影响正常反馈控制部分的设计，符合工业实践中的现实“改进”需求。设计者可以在传统反馈控制系统的设计中加入前馈控制部分，从而提升现有控制系统的容错性和鲁棒性，避免了对新型抗扰控制系统的设计需求和验证流程。同时，由于前馈部分的设计没有提前考虑干扰等负面因素，并不会降低名义模型的控制效果，所以干扰观测器具有保守性低的优点。

容错控制是一个涉及故障诊断与预测、鲁棒控制、信号传输等众多领域的多学科交叉问题。容错控制能够在系统发生故障时，保障系统的稳定性，避免故障对系统产生不良影响。根据处理故障方法的不同，容错控制可以分为被动容错控制和主动容错控制[3]。被动容错控制方法是一种旨在保证系统出现故障或扰动时仍能维持稳定并正常运行的控制策略。主动容错控制方法则需要故障诊断和检测单元在故障发生时重新配置控制器[4]。这两种方法相较而言，主动容错控制效果好，但其对故障诊断和隔离单元的性能要求较高；被动容错控制响应快，但是对未知故障和干扰难以控制。两种方法各有利弊，国内外也都进行了充分而积极的研究。值得注意的是，主动容错控制技术中故障诊断和隔离单元十分重要，需要先通过故障诊断和隔离单元得到系统故障信息，再对控制律进行重构以消除故障对系统的影响。

目前，对于航空飞行系统的容错控制已经取得了一些成体系的成果。杨伟院士编写了关于容错飞行控制系统的基本理论和设计方法的著作，详细介绍了应用较广的硬件冗余控制中的余度容错技术和飞行控制系统的故障以及故障诊断方法，阐述了自适应和基于神经网络的智能容错飞行控制系统的具体实现和特征，并展示了传感器和作动器的故障隔离和容错控制方法[5]。刘金琨教授撰写了关于滑模控制的著作，通过旋翼无人机的控制律选择和控制器设计问题的详细讲述和具体实现验证了本书提出的控制方法的可行性和有效性[6]。滑模变结构控制算法被广泛应用于可建立精确数学模型的确定性控制系统中，其控制算法实现简单，具有较强的鲁棒性和可靠性。然而，本书中提及的传统的滑模控制策略由于本质上的不连续开关特性会引起系统的抖动，国内外许多学者又从各种角度提出了解决此问题的思路。

学者王力将串级 PID 控制器和非线性干扰观测器结合，实现了复合干扰的精确估计，并且设计了自适应二阶 PID 滑模控制器，消除了切换控制引起的抖振[7]。学者宗群针对固定翼飞机的姿态和速度控制系统中存在的不确定性和外部扰动问题，设计了自适应超螺旋滑模干扰观测器，实现了固定翼飞机的精确姿态控制和精准速度控制[8]。学者蒲明将自适应滑模和终端滑模控制算法结合避免了控制器抖振，并将此种控制算法应用于近进空间飞机控制系统的设计中，通过使用非线性观测器实现了临近空间飞机的复合干扰估计，进一步提高了控制精度[9]。

5.2　带干扰的飞机建模与问题描述

本节中的控制对象是需要克服操纵面操纵效能损失和外界风干扰的固定翼飞机，目标是设计此飞机的鲁棒姿态控制系统。

非线性姿态控制系统可以表述为

$$\left.\begin{aligned}\dot{\boldsymbol{\Theta}}&=\boldsymbol{\omega}\\ \dot{\boldsymbol{\omega}}&=\boldsymbol{HF}+\boldsymbol{HBKu}+\boldsymbol{d}\end{aligned}\right\}\tag{5.1}$$

$$\boldsymbol{F}=\begin{bmatrix}0 & I_{zz}r & -I_{yy}q\\ I_{zz}r & 0 & -I_{xx}p\\ -I_{xx}q & I_{xx}p & 0\end{bmatrix}\begin{bmatrix}p\\ q\\ r\end{bmatrix}\tag{5.2}$$

式中：$\dot{\boldsymbol{\Theta}}$ 为飞机的姿态角的导数；$\boldsymbol{\omega}$ 为飞机姿态角速度；$\boldsymbol{u}$ 为控制输入向量；矩阵 $\boldsymbol{B}$ 是操纵效能矩阵；$\boldsymbol{H}$ 为对角矩阵，$\boldsymbol{H}=\boldsymbol{I}^{-1}$，$\boldsymbol{I}$ 为飞机的惯量矩阵；$\boldsymbol{d}$ 代表飞机所受外界扰动；$\boldsymbol{K}=\mathrm{diag}(K_1(t),K_2(t),K_3(t))$，当 $K_1(t)=1$ 时，代表第 i 个执行机构正常工作；当 $0\leqslant K_i(t)<1$ 时，代表第 i 个执行机构出现了一定程度的故障。

5.3 针对外部干扰和参数不确定的自适应容错控制器设计

5.3.1 非线性干扰观测器设计

将干扰 $\boldsymbol{d}(t)$ 看作是扩展的系统状态，那么扩展后的非线性姿态控制系统方程可以表示为

$$\left.\begin{aligned}\dot{\Theta}_i&=\omega_i\\ \dot{\omega}_i&=H_iF_i(x_i,x_2,t)+H_ib_iu_i(t)+d_i(t)\\ \dot{d}_i(t)&=r_i(t)\end{aligned}\right\}\tag{5.3}$$

式中：$r_i(t)$ 为控制系统所受干扰的变化率。

假设 1 控制系统所受的扰动有上界，系统对扰动的误差估计最大值为 ρ，且扰动变化率满足条件 $\lim\limits_{t\to\infty}r_i(t)=0$ 。

干扰观测器被设计为

$$\left.\begin{aligned}\ddot{\hat{\Theta}}_i&=H_iF_i+H_i\nu_i+\hat{d}_i(t)+\nu_{i_{\text{switch}}}\\ \hat{d}_i&=\nu_{i_{\text{switch}}}\\ \nu_{i_{\text{switch}}}&=\eta_i\,\mathrm{sat}(\sigma_i/\Phi_i)\end{aligned}\right\}\tag{5.4}$$

式中：$\hat{d}_i$ 为干扰估计值；$\ddot{\hat{\Theta}}_i$ 为状态量的估计值；η_i 为控制参数；$\nu_{i_{\text{switch}}}$ 为开关信号。

令干扰估计的误差记为 $\tilde{d}_i=d_i-\hat{d}_i$，其动力学可以计算为

$$\dot{\tilde{d}}_i=\dot{d}_i-\dot{\hat{d}}_i=-\eta\,\mathrm{sat}(\sigma/\Phi)\tag{5.5}$$

假设 2 四旋翼无人机的角速度值可直接获取，并且角速度的导数值（角加速度值）是有界的，即角速度的导数误差有上界 κ。

与控制器结合，角速度导数的误差和扰动估计误差为

$$\ddot{\hat{\Theta}}_i-\ddot{\Theta}_i=\hat{d}_i(t)-d_i(t)+\nu_{i_{\text{switch}}}\tag{5.6}$$

$$\dot{\hat{d}}_i-\dot{d}_i=\eta\,\mathrm{sat}(\sigma/\Phi)-r(t)\tag{5.7}$$

定义$\dot{\Theta}_i-\hat{\dot{\Theta}}_i=e_{1i}$，$d_i-\hat{d}_i=e_{2i}$，则上式可以写为

$$\dot{e}_{1i}=-\hat{d}_i(t)+d_i(t)-\nu_{i_{\mathrm{switch}}} \tag{5.8}$$

$$\dot{e}_{2i}=-\nu_{i_{\mathrm{switch}}}+r_i(t) \tag{5.9}$$

将假设 2 引入上式，则

$$\kappa_i=e_{2i}-\nu_{i_{\mathrm{switch}}} \tag{5.10}$$

$$\dot{e}_{2i}=-\nu_{i_{\mathrm{switch}}}+r_i(t) \tag{5.11}$$

结合式(5.10)和式(5.11)可得

$$\dot{e}_{2i}+e_{2i}=\kappa_i+r_i(t) \tag{5.12}$$

干扰估计的误差为

$$e_{2i}=e_i^{-t}\left[\int(\kappa_i+r_i(t))e_i^t\mathrm{d}t+C_i\right] \tag{5.13}$$

式中：C_i 为常数，因此干扰估计误差可以收敛到零。

5.3.2　基于干扰观测器的自适应容错控制器设计

将固定翼无人机的期望姿态记作$\boldsymbol{\Theta}_{\mathrm{d}}$，那么姿态误差$\tilde{\boldsymbol{\Theta}}$ 可以表示为

$$\tilde{\boldsymbol{\Theta}}=\boldsymbol{\Theta}-\boldsymbol{\Theta}_{\mathrm{d}}=\begin{bmatrix}\varphi-\varphi_{\mathrm{d}}\\ \theta-\theta_{\mathrm{d}}\\ \psi-\psi_{\mathrm{d}}\end{bmatrix} \tag{5.14}$$

考虑系统的滑模面构造为

$$\boldsymbol{S}=\{\tilde{\boldsymbol{x}}_1\in\mathbf{R}^n:\sigma_i(\tilde{x}_{1i})=0\} \tag{5.15}$$

设计开关函数为$\sigma_i(\tilde{x}_{1i})=\sigma_{0i}+z_i$，其中 $\sigma_{0i}=c_i\tilde{x}_{1i}+\dot{\tilde{x}}_i$，式中第一部分是类似传统滑模设计的系统状态的线性组合，第二部分用来引出积分项，令

$$\dot{z}_i=-c_i\dot{\tilde{\Theta}}_i+k_{2i}\dot{\tilde{\Theta}}_i+k_i\tilde{\Theta}_i \tag{5.16}$$

$$z_i(t_0)=-c_i\tilde{\Theta}_i(t_0)-\dot{\tilde{\Theta}}_i(t_0) \tag{5.17}$$

式中：k_{1i} 和 k_{2i} 为控制参数，包含这两个设计参数的多项式 $p^2+k_{2i}p+k_{1i}$ 需要满足赫尔维茨多项式的条件，其中 p 是一个拉普拉斯算子。因此，$p^2+k_{2i}p+k_{1i}=0$ 的特征值应该有一个负实根，对于包含正数 a 的方程$(p+a)^2=0$，即 $p^2+2ap+a^2=0$，设计参数分别满足$k_{1i}=a_i^2$，$k_{2i}=2a_i$[10]。

积分滑模方法中，因为运动方程的阶数等于原始系统的阶数，所以系统的整个响应从初始时间开始都可以保持系统的鲁棒性[11]。值得注意的是，积分滑模方法下的系统轨迹在初始时刻就从设计的滑动面开始，不存在到达滑模面的阶段，因此有效避免了抖振现象的产生。

姿态控制器的滑模面由$\tilde{\Theta}_i$ 确定为

$$\sigma_i=\dot{\tilde{\Theta}}_i+k_{2i}\tilde{\Theta}_i+k_{1i}\int_{t_0}^t\tilde{\Theta}_i(\tau)\mathrm{d}\tau-k_{2i}\tilde{\Theta}_i(t_0)-\dot{\tilde{\Theta}}(t_0) \tag{5.18}$$

完成滑模面的定义之后需要设计控制律，使得系统在 $t>t_0$ 时，可以实现 $\Theta_i(t)=\Theta_{di}(t)$ 的设计目标。给定 t_0 时刻 $\Theta_i(t_0)=\Theta_i^0(t_0)$，当执行器未故障时，$\Theta_i^0(t_0)$ 象征理想系统的状态。控制量由连续部分和不连续部分同时组成，可以写为

$$u_i=u_{ci}+u_{dci} \tag{5.19}$$

式中：u_{ci} 为稳定的理想系统的连续控制部分；u_{dci} 为用于补偿扰动以确保其按照所设计的控制律运动的不连续控制的部分。

通过使滑模面的导数 $\dot{\sigma}_i=0$，可以得到

$$\begin{aligned}\dot{\sigma}_i&=\dot{\tilde{\omega}}_i+k_{2i}\dot{\tilde{\Theta}}_i+k_{1i}\tilde{\Theta}_i\\&=\dot{\omega}_i-\dot{\omega}_{di}+k_{2i}\dot{\tilde{\Theta}}_i+k_{1i}\tilde{\Theta}_i\\&=H_iF_i+H_iB_{ui}u_{ci}-\dot{\omega}_{di}+k_{2i}\dot{\tilde{\Theta}}_i+k_{1i}\tilde{\Theta}_i\end{aligned} \tag{5.20}$$

连续部分的控制量可以写为

$$\begin{aligned}u_c&=B_u^-H^{-1}(\dot{\omega}_d-k_2\dot{\tilde{\Theta}}-k_1\tilde{\Theta}-F)\\&=B_u^{\mathrm{T}}(B_uB_u^{\mathrm{T}})^{-1}H^{-1}(\dot{\omega}_d-k_2\dot{\tilde{\Theta}}-k_1\tilde{\Theta}-F)\\&=B_u^+H^{-1}(\dot{\omega}_d-k_2\dot{\tilde{\Theta}}-k_1\tilde{\Theta}-F)\end{aligned} \tag{5.21}$$

当系统遭受外界干扰时，有 $\dot{\omega}_{di}+k_{2i}\dot{\tilde{\Theta}}+k_{1i}\tilde{\Theta}_i+F_i=d_i(t)$，此时系统跟踪误差及其导数$\tilde{\Theta}_i$，$\dot{\tilde{\Theta}}_i$，$\ddot{\tilde{\Theta}}_i$ 不收敛至零，将连续和不连续的部分结合来抑制干扰。

为了保证使滑模变量在滑模面上保持期望的滑动运动，将不连续部分的控制量设计为

$$u_{dci}=-B_{ui}^{-1}H_i^{-1}k_{3i}\operatorname{sign}(\sigma_i) \tag{5.22}$$

式中：k_{3i} 为控制参数。将连续部分和不连续部分结合起来，则总的控制输入为

$$u_i=B_{ui}^{-1}H_i^{-1}[\dot{\omega}_{di}-k_{2i}\dot{\tilde{\Theta}}_i-k_{li}\tilde{\Theta}_i-F_i-k_{3i}\operatorname{sign}(\sigma_i)] \tag{5.23}$$

为了抵消扰动及其影响，不连续的控制会导致颤振，通常需要通过添加薄的边界层来平滑这种颤振。令 Φ_i 为正值边界层的厚度，那么边界层表述如下：

$$\bar{\boldsymbol{B}}=\{\tilde{\boldsymbol{\Theta}},\dot{\tilde{\boldsymbol{\Theta}}},|\sigma_i|<\Phi_i\} \tag{5.24}$$

将符号函数 $\operatorname{sign}(\sigma_i)$ 更改为以下饱和函数 $\operatorname{sat}(\sigma_i/\Phi_i)$：

$$\operatorname{sat}(\sigma_i/\Phi_i)=\begin{cases}1, & \sigma_i\geqslant\Phi_i\\ \sigma_i/\Phi_i, & |\sigma_i|<\Phi_i\\ -1, & -\sigma_i\geqslant\Phi_i\end{cases} \tag{5.25}$$

那么控制律可改写为

$$u_i=B_{ui}^{-1}H_i^{-1}[\dot{\omega}_{di}-k_{2i}\dot{\tilde{\Theta}}_i-k_{1i}\tilde{\Theta}_i-F_i-k_{3i}\operatorname{sat}(\sigma_i/\Phi_i)] \tag{5.26}$$

定理 5.1 采用所设计的滑模面和控制律，当选择不连续控制部分的增益 $k_{3i}\geqslant\xi_i+D$ 时，带扰动的非线性控制系统可以在滑模面上实现期望的滑动运动。

证明 5.1 首先取李雅普诺夫函数为 $V_1=\sum_{i=1}^{3}\frac{1}{2}\sigma_i^2$。

$$
\begin{aligned}
\dot{\sigma}_i &= \ddot{\widetilde{\Theta}}_i + k_{2i}\dot{\widetilde{\Theta}}_i + k_{1i}\widetilde{\Theta}_i \\
&= H_i B_{ui}\{B_{ui}^{-1}H_i^{-1}[\dot{\omega}_{di} - k_{2i}\dot{\widetilde{\Theta}}_i - k_{1i}\dot{\widetilde{\Theta}}_i - F_i - k_{3i}\mathrm{sat}(\sigma_i/\Phi_i)]\} + \\
&\quad d_i - \dot{\omega}_{di} + k_{2i}\dot{\widetilde{\Theta}}_i + k_{1i}\widetilde{\Theta}_i + F_i \\
&= -k_{3i}\mathrm{sat}(\sigma_i/\Phi_i) + d_i
\end{aligned} \tag{5.27}
$$

此李雅普诺夫函数的导数 $\dot{V}_1$ 可计算为

$$
\begin{aligned}
\dot{V}_1 &= \sum_{i=1}^{3}\sigma_i\dot{\sigma}_i \\
&= \sum_{i=1}^{3}\sigma_i(\ddot{\widetilde{\Theta}}_i + k_{2i}\dot{\widetilde{\Theta}}_i + k_1\widetilde{\Theta}_i + d_i) \\
&= \sum_{i=1}^{3}\sigma_i[-k_{3i}\mathrm{sat}(\sigma_i/\Phi_i) + d_i] \\
&\leqslant \sum_{i=1}^{3}\sigma_i[-(\zeta_i + D_i)\mathrm{sat}(\sigma_i/\Phi_i)] + d_i] \\
&\leqslant \sum_{i=1}^{3}(-\xi_i|\sigma_i|)
\end{aligned} \tag{5.28}
$$

因此，所提出的控制律可以使系统保持稳定。

然而，当操纵面受到不利影响导致控制效能降低时，控制器产生的期望虚拟控制信号和实际信号之间会存在误差，导致控制性能下降，因此必须重新构建控制律。将虚拟控制信号 ν_{di} 和实际信号 ν_i 之间的误差记作 $\tilde{\nu}$，也就是

$$\nu_i = \nu_{di} + \tilde{\nu}_i \tag{5.29}$$

则控制系统可被重写为

$$\dot{\omega}_i = H_i F_i + H_i(\nu_{di} + \tilde{\nu}_i) + d_i \tag{5.30}$$

当存在虚拟控制误差时，可以通过调整 H_i 来消除误差。上式可改写为

$$\dot{\omega}_i = H_i F_i + (H_i + \widetilde{H}_i)v_{di} + d_i \tag{5.31}$$

令 $\hat{\in} = (H_i + \widetilde{H}_i)^{-1}$，则虚拟控制律可以进一步写为

$$\nu_i = \hat{\in}_i[\dot{\omega}_{di} - k_{2i}\dot{\widetilde{\Theta}}_i - k_{1i}\widetilde{\Theta}_i - F_i - k_{3i}\mathrm{sat}(\sigma_i/\Phi_i)] \tag{5.32}$$

对应的自适应律可以写为

$$\dot{\hat{\in}}_i = \sigma_{\Delta i}[-\dot{\omega}_{di} + k_{2i}\dot{\widetilde{\Theta}}_i + k_{1i}\widetilde{\Theta}_i - F_i - k_{3i}\mathrm{sat}(\sigma_i/\Phi_i)] \tag{5.33}$$

为了更新估计参数，基于边界层和符号函数定义一个新的变量 $\sigma_{\Delta i}$，即代表滑模变量和边界层之间的距离。$\sigma_{\Delta i}$ 可表示为

$$\sigma_{\Delta i} = \sigma_i - \Phi\mathrm{sat}(\sigma_i/\Phi_i) \tag{5.34}$$

以上边界层和滑模变量之间误差变量的引入可以使得滑模变量在超出边界层时调整自适应参数，直到滑模变量返回边界层。此控制策略可在控制系统性能不能满足设计者要求时进行自适应参数调整，有效避免自适应参数的过估计。

根据干扰观测器的设计，将观测器引入控制律和自适应律中，将其改写为

$$\nu_i = \hat{\epsilon}_i [\dot{\omega}_{di} - k_{2i}\dot{\tilde{\Theta}}_i - k_{1i}\tilde{\Theta}_i - F_i - \hat{d}_i - k_{3i}\mathrm{sat}(\sigma_i/\Phi_i)] \tag{5.35}$$

$$\dot{\hat{\epsilon}}_i = \sigma_{\Delta i}[-\dot{\omega}_{di} + k_{2i}\dot{\tilde{\Theta}} + k_{1i}\tilde{\Theta}_i + F_i + \hat{d}_i + k_{3i}\mathrm{sat}(\sigma_i/\Phi_i)] \tag{5.36}$$

定理 5.2　采用所设计的滑模面、控制律和自适应律，当不连续控制部分的增益 $k_3 \geqslant \xi + \rho$ 时，带扰动的非线性控制系统可以在滑模面上实现期望的滑动运动。

证明 5.2　首先取李雅普诺夫函数为

$$V_2 = \sum_{i=1}^{3} \frac{1}{2}[\sigma_{\Delta_i}^2 + \epsilon_i^{-1}(\hat{\epsilon}_i - \epsilon_i)^2]$$

此李雅普诺夫函数的导数 $\dot{V}_2$ 可计算为

$$\begin{aligned}
\dot{V}_2 &= \sum_{i=1}^{3}\sigma_{\Delta i}\dot{\sigma}_{\Delta i} + \epsilon_i^{-1}(\hat{\epsilon}_i - \epsilon_i)\dot{\hat{\epsilon}}_i \\
&= \sum_{i=1}^{3}\sigma_{\Delta i}[F_i + \epsilon_i^{-1}\hat{\epsilon}_i(\dot{\omega}_{di} - k_{2i}\dot{\tilde{\Theta}}_i - k_{1i}\dot{\tilde{\Theta}}_i - k_{1i}\tilde{\Theta}_i - F_i - \hat{d}_i - \\
&\quad k_{3i}\mathrm{sat}(\sigma_i/\Phi) + d_i - \dot{\omega}_{di} + k_{2i}\dot{\tilde{\Theta}}_i)] + \epsilon_i^{-1}(\hat{\epsilon}_i - \epsilon_i)\dot{\hat{\epsilon}}_i \\
&= \sum_{i=1}^{3}(\epsilon_i^{-1}\hat{\epsilon}_i - 1)\{\dot{\hat{\epsilon}} + \sigma_{\Delta i}[\dot{\omega}_{di} - k_{2i}\dot{\tilde{\Theta}}_i - k_{1i}\dot{\tilde{\Theta}}_i - k_{1i}\tilde{\Theta}_i - F_i - \hat{d}_i - \\
&\quad k_{3i}\mathrm{sat}(\sigma/\Phi)]\} - \sigma_{\Delta i}\hat{d} - \sigma_{\Delta i}k_{3i}\mathrm{sat}(\sigma_i/\Phi) + \sigma_{\Delta i}d_i \\
&= \sum_{i=1}^{3} -\sigma_{\Delta i}(\xi_i + \rho_i)\mathrm{sat}(\sigma_i/\Phi) + \sigma_{\Delta i}(d_i - \hat{d}_i) \leqslant \sum_{i=1}^{3} -|\sigma_{\Delta i}|\xi_i
\end{aligned} \tag{5.37}$$

因此，所提出的控制律可以使系统保持稳定。

5.4　系统仿真验证与分析

在本节中将展示自适应容错控制方法的控制效果，同时还展示所提出自适应控制策略的有效性。自适应滑模控制方法能够在期望输入和实际输入出现误差的时候通过改变连续控制和不连续控制的部分以消除误差。在滑模变量超出控制性能不可接受的边界层后，自适应参数就开始调整，强迫滑模变量回到边界层内；当滑模变量到达边界层时，自适应调整阶段将自动停止，以避免对参数过度估计。下面取以下几种情况进行说明(见表 5-1)。

表 5-1　仿真场景设置

	外界风干扰	执行器故障
场景一	无	无
场景二	有	无
场景三	无	有
场景四	有	有

场景一主要关注在无外界干扰和无执行器故障状况的情况下所提出的基于干扰观测器的自适应容错控制方法的控制性能。场景二的目标是展示所提出方法在有外界风干扰和执行器正常工作情况下的控制性能，着重验证所提出控制策略对外界干扰的鲁棒控制效果。场景三则通过考虑无外界干扰和有执行器效率损失的情况，侧重展示所提出控制策略对执行器故障的安全控制效果。在场景四中，同时考虑外界风干扰和执行器存在效率损失的情况，展示所提出的基于干扰观测器的自适应容错控制方法在复杂环境中的综合抗扰安全控制效果，进一步说明所提出控制策略的优越性能。

5.4.1　场景一

场景一主要关注在无外界干扰和无执行器故障状况的情况下所提出的基于干扰观测器的自适应容错控制方法的控制性能。

如图 5-2～图 5-15 所示，在场景一中，所提出的控制策略可以实现良好的滚转角、俯仰角、偏航角和速度跟踪，其中当滑模变量在边界层外时，σ_Δ 开始自适应调整，自适应参数开始改变，直到滑模变量返回边界层内，σ_Δ 和自适应参数停止改变，从而实现良好的跟踪效果，飞机的升降舵、副翼、方向舵和推力正常。

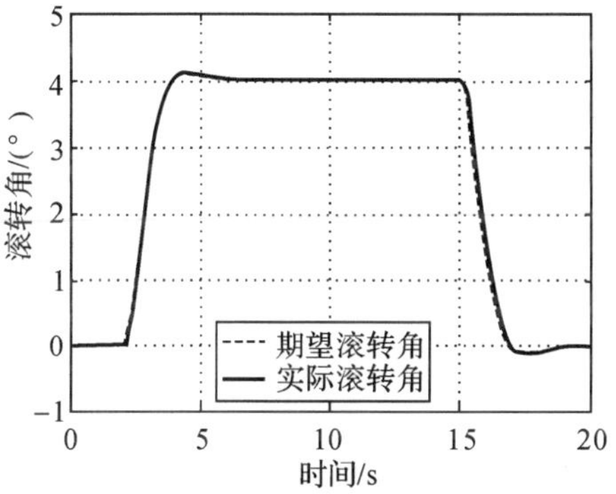

图 5-2　场景一滚转角跟踪效果

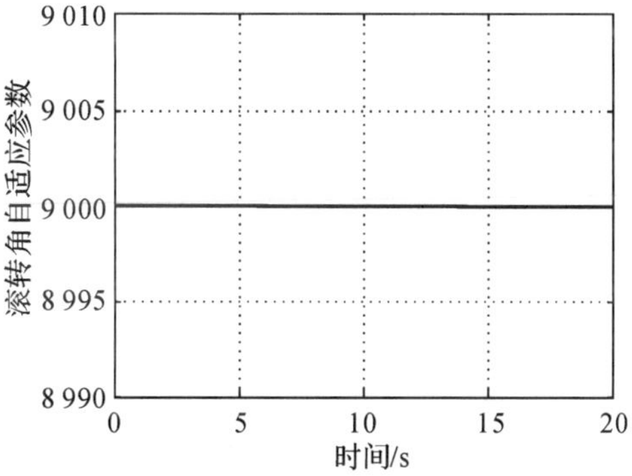

图 5-3　场景一滚转角跟踪自适应参数

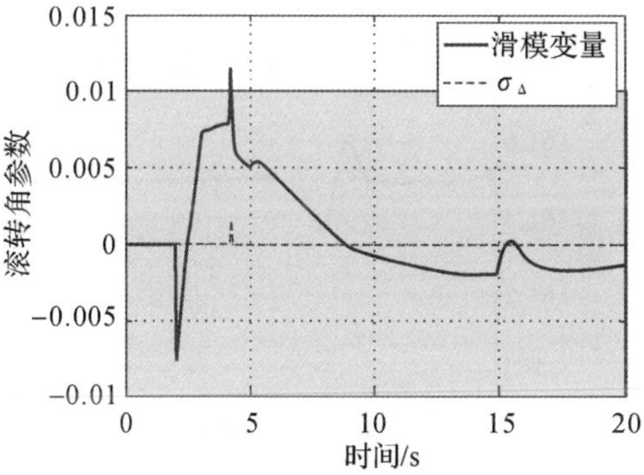

图 5-4　场景一滚转角跟踪滑模变量、σ_Δ 和边界层示意图

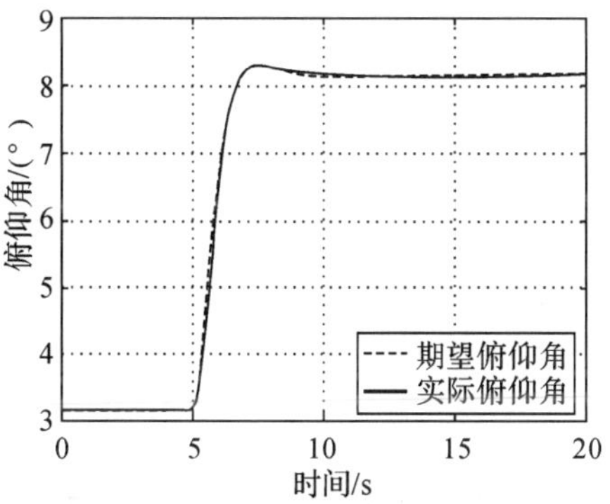

图 5-5　场景一俯仰角跟踪效果

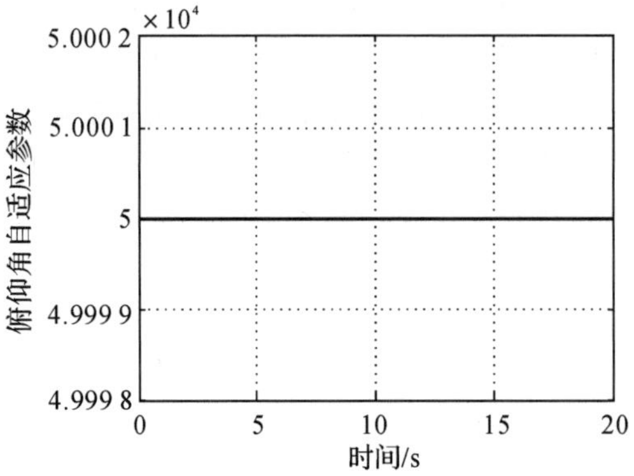

图 5-6 场景一俯仰角跟踪自适应参数

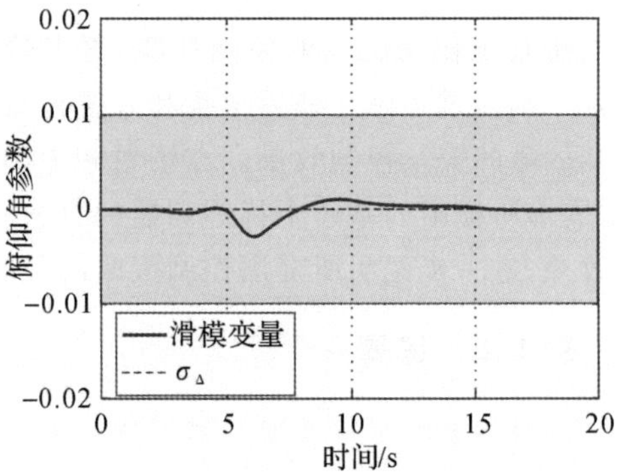

图 5-7 场景一俯仰角跟踪滑模变量、σ_{Δ} 和边界层示意图

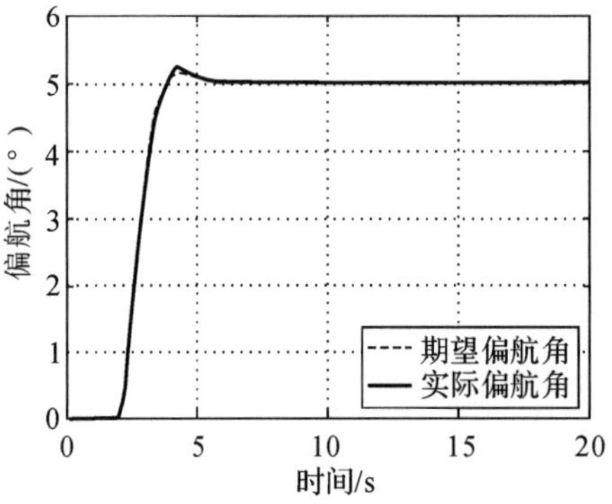

图 5-8 场景一偏航角跟踪效果

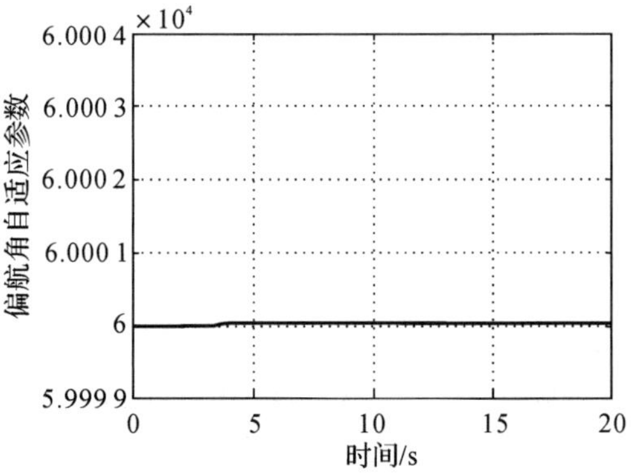

图 5-9 场景一偏航角跟踪自适应参数

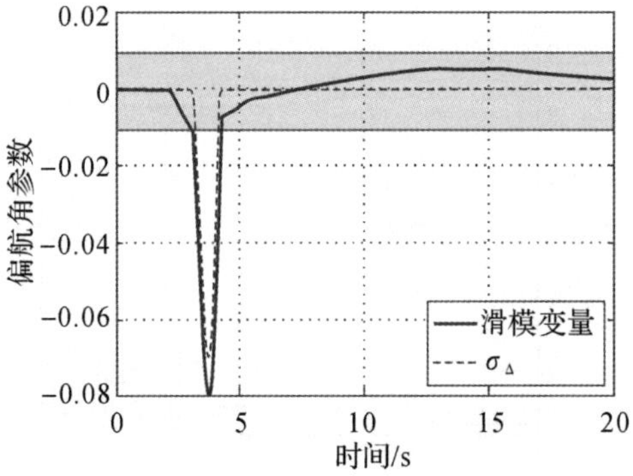

图 5-10 场景一偏航角跟踪滑模变量、σ_{Δ} 和边界层示意图

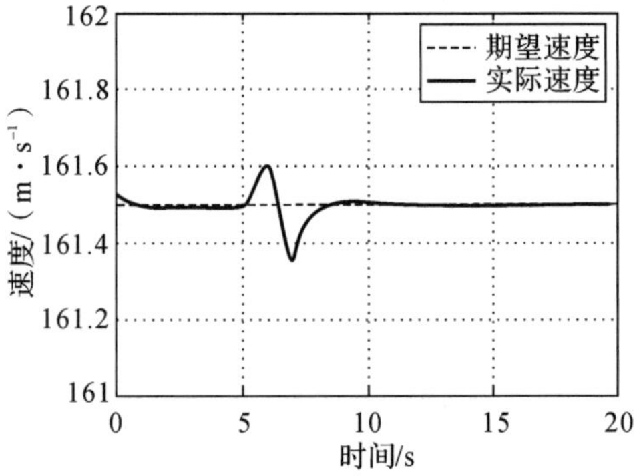

图 5-11 场景一速度跟踪效果

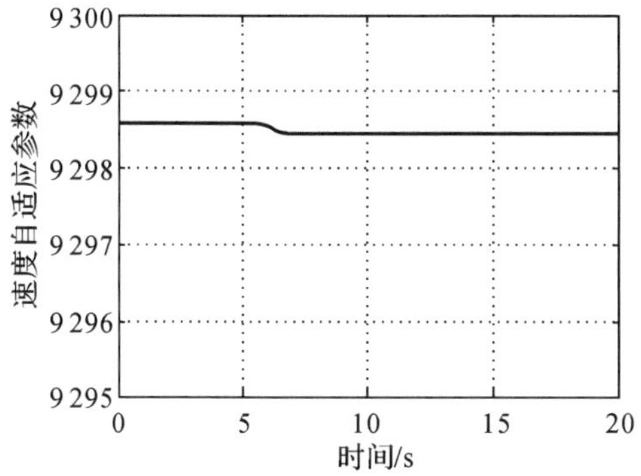

图 5 - 12　场景一速度跟踪自适应参数

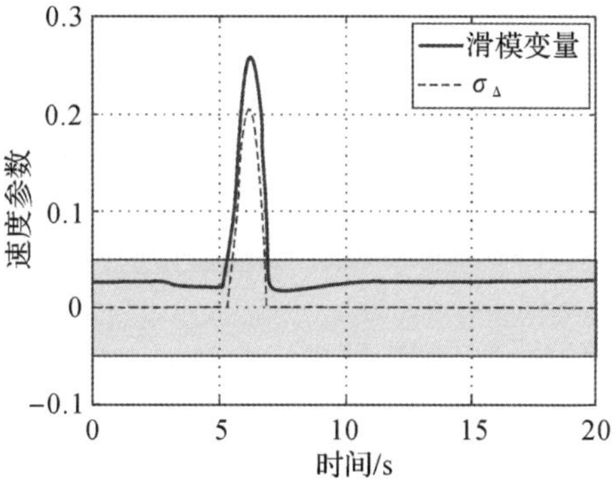

图 5 - 13　场景一速度跟踪滑模变量、σ_Δ 和边界层示意图

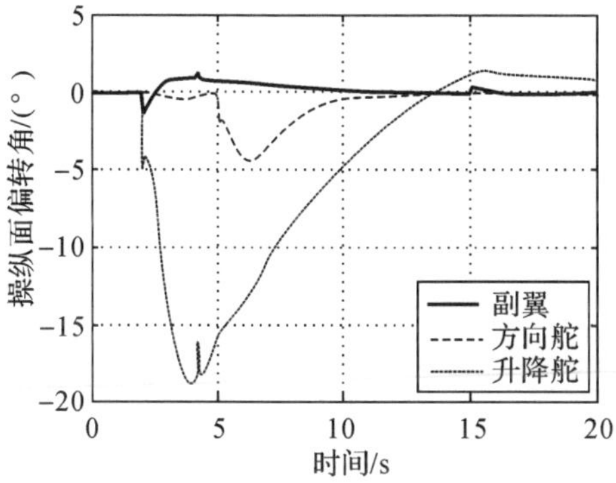

图 5 - 14　场景一操纵面偏转角

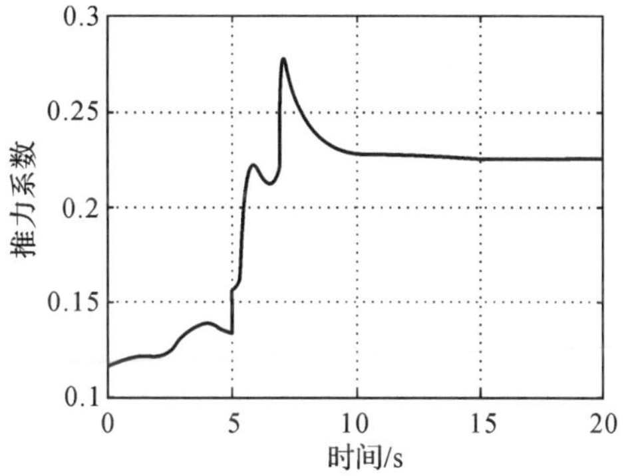

图 5 - 15　场景一推力系数

5.4.2　场景二

场景二的目标是展示所提出的方法在有外界风干扰和执行器正常工作情况下的控制性能，着重验证基于干扰观测器的自适应容错控制策略对外界干扰的鲁棒控制效果。

如图 5 - 16～图 5 - 29 所示，在场景二中，所提出的控制策略可以实现良好的滚转角、俯仰角、偏航角和速度跟踪，其中当滑模变量在边界层外时，σ_Δ 开始自适应调整，自适应参数开始改变，直到滑模变量返回边界层内，σ_Δ 和自适应参数停止改变，从而实现良好的跟踪效果，飞机的升降舵、副翼、方向舵和推力正常。

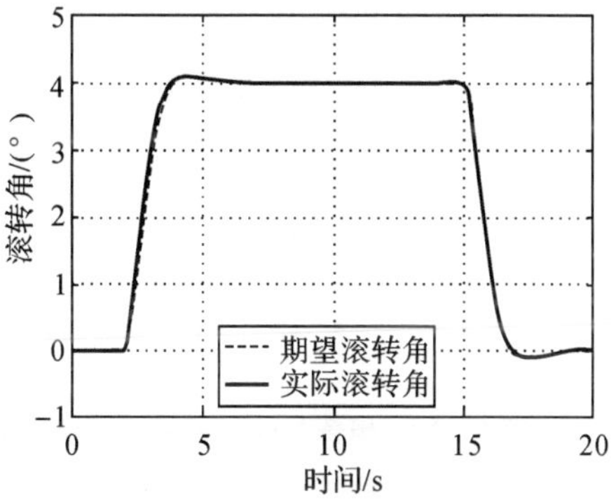

图 5 - 16　场景二滚转角跟踪效果

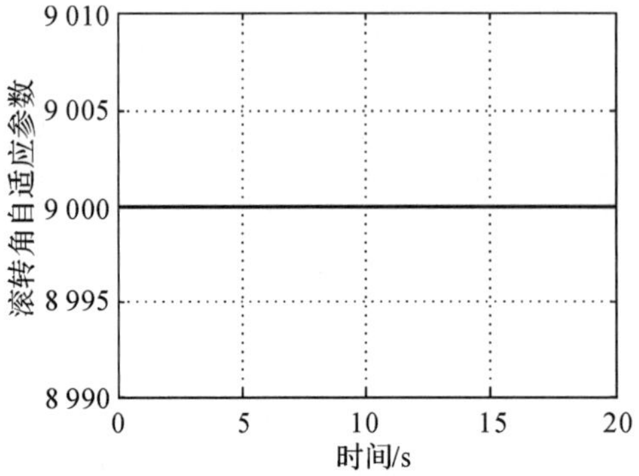

图 5-17　场景二滚转角跟踪自适应参数

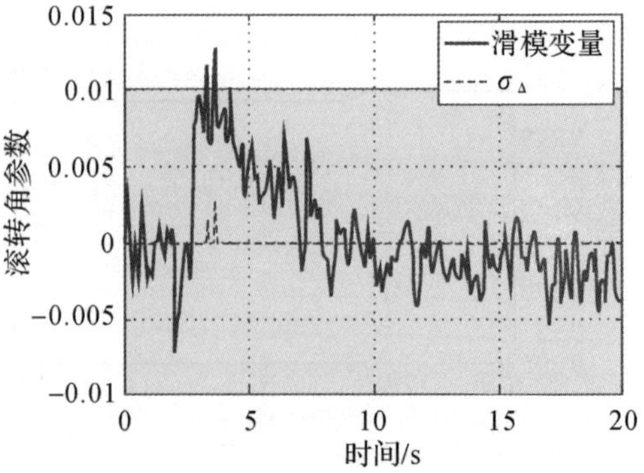

图 5-18　场景二滚转角跟踪滑模变量、σ_Δ 和边界层示意图

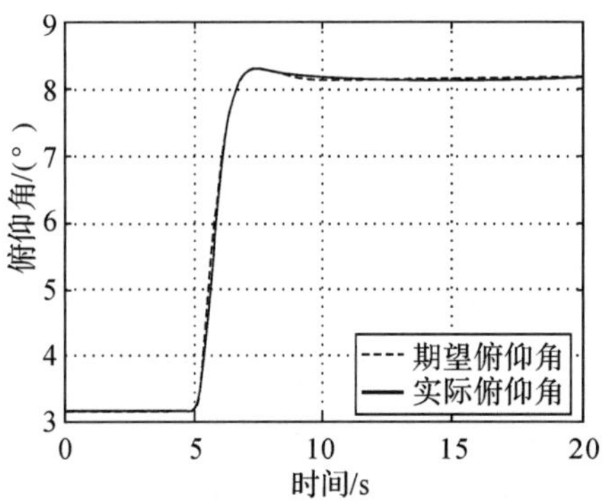

图 5-19　场景二俯仰角跟踪效果

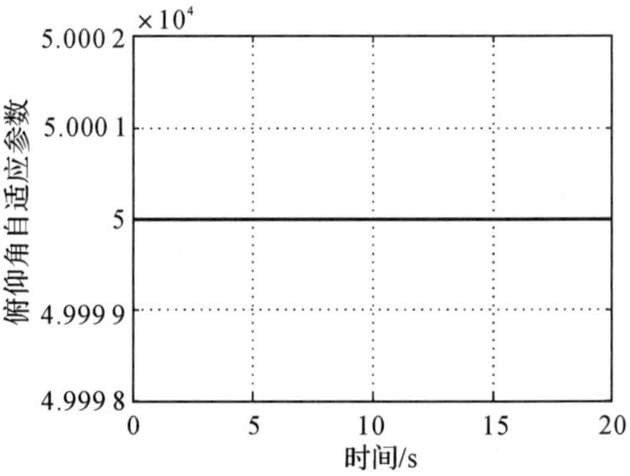

图 5-20　场景二俯仰角跟踪自适应参数

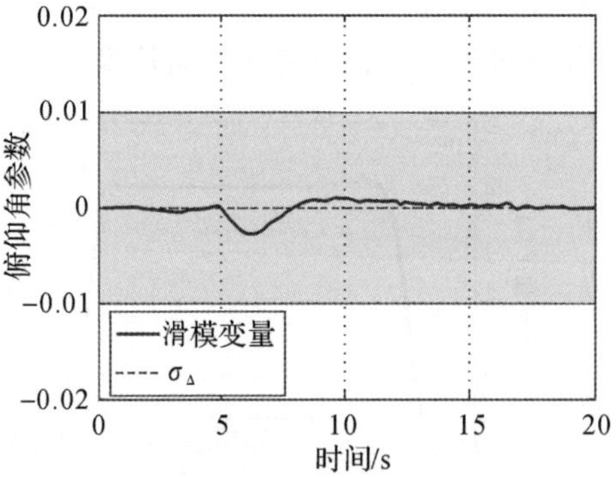

图 5-21　场景二俯仰角跟踪滑模变量、σ_Δ 和边界层示意图

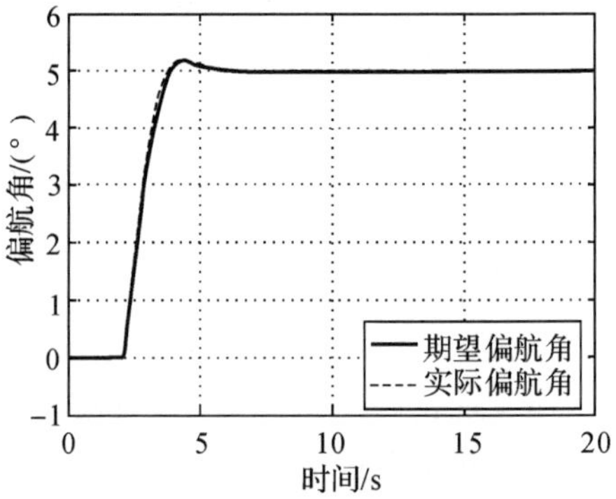

图 5-22　场景二偏航角跟踪效果

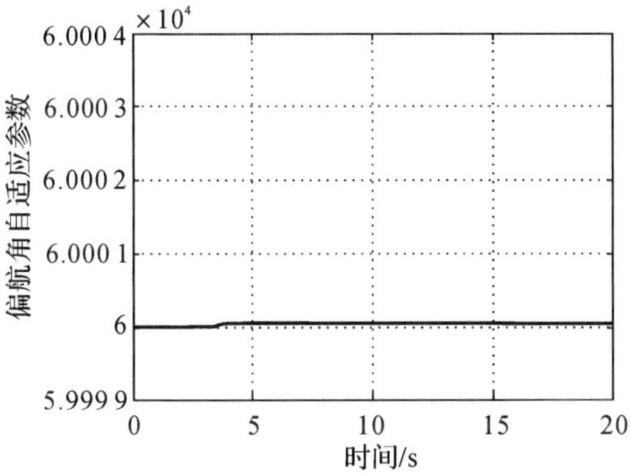

图 5-23　场景二偏航角跟踪自适应参数

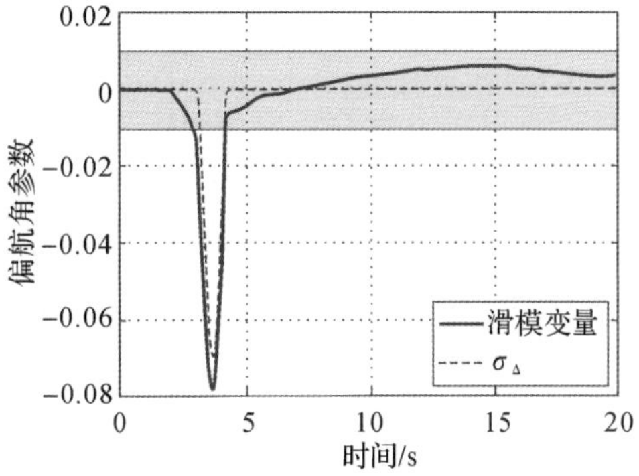

图 5-24　场景二偏航角跟踪滑模变量、σ_Δ 和边界层示意图

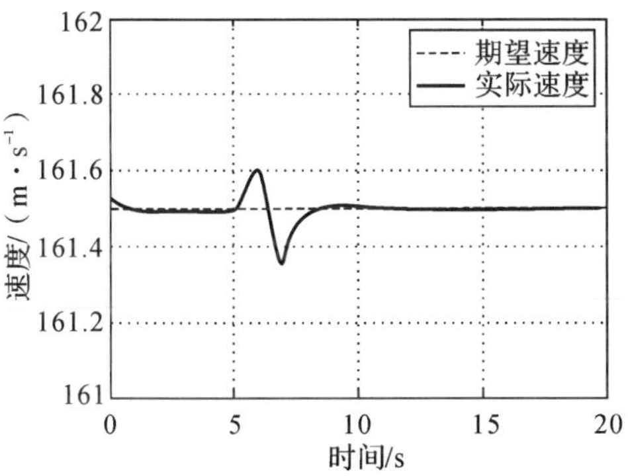

图 5-25　场景二速度跟踪效果

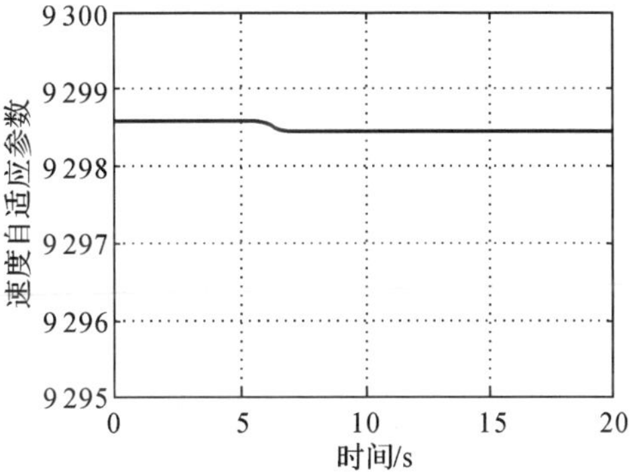

图 5-26　场景二速度跟踪自适应参数

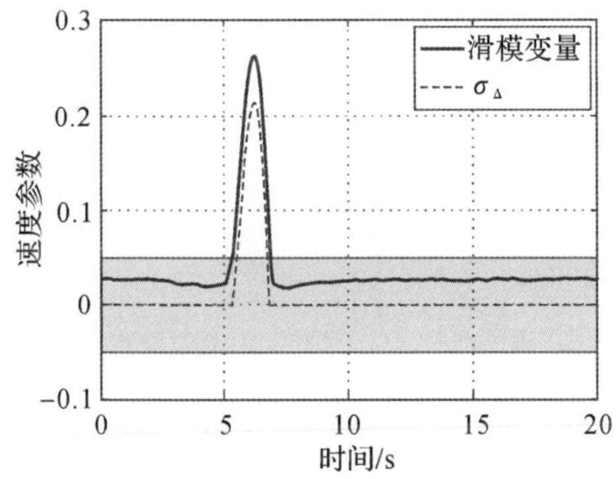

图 5-27　场景二速度跟踪滑模变量、σ_Δ 和边界层示意图

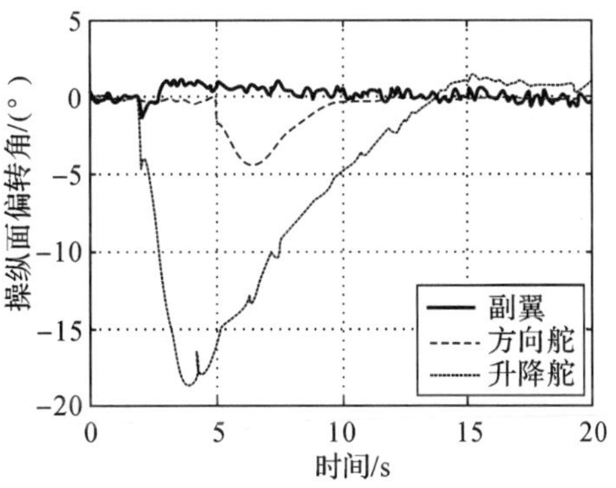

图 5-28　场景二操纵面偏转角

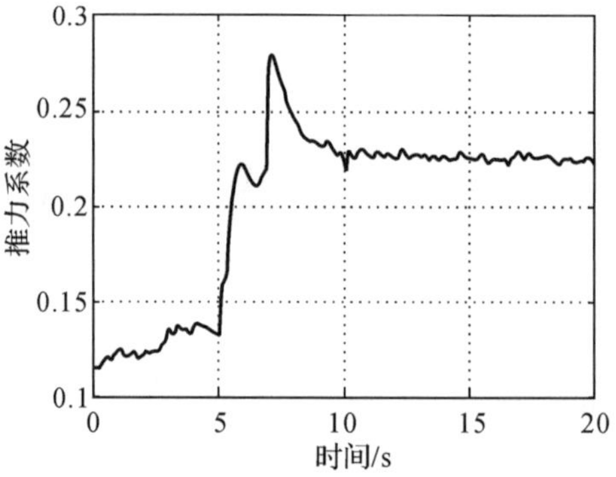

图 5-29　场景二推力系数

5.4.3　场景三

场景三通过考虑无外界干扰和有执行器效率损失的情况，侧重展示所提出的基于干扰观测器的自适应容错控制策略对于执行器故障的安全控制效果。

如图 5-30～图 5-43 所示，在场景三中，所提出的控制策略可以实现良好的滚转角、俯仰角、偏航角和速度跟踪，其中当滑模变量在边界层外时，σ_Δ 开始自适应调整，自适应参数开始改变，直到滑模变量返回边界层内，σ_Δ 和自适应参数停止改变，从而实现良好的跟踪效果，飞机的升降舵、副翼、方向舵和推力正常。

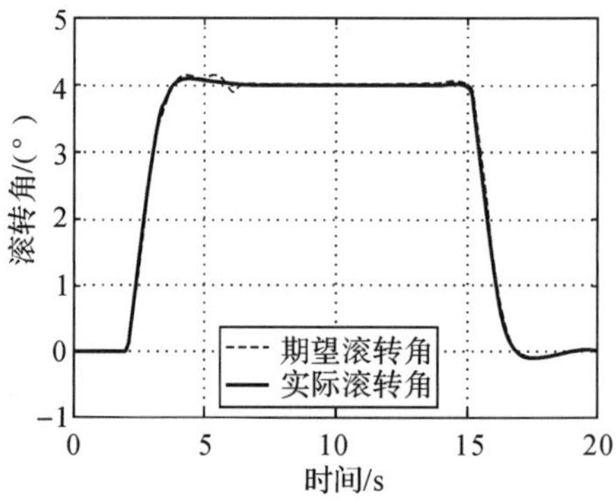

图 5-30　场景三滚转角跟踪效果

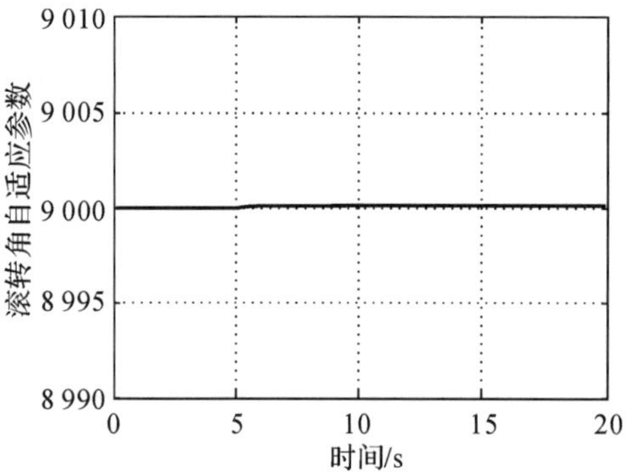

图 5-31　场景三滚转角跟踪自适应参数

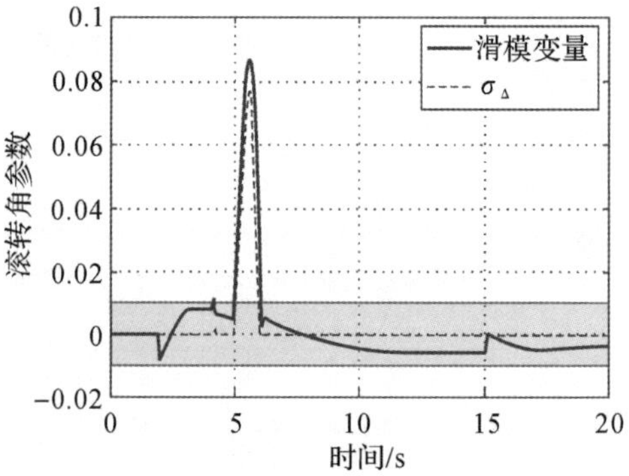

图 5-32　场景三滚转角跟踪滑模变量、σ_Δ 和边界层示意图

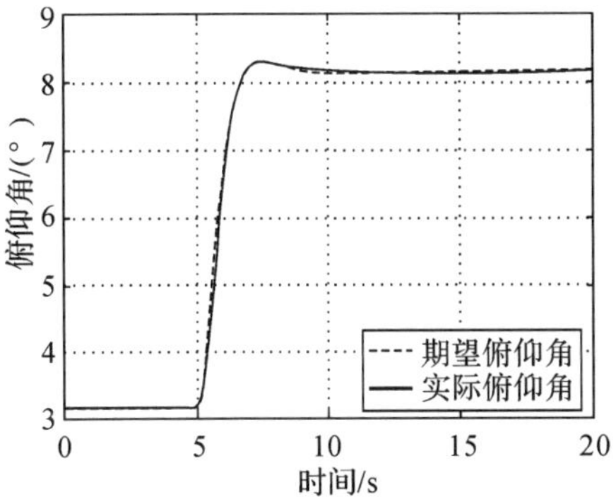

图 5-33　场景三俯仰角跟踪效果

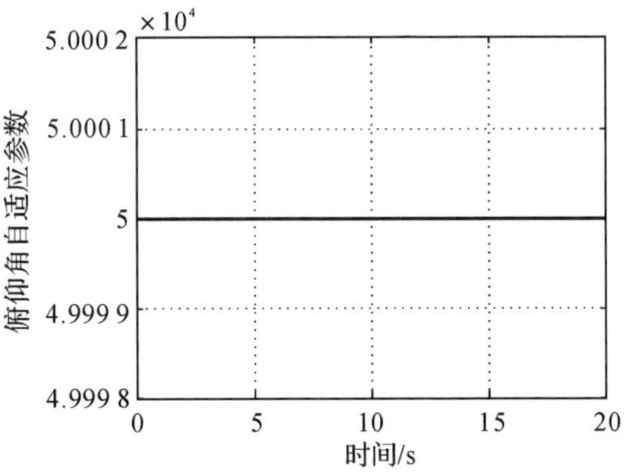

图 5-34　场景三俯仰角跟踪自适应参数

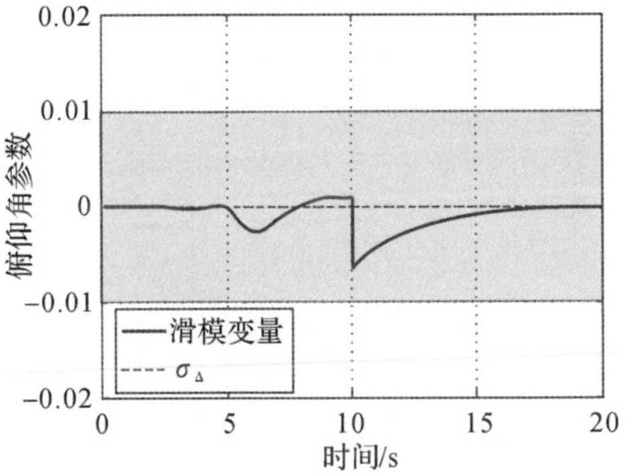

图 5-35　场景三俯仰角跟踪滑模变量、σ_Δ 和边界层示意图

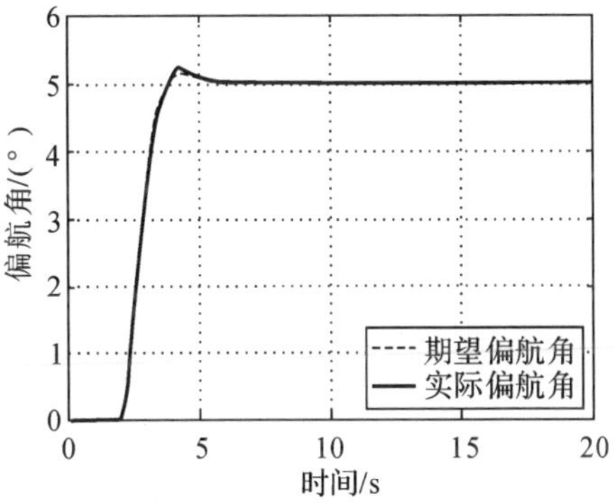

图 5-36　场景三偏航角跟踪效果

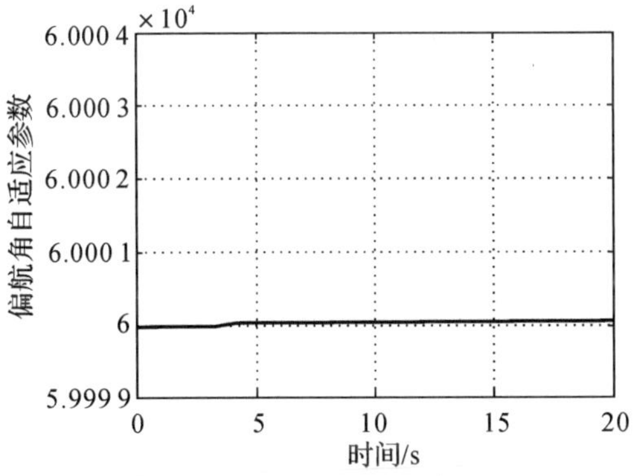

图 5-37　场景三偏航角跟踪自适应参数

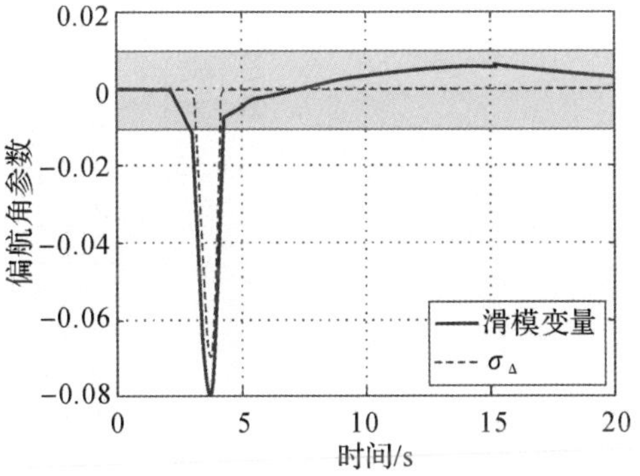

图 5-38　场景三偏航角跟踪滑模变量、σ_Δ 和边界层示意图

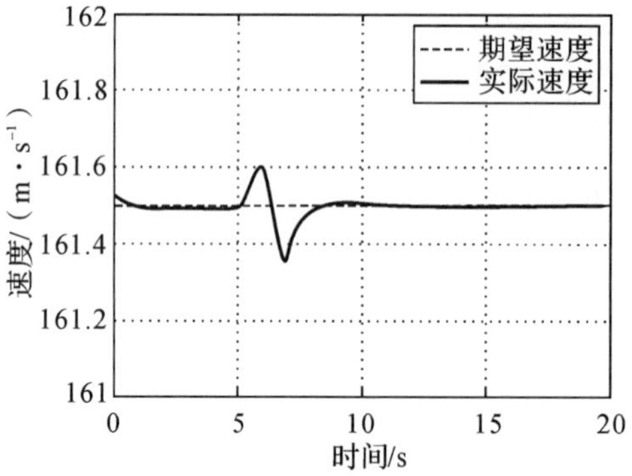

图 5-39　场景三速度跟踪效果

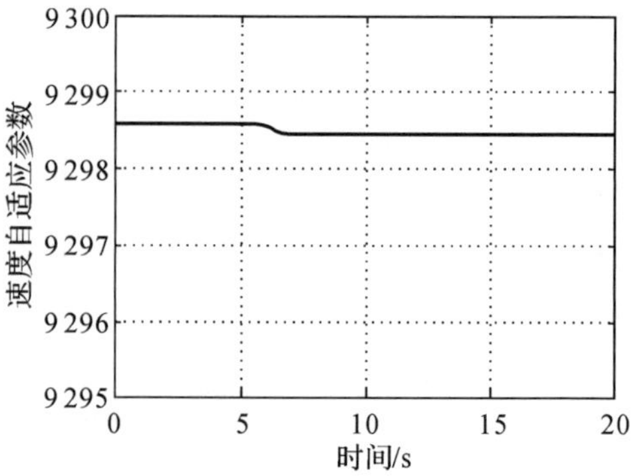

图 5-40　场景三速度跟踪自适应参数

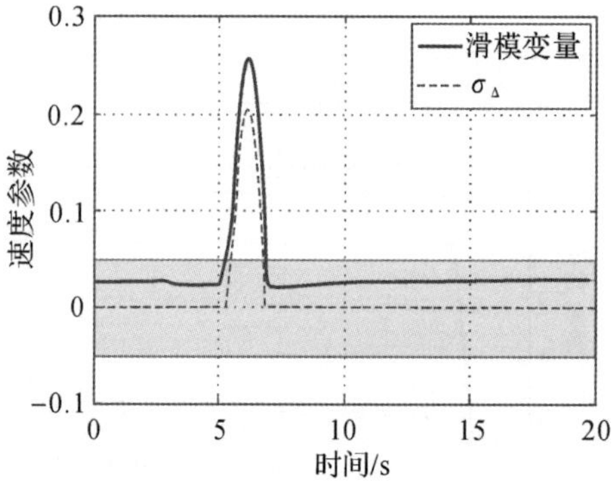

图 5-41　场景三速度跟踪滑模变量、$\boldsymbol{\sigma}_\Delta$ 和边界层示意图

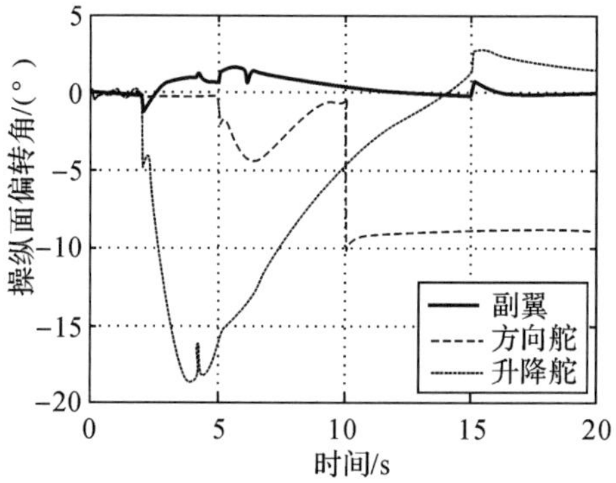

图 5-42　场景三操纵面偏转角

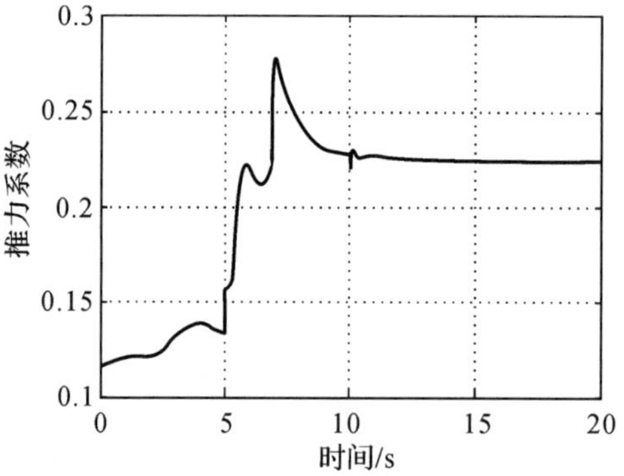

图 5-43　场景三推力系数

5.4.4　场景四

在场景四中，考虑同时存在外界风干扰和执行器存在效率损失的情况，展示所提出的基于干扰观测器的自适应容错控制方法在复杂环境中的综合抗干扰安全控制效果，进一步说明所提出控制策略的优越性能。

如图 5-44～图 5-57 所示，在场景四中，所提出的控制策略可以实现良好的滚转角、俯仰角、偏航角和速度跟踪，其中当滑模变量在边界层外时，σ_Δ 开始自适应调整，自适应参数开始改变，直到滑模变量返回边界层内，σ_Δ 和自适应参数停止改变，从而实现良好的跟踪效果，飞机的升降舵、副翼、方向舵和推力正常。

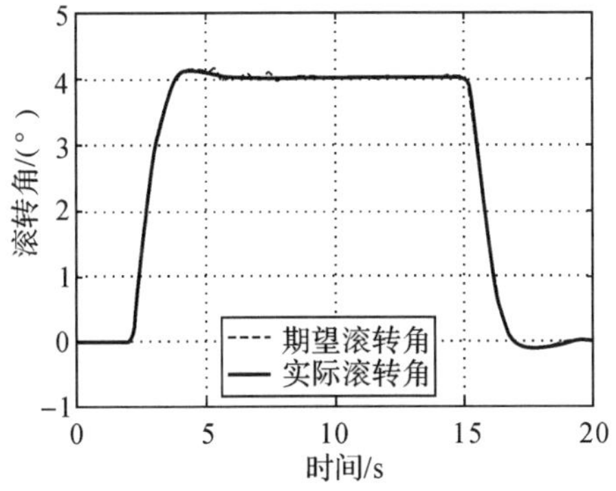

图 5-44　场景四滚转角跟踪效果

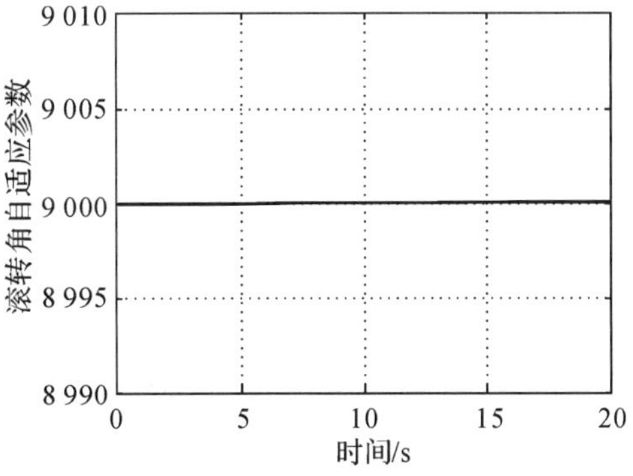

图 5-45　场景四滚转角跟踪自适应参数

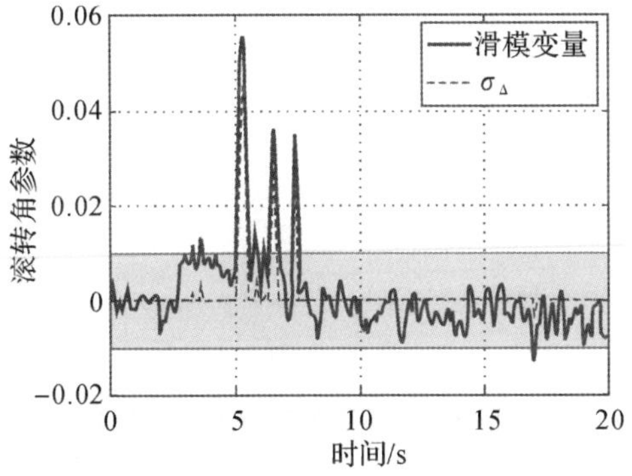

图 5-46　场景四滚转角跟踪滑模变量、σ_Δ 和边界层示意图

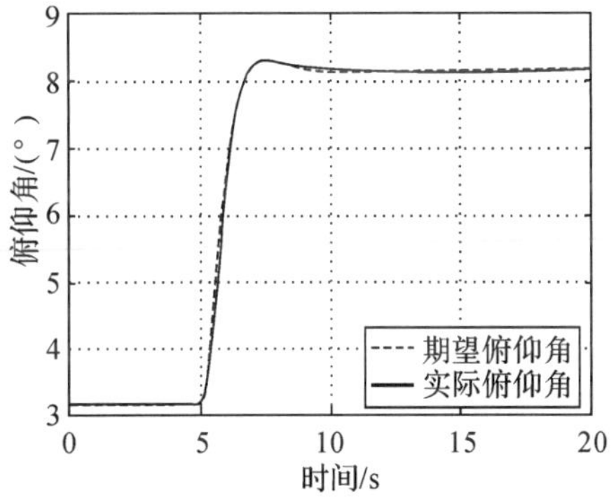

图 5-47　场景四俯仰角跟踪效果

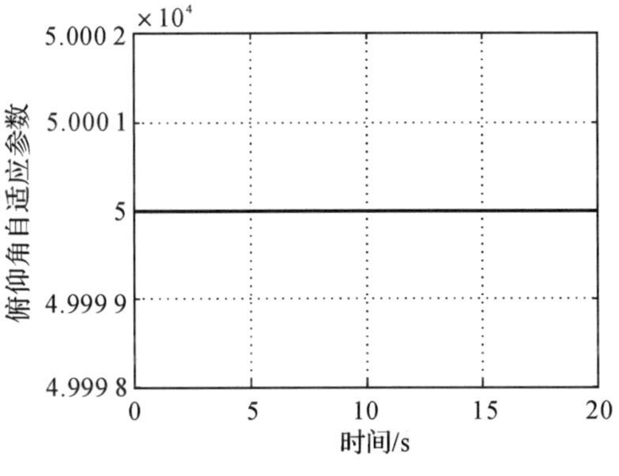

图 5-48　场景四俯仰角跟踪自适应参数

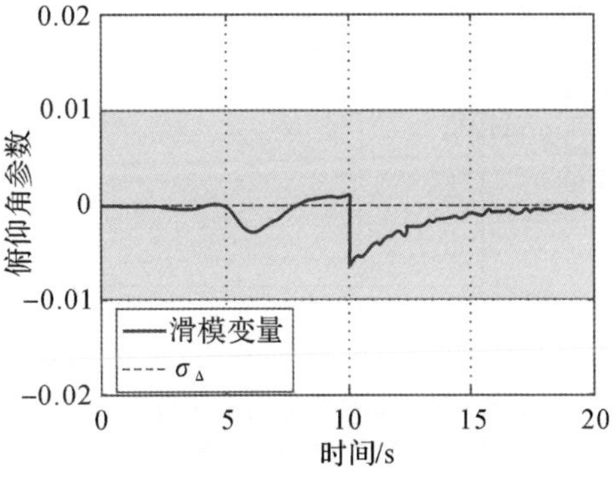

图 5-49　场景四俯仰角跟踪滑模变量、σ_Δ 和边界层示意图

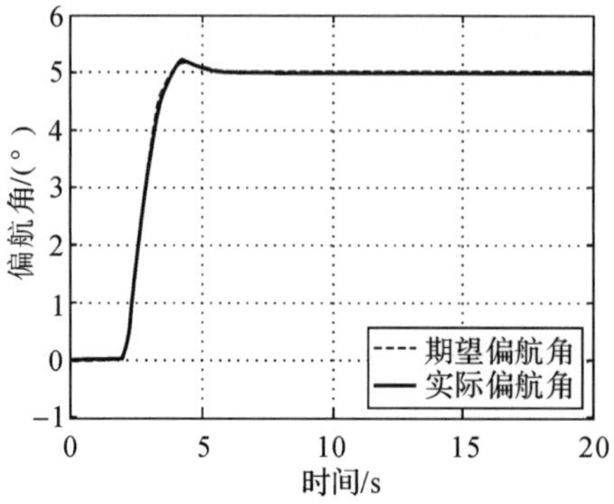

图 5-50　场景四偏航角跟踪效果

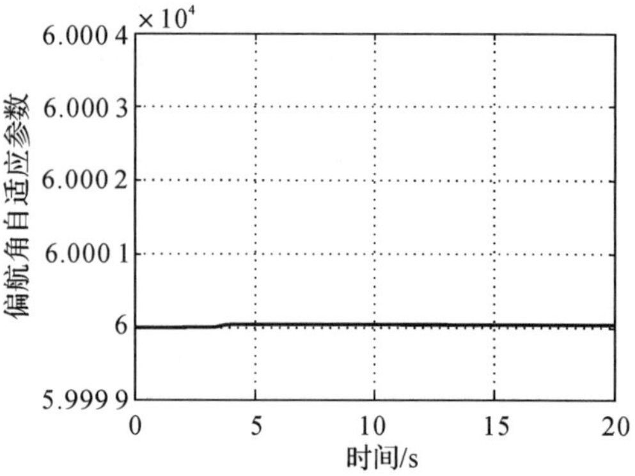

图 5-51　场景四偏航角跟踪自适应参数

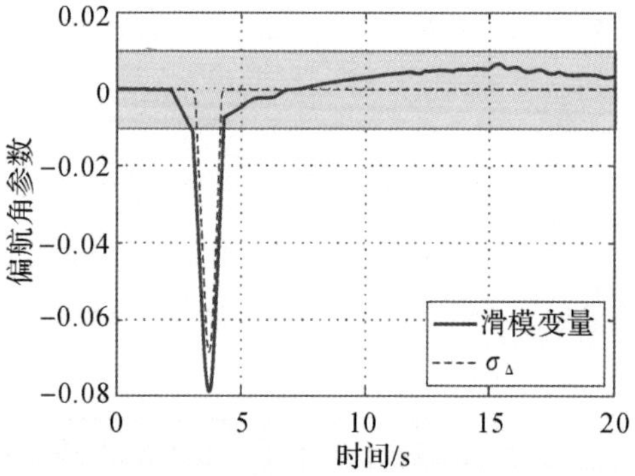

图 5-52　场景四偏航角跟踪滑模变量、σ_Δ 和边界层示意图

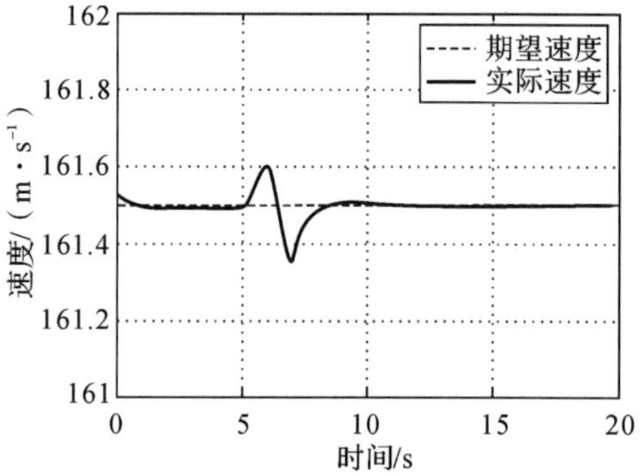

图 5-53　场景四速度跟踪效果

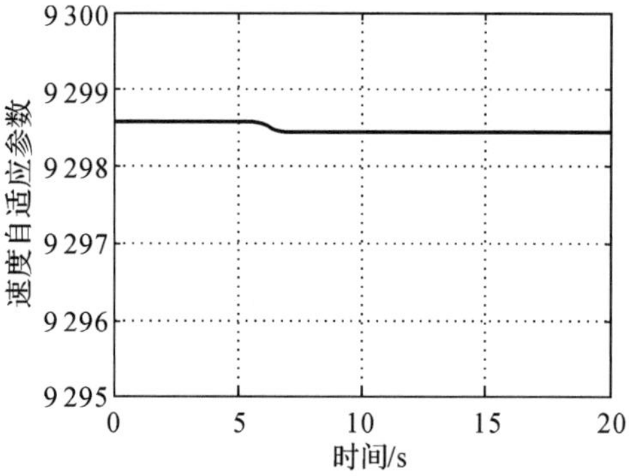

图 5-54　场景四速度跟踪自适应参数

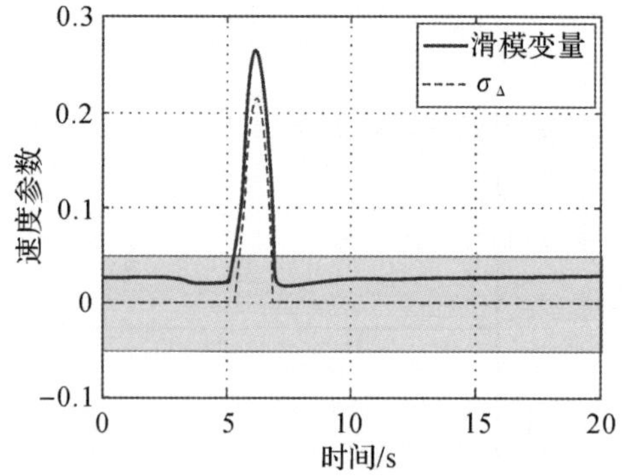

图 5-55　场景四速度跟踪滑模动变量、σ_Δ 和边界层示意图

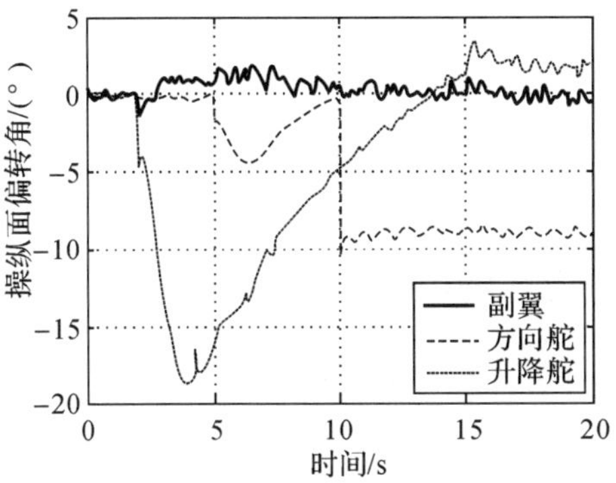

图 5-56　场景四操纵面偏转角

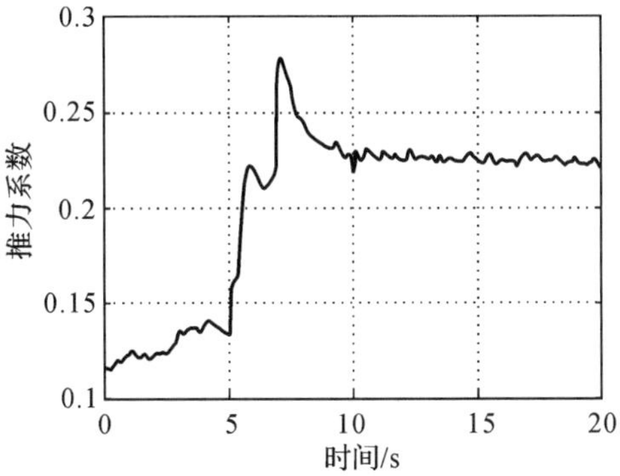

图 5-57　场景四推力系数

参考文献

[1] OHNISHI K. A new servo method in mechatronics[J]. Transactions of Japanese Society of Electrical Engineering, 1987, 177(4): 83-86.

[2] LI S H, YANG J, CHEN W H, et al. Disturbance observer-based control: methods and applications[M]. Boca Raton: CRC Press, 2014.

[3] MARCELLO R N, YOUNGHWAN A, BRAD A S. A fault tolerant flight control system for sensor and actuator failures using neural networks[J]. Aircraft Design, 2000, 3(2): 103-128.

[4] ZHANG Y M, JIANG J. Active fault-tolerant control system against partial actuator failures[J]. IEE Proceedings-Control Theory and Applications, 2002, 149(1): 95-104.

[5] 杨伟. 容错飞行控制系统[M]. 西安:西北工业大学出版社, 2007.

[6] 刘金琨. 滑模变结构控制理论及其算法研究与进展[J]. 控制理论与应用,2007,24(3):407-418.

[7] 王力,祁浩然,穆东旭,等. 固定翼无人机的二阶 PID 滑模控制方法[J]. 计算机仿真, 2019, 36(4): 39-43.

[8] 宗群,张睿隆,董琦,等. 固定翼无人机自适应滑模控制[J]. 哈尔滨工业大学学报, 2018, 50(9): 147-155.

[9] 蒲明,吴庆宪,姜长生,等. 新型快速 Terminal 滑模及其在近空间飞机上的应用[J]. 航空学报, 2011, 32(7): 1283-1291.

[10] UTKIN V, SHI J. Integral sliding mode in systems operating under uncertainty conditions[C]//Proceedings of 35th IEEE Conference on Decision and Control. New York: IEEE, 1996: 4591-4596.

[11] WANG B, SHEN Y Y, ZHANG Y M. Active fault-tolerant control for a quadrotor helicopter against actuator faults and model uncertainties[J]. Aerospace Science and Technology, 2020, 99: 105745.

第 6 章　基于新型趋近律函数的飞机自适应滑模容错控制方法

6.1 引　言

滑模运动包括趋近运动和滑模运动两个过程。趋近运动是指系统从任意初始状态趋向切换面，直到到达切换面的运动，即趋近运动为 $s\to 0$ 的过程。滑模可达性条件仅仅能够保证系统可以从状态空间任意位置在有限时间内到达切换面，趋近轨迹和趋近运动品质均没有得到限制和保证。

比较典型的趋近律有等速趋近律、指数趋近律和幂次趋近律。这三种趋近律都是学者高为炳开创性提出的[1]，文献[2-5]是一些改进趋近律的著作。在文献[3]中，作者进一步讨论了将常数和比例项相结合的设计参数选择问题，提出了一种能够使得趋近时间与期望输出跟踪误差水平相关的新的设计方法，而不是仅仅考虑到达时间。此方法可以实现在不改变操纵力度的情况下获得更快的控制响应速度。三种趋近律的具体说明如下：

(1)等速趋近律为 $\dot{s}=-\eta \mathrm{sgn} s(\eta>0)$，其中 η 表示系统的运动点趋近切换面 s 的速率。η 值小则趋近速度低，η 值大则趋近速度高，但趋近速度高将导致抖动也较大。单一设计参数的缺点是只能使滑动运动在收敛速率大小和超调振幅大小之间进行权衡。

(2)指数趋近律为 $\dot{s}=-\eta \mathrm{sgn} s-ks(\eta>0,k>0)$，其中 $\dot{s}=-ks$ 为指数趋近项，其解为 $s=s(0)\mathrm{e}^{-kt}$。指数项的引入可以使得当滑模变量和切换面的距离较远时速度高，而当滑模变量靠近切换面的时候速度低。但是指数趋近律的原理性缺陷是无法实现切换面在有限时间到达的，因此需要增大等速趋近律以实现有限时间到达的设计目标。比例项的引入可以增大滑模变量的收敛速度，同时也不会牺牲滑模运动的品质，并且能够降低超调振幅。

(3)幂次趋近律为 $\dot{s}=k|s|^{a}\mathrm{sgn} s(k<0,0<a<1)$，通过调整参数 a，可以使得当滑模变量远离滑动面时系统能够以较快速度靠近切换面，当滑模变量靠近切换面时控制增益较小，可以降低抖振。此种趋近律可以保证滑模变量快速收敛到切换面，同时消除不良振荡。

以上三种趋近律都能够满足滑模到达条件 $s\dot{s}<0$。

国内外很多学者已经对使用新型趋近律的滑模控制策略在各种对象上的应用进行了充分的研究。在文献[6]中，作者利用常数和比例趋近律来设计永磁同步电机驱动策略，通过实验验证了该策略的收敛速度和鲁棒性，并且与经典 PID 控制器进行了比较。在文献[7]中，作者设计了一种比例项和含滑模变量的幂的项共同组成的趋近律，并提出了基于此种趋近律的滑模控制策略，以应用于水下滑翔机的轨迹跟踪，其中滑模面的设计采用极点布置法。尽管系统具有高度非线性的性质，但与之前的方法相比较，跟踪精度依然得到提升，且滑动运动的抖振也得到有效降低。

上述都是连续时间系统的趋近律设计方法，离散时间系统的趋近律设计方法也同样值得关注。因为离散时间滑模控制器虽然是通过固定的时间间隔计算控制信号的，但是在工程实践中几乎不可能实现理想的滑模运动，所以离散的滑模控制器可以通过将代表点限制在切换面附近来保证系统的鲁棒性[8-13]。

6.2　问题描述

考虑如下包含执行机构故障和模型不确定性的非线性系统模型：

$$\dot{\boldsymbol{x}}(t)=\boldsymbol{f}(\boldsymbol{x}(t),t)+\boldsymbol{g}(\boldsymbol{x}(t),t)\boldsymbol{B}_u\boldsymbol{L}_c(t)\boldsymbol{u}(t) \tag{6.1}$$

式中：$\boldsymbol{x}(t)\in\mathbf{R}^n$ 为非线性系统的状态向量；$\boldsymbol{u}(t)\in\mathbf{R}^m$ 为系统中的控制输入向量；$\boldsymbol{f}(\boldsymbol{x}(t),t)\in\mathbf{R}^n$ 和 $\boldsymbol{g}(\boldsymbol{x}(t),t)\in\mathbf{R}^{n\times n}$ 表示包含模型不确定性的非线性函数；$\boldsymbol{B}_u\in\mathbf{R}^{n\times m}$ 代表系统的控制效能矩阵，主要由和控制输入相关的系数组成；$\boldsymbol{L}_c(t)=\mathrm{diag}([l_{c1}(t)\quad l_{c2}(t)\quad\cdots\quad l_{cm}(t)])$是执行机构工作效能的对角矩阵，当 $0\leqslant l_{cj}<1$ 时，表示第 j 个对角元所对应的执行机构出现了一定程度的故障，而当 $l_{cj}=1$ 时，则表示对应的执行机构正常工作。为简化起见，在后文的叙述中，将所有时变参数符号中的(t)略去，如将 $\boldsymbol{u}(t)$简记为 $\boldsymbol{u}$。

在飞机姿态容错控制器设计中，定义状态量 $\boldsymbol{x}=[\varphi\quad\dot{\varphi}\quad\theta\quad\dot{\theta}\quad\psi\quad\dot{\psi}]^{\mathrm{T}}$，因此针对飞机建立的动力学模型可以被表示为如下状态方程的形式：

$$\left.\begin{aligned}&\dot{x}_{1i}=x_{2i}\\&\dot{x}_{2i}=(h_{1i}+\Delta h_{1i})f_i(x)+(h_{2i}+\Delta h_{2i})x_{2i}+g_i\nu_i\\&\nu_i=\boldsymbol{B}_{ui}\boldsymbol{L}_c\boldsymbol{u}\end{aligned}\right\} \tag{6.2}$$

式中：$i=1,2,3$ 分别表示系统滚转、俯仰、偏航三个方向下运动模型所对应的状态量；$\boldsymbol{u}=[u_1\quad u_2\quad u_3\quad u_4]$；$\boldsymbol{x}_1=[\varphi\quad\theta\quad\psi]$；$\boldsymbol{x}_2=[\dot{\varphi}\quad\dot{\theta}\quad\dot{\psi}]$；$\Delta h_{1i}$ 和 Δh_{2i} 是飞机的不确定转动惯量引起的系统模型不确定性，并且满足条件$|\Delta h_{1i}|<\Delta_1$，$|\Delta h_{2i}|<\Delta_2$；$\boldsymbol{B}_u$ 代表滚转、俯仰和偏航子系统中的操纵效能矩阵。非线性函数 $f_i(x)$和 h_{1i}、h_{2i}、g_i，在滚转子系统$(i=1)$中可以表示为

$$f_1(x)=\dot{\theta}\dot{\psi},h_{11}=(I_{yy}-I_{zz})/I_{xx},h_{21}=-k_{d1}/I_{xx},g_1=1/I_{xx}$$

在俯仰子系统$(i=2)$中可以表示为

$$f_2(x)=\dot{\varphi}\dot{\psi},h_{12}=(I_{zz}-I_{xx})/I_{yy},h_{22}=-k_{d2}/I_{yy},g_2=1/I_{yy}$$

在偏航子系统$(i=3)$中可以表示为

$$f_3(x)=\dot{\varphi}\dot{\theta},h_{13}=(I_{xx}-I_{yy})/I_{zz},h_{23}=-k_{d3}/I_{zz},g_3=1/I_{zz}$$

6.3　防止过度估计的自适应容错控制器设计

本节介绍能够避免过度估计的自适应容错控制器的设计流程。为了达到系统期望的控制性能，主要分为两步来进行控制器的设计：第一步，设计基于趋近律的自适应滑模控制架构，在确保系统跟踪性能的同时，将标称状态下的控制抖振减至最小；第二步，设计自适应容

错控制策略来确定自适应参数,防止参数过估计现象的发生。最后将上述两步设计的控制律进行结合,从而得到补偿执行机构故障和参数不确定性的自适应容错控制器。

6.3.1 针对模型不确定的自适应控制器设计

滑模控制器的设计过程主要可以分为两个步骤:一是建立滑模面,从而使系统可以达到期望的跟踪性能;二是建立合适的控制律,从而使滑模变量可以向设计的滑模面运动,从而使系统能够满足滑模趋近的要求。

假设目标时变系统中滚转、俯仰、偏航三个方向上的期望轨迹为 x_{1i}^{d}、$x_{2i}^{d}(i=1,2,3)$。那么,式(6.2)中对应的状态量跟踪误差可以分别被表示为

$$x_{1i}^{e}=x_{1i}-x_{1i}^{d} \tag{6.3}$$

$$x_{2i}^{e}=x_{2i}-x_{2i}^{d} \tag{6.4}$$

积分滑模面的设计为

$$s=s_0+z \tag{6.5}$$

式中:s_{i0} 是跟踪误差的线性组合,其表示形式为

$$s_0=cx_1^{e}+x_2^{e} \tag{6.6}$$

z_i 中包含了积分项,其定义形式如下:

$$\left.\begin{aligned}\dot{z}_i&=-c_ix_{2i}^{e}+k_{c2i}x_{2i}^{e}+k_{c1i}x_{1i}^{e}\\ z_i(0)&=-c_ix_{1i}^{e}(t_0)-x_2^{e}(t_0)\end{aligned}\right\} \tag{6.7}$$

式(6.6)和式(6.7)中:c_i 和 k_{c1i},k_{c2i} 分别代表了控制器设计中的调节参数;t_0 表示初始时刻;$x_{1i}^{e}(t_0)$ 和 $x_{2i}^{e}(t_0)$ 即为初始时刻的状态量跟踪误差。进一步地,结合两式中的定义形式可以得到如下形式:

$$\begin{aligned}s&=s_{i0}+z_i\\&=c_ix_{1i}^{e}+x_{2i}^{e}-c_ix_{1i}^{e}(t_0)+\int_{t_0}^{t}\left[-c_ix_{2i}^{e}(\tau)+x_{1i}^{e}(\tau)+k_{c2i}x_{2i}^{e}(\tau)\right]\mathrm{d}\tau\\&=x_{2i}^{e}+k_{c2i}x_{1i}^{e}+k_{c1i}\int_{t_0}^{t}x_{1i}^{e}(\tau)\,\mathrm{d}\tau=-k_{c2i}x_{1i}^{e}(t_0)-x_{2i}^{e}(t_0)\end{aligned} \tag{6.8}$$

完成滑模面的构建后,接下来就需要设计合适的控制律。传统的滑模控制律往往由连续控制部分和不连续控制部分组成,即连续控制部分和不连续鲁棒控制部分。然而,较大的不连续控制增益虽然能够提高滑模控制的鲁棒性,但仍会导致控制抖振的发生。

为了避免上述问题,提出如下一种新的趋近律:

$$\dot{s}_i=-\frac{k_{c3i}}{\eta_i+\left(\dfrac{1}{|s_i|}-\eta_i\right)\mathrm{e}^{-\alpha_i|\Delta s_i|}}\mathrm{sign}(s_i) \tag{6.9}$$

式中:k_{c3i} 和 α_i 为控制参数,均为正数,$0<\eta_i<1$,$\Delta s_i=s_i-\Phi_i\mathrm{sat}(s_i)$,sat(·)为

$$\mathrm{sat}(s_i)=\begin{cases}\mathrm{sign}(s_i), & |s_i|\geqslant\Phi_i\\ s_i/\Phi_i, & |s_i|<\Phi_i\end{cases} \tag{6.10}$$

式中:Φ_i 是定义的边界层厚度。sat(·)表示当前滑模变量和指定边界层之间的代数距离,

当滑模变量在指定边界层内时，$\Delta s_i=0$。当所提出的趋近律在 Δs_i 增大时，函数 $\dfrac{k_{c3i}}{\eta_i+\left(\dfrac{1}{|s|}-\eta_i\right)e^{-\alpha_i|\Delta s_i|}}\mathrm{sign}(s)$将收敛于$\dfrac{k_{c3i}}{\eta}$的值，且该值远大于 k_{c3i}。由此可以看出，当滑模变量远离跟踪性能不理想的指定滑动面时，采用较大的不连续控制增益会获得更快的到达时间；当所提出的趋近律在 Δs_i 减小时，函数$\dfrac{k_{c3i}}{\eta_i+\left(\dfrac{1}{|s_i|}-\eta_i\right)e^{-\alpha_i|\Delta s_i|}}\mathrm{sign}(s)$将收敛于$\dfrac{k_{c3i}|s_i|}{|s|+1}$的值；当滑模变量被控制律驱动到期望的滑动面上时，不连续控制增益将逐渐减小到零。从这个意义上来说，随着滑模变量接近滑模面，不连续控制增益将逐渐减小到零，从而抑制控制抖振。

滑模面 s_i 的时间导数可以按下式计算：

$$\dot{s}_i=\dot{x}_{2i}^{e}+k_{c2i}x_{2i}^{e}+k_{c1i}x_{1i}^{e} \tag{6.11}$$

结合问题描述中的飞机动力学模型，上式可以改写为

$$\begin{aligned}&h_{1i}f_i(x)+h_{2i}x_{2i}+g\boldsymbol{B}_{ui}\boldsymbol{u}-\ddot{x}_{1i}^{d}+k_{c2i}x_{2i}^{e}+k_{c1i}x_{1i}^{e}\\&=-\frac{k_{c3i}}{\eta_i+\left(\dfrac{1}{|s_i|}-\eta_i\right)e^{-\alpha_i|\Delta s_i|}}\mathrm{sign}(s_i)\end{aligned} \tag{6.12}$$

由于模型不确定性会影响飞机的跟踪控制性能或导致飞机失稳，因此开发了一种自适应律补偿模型的不确定性，通过求解式(6.12)，可以设计相应控制律为

$$\boldsymbol{u}=\boldsymbol{B}_{ui}^{+}g^{-1}\left[\ddot{x}_{1i}^{d}-k_{c1i}x_{1i}^{e}-k_{c2i}x_{2i}^{e}-\hat{h}_{1i}f_i(x)-\hat{h}_{2i}x_{2i}-k_{c3i}^{*}\mathrm{sign}(s_i)\right] \tag{6.13}$$

式中：$\boldsymbol{B}_{ui}^{+}=\boldsymbol{B}_{ui}^{T}(\boldsymbol{B}_{ui}\boldsymbol{B}_{ui}^{T})^{-1}$，$k_{c3i}^{*}=k_{c3i}/\left[\eta_i+\left(\dfrac{1}{|s_i|}-\eta_i\right)e^{-\alpha_i|\Delta s_i|}\right]$。与之对应的估计不确定参数估计自适应律为

$$\dot{\hat{h}}_{1i}=\gamma_{1i}f_i(x)\Delta s_i \tag{6.14}$$

$$\dot{\hat{h}}_{2i}=\gamma_{2i}x_{2i}\Delta s_i \tag{6.15}$$

式(6.14)和式(6.15)中：γ_{1i} 和 γ_{2i} 是控制自适应速率的参数，为正数。

定理 6.1　考虑一个非线性系统，给定上文所述的滑模面、趋近律和自适应反馈控制律，选择不连续增益为 $k_{c3i}^{*}=k_{c3i}\left[\eta_i+\left(\dfrac{1}{|s_i|}-\eta_i\right)e^{-\alpha_i|\Delta s_i|}\right]$，可以使系统获得期望的滑动运动，并保证系统的跟踪性能。

证明 6.1　取李雅普诺夫函数：

$$V_1=\sum_{i=1}^{3}\frac{1}{2}\left[\Delta s_i^2+\frac{1}{\gamma_{1i}}(\hat{h}_{1i}-h_{1i})^2+\frac{1}{\gamma_{2i}}(\hat{h}_{2i}-h_{2i})^2\right] \tag{6.16}$$

然后，考虑在 $\Delta s_i\neq 0$ 的条件下，即滑模变量在边界层外时，所提出的控制律和自适应律。V_1 的时间导数可以按下式计算：

$$\dot{V}_1=\sum_{i=1}^{3}\left[\Delta s_i\Delta\dot{s}_i+\frac{1}{\gamma_{1i}}(\hat{h}_{1i}-h_{1i})\dot{\hat{h}}_{1i}+\frac{1}{\gamma_{2i}}(\hat{h}_{2i}-h_{2i})\dot{\hat{h}}_{2i}\right]$$
$$=\sum_{i=1}^{3}\left\{\Delta s_i[h_{1i}f_i(x)+h_{2i}x_{2i}-\hat{h}_{1i}f_i(x)-\hat{h}_{2i}x_{2i}-k_{c3i}^{*}\operatorname{sign}(s_i)]+\right.$$
$$\left.\frac{1}{\gamma_{1i}}(\hat{h}_{1i}-h_{1i})\dot{\hat{h}}_{1i}+\frac{1}{\gamma_{2i}}(\hat{h}_{2i}-h_{2i})\dot{\hat{h}}_{2i}\right\}$$
$$=\sum_{i=1}^{3}\left\{(\hat{h}_{1i}-h_{1i})\left[\frac{\dot{\hat{h}}_{1i}}{\gamma_{1i}}-f_i(x)\Delta s_i\right]+(\hat{h}_{2i}-h_{2i})\left(\frac{\dot{\hat{h}}_{2i}}{\gamma_{2i}}-x_{2i}\Delta s_i\right)-k_{c3i}^{*}\operatorname{sign}(s_i)\Delta s_i\right\}$$
$$=\sum_{i=1}^{3}(-k_{c3i}^{*}|\Delta s_i|)<0 \tag{6.17}$$

因此，在系统存在模型不确定性，且Δ_1和Δ_2有界的情况下，采用所设计的控制律和自适应律可以保证系统的稳定性。

6.3.2 新型趋近律函数自适应滑模容错控制器设计

当固定翼飞机执行器发生故障时，衡量执行器严重程度的对角矩阵$\boldsymbol{L}_c$不是单位矩阵。为了达到补偿执行器故障负面影响的容错设计效果，常规设计方法是通过使用故障诊断单元估计$\boldsymbol{L}_c$的实际值，并将其与所设计的控制律结合起来，但是在实际操作中，获取重大故障信息可能有很大的时间延迟，此外，故障估计还存在不确定性，从而影响控制性能。基于此，本节提出如下一种强鲁棒性的容错自适应控制策略。将系统方程改写为

$$\left.\begin{aligned}&\dot{x}_{1i}=x_{2i}\\&\dot{x}_{2i}=(h_{1i}+\Delta h_{1i})f_i(x)+(h_{2i}+\Delta h_{2i})x_{2i}+g_i(\nu_i^{\mathrm{d}}+v_i^{\mathrm{e}})\\&\nu_i=\boldsymbol{B}_{ui}\boldsymbol{L}_c\boldsymbol{u}-\boldsymbol{B}_{ui}(\boldsymbol{I}_c-\boldsymbol{L}_c)\boldsymbol{u}\end{aligned}\right\} \tag{6.18}$$

式中：$\boldsymbol{I}_c$是单位矩阵，且与$\boldsymbol{L}_c$维度相同；$v_i=v_i^{\mathrm{d}}+v_i^{\mathrm{e}}$表示执行器故障情况下各个执行机构产生的虚拟控制信号；$\nu_i^{\mathrm{d}}=\boldsymbol{B}_{ui}\boldsymbol{I}_c\boldsymbol{u}$表示在不考虑执行器故障的情况下，根据所建立的控制律得到的期望虚拟控制信号；$v_i^{\mathrm{e}}=-\boldsymbol{B}_{ui}(\boldsymbol{I}_c-\boldsymbol{L}_c)\boldsymbol{u}$表示由执行器故障引起的虚拟控制信号误差。

为了减小执行器故障引起的虚拟控制信号误差带来的负面影响，同时保持期望的系统跟踪控制性能，一种方法是调整自适应参数g_i，也就是$g_i\nu_i^{\mathrm{e}}=\tilde{g}_i\nu_i^{\mathrm{d}}$。

考虑将$\dot{x}_{2i}$重构为

$$\begin{aligned}\dot{x}_{2i}&=(h_{1i}+\Delta h_{1i})f_i(x)+(h_{2i}+\Delta h_{2i})x_{2i}+(g_i+\tilde{g}_i)\nu_i^{\mathrm{d}}\\&=(h_{1i}+\Delta h_{1i})f_i(x)+(h_{2i}+\Delta h_{2i})x_{2i}+\hat{g}_i\nu_i^{\mathrm{d}}\end{aligned} \tag{6.19}$$

式中：$\hat{g}_i$代表g_i的估计值，估计误差记作$\tilde{g}_i=\hat{g}_i-g_i$。

在这种情况下，不应该使用g_i建立反馈控制律，应当使用估计参数$\hat{g}_i$补偿执行器故障并且保持闭环系统原有的跟踪控制性能。此外，应当利用参数$\hat{h}_{1i}$和$\hat{h}_{2i}$结合$\hat{g}_i$推导出补偿执行器故障和模型不确定性的控制律。

给定 $\hat{\Gamma}_i=\hat{g}_i^{-1}\hat{h}_{1i}$，$\hat{Y}_i=\hat{g}_i^{-1}\hat{h}_2$，$\hat{\Psi}_i=\hat{g}_i^{-1}$，那么反馈控制律可以更改为

$$\boldsymbol{u}=\boldsymbol{B}_{ui}^{+}\hat{\Psi}_i[\ddot{x}_{1i}^{\mathrm{d}}-k_{c1i}x_{1i}^{\mathrm{e}}-k_{c2i}x_{2i}^{\mathrm{e}}-k_{c3i}^{*}\mathrm{sign}(s_i)]-\boldsymbol{B}_{ui}^{+}\hat{\Gamma}_i f_i(\boldsymbol{x})-\boldsymbol{B}_{ui}^{+}\hat{Y}_i x_{2i} \tag{6.20}$$

估计不确定参数的自适应律设计为

$$\left.\begin{aligned}&\dot{\hat{\Gamma}}_i=\rho_{1i}f_i(x)\Delta s_i\\&\dot{\hat{Y}}_i=\rho_{2i}x_{2i}\Delta s_i\\&\dot{\hat{\Psi}}_i=\rho_{3i}[k_{c1i}x_{1i}^{\mathrm{e}}+k_{c2i}x_{2i}^{\mathrm{e}}-\ddot{x}_{1i}^{\mathrm{d}}+k_{c3i}^{*}\mathrm{sign}(s_i)]\Delta s_i\end{aligned}\right\} \tag{6.21}$$

式中：ρ_{1i}，ρ_{2i}，ρ_{3i} 都是调整自适应速率的参数，为正数。由此可以看出，所提出的控制策略并不是仅仅通过调整不连续控制增益部分来补偿执行器故障的，而是同时调整不连续部分增益和连续部分增益来补偿执行器故障的，因此在执行器发生故障后，此控制策略减少了不连续部分增益的过度使用，有助于防止控制抖振。

定理 6.2　考虑一个存在执行器故障和模型不确定性的非线性系统，给定上文所述的滑模面、趋近律和自适应反馈控制律，可以实现在执行器存在故障和模型不确定性的情况下理想的系统跟踪控制性能。

证明 6.2　取李雅普诺夫函数：

$$V_2=\sum_{i=1}^{3}\frac{1}{2}\left[\Delta s_i^{\,2}+\frac{1}{\rho_{1i}\Psi_i}\tilde{\Gamma}_i^{\,2}+\frac{1}{\rho_{2i}\Psi_i}\tilde{Y}_i^{\,2}+\frac{1}{\rho_{3i}\Psi_i}\tilde{\Psi}_i^{\,2}\right] \tag{6.22}$$

式中：$\tilde{\Gamma}_i=\hat{\Gamma}_i-\Gamma_i$；$\tilde{Y}_i=\hat{Y}_i-Y_i$；$\tilde{\Psi}_i=\hat{\Psi}_i-\Psi_i$。

为了便于分析，将 V_2 分为 4 个分量：

$$V_2=V_{21}+V_{22}+V_{23}+V_{24} \tag{6.23}$$

$$V_{21}=\sum_{i=1}^{3}\frac{\Delta s_i^{\,2}}{2},V_{22}=\sum_{i=1}^{3}\frac{\tilde{\Gamma}_i^{\,2}}{2\rho_{1i}\Psi_i},V_{23}=\sum_{i=1}^{3}\frac{\tilde{Y}_i^{\,2}}{2\rho_{2i}\Psi_i},V_{24}=\sum_{i=1}^{3}\frac{\tilde{\Psi}_i^{\,2}}{2\rho_{3i}\Psi_i} \tag{6.24}$$

首先，计算 V_{21} 关于时间的导数为

$$\begin{aligned}\dot{V}_{21}&=\sum_{i=1}^{3}\Delta s_i[\dot{x}_{2i}^{\mathrm{e}}+k_{c2i}x_{2i}^{\mathrm{e}}+k_{c1i}x_{1i}^{\mathrm{e}}]\\&=\sum_{i=1}^{3}\Delta s_i\{\Psi_i^{-1}[\hat{\Psi}_i(\dot{x}_{1i}^{\mathrm{d}}-k_{c1i}x_{1i}^{\mathrm{e}}-k_{c2i}x_{2i}^{\mathrm{e}}-k_{c3i}^{*}\mathrm{sign}(s_i))-\hat{\Gamma}_i f_i(x)-\hat{Y}_i x_{2i}]+\\&\quad\Psi_i^{-1}\Gamma_i f_i(x)+\Psi_i^{-1}Y_i x_{2i}-\dot{x}_{1i}^{\mathrm{d}}+k_{c2i}x_{2i}^{\mathrm{e}}+k_{c1i}x_{1i}^{\mathrm{e}}\}\\&=\sum_{i=1}^{3}\Delta s_i\{\Psi_i^{-1}f_i(x)(\Gamma_i-\hat{\Gamma}_i)+\Psi_i^{-1}x_{2i}(Y_i-\hat{Y}_i)-k_{c3i}^{*}\mathrm{sign}(s_i)+\\&\quad(1-\Psi_i^{-1}\hat{\Psi}_i)[k_{c2i}x_{2i}^{\mathrm{e}}+k_{c1i}x_{1i}^{\mathrm{e}}-\dot{x}_{1i}^{\mathrm{d}}+k_{c3i}^{*}\mathrm{sign}(s_i)]\}\end{aligned} \tag{6.25}$$

那么可以得到

$$\begin{aligned}\dot{V}_{22}+\dot{V}_{23}+\dot{V}_{24}&=\sum_{i=1}^{3}\left[\frac{\Psi_i^{-1}(\hat{\Gamma}_i-\Gamma_i)\dot{\hat{\Gamma}}_i}{\rho_{1i}}+\frac{\Psi_i^{-1}(\hat{Y}_i-Y_i)\dot{\hat{Y}}_i}{\rho_{2i}}+\frac{\Psi_i^{-1}(\hat{\Psi}_i-\Psi_i)\dot{\hat{\Psi}}_i}{\rho_{3i}}\right]\\&=\sum_{i=1}^{3}\{\Psi_i^{-1}(\hat{\Psi}_i-\Psi_i)[k_{c1i}x_{1i}^{\mathrm{e}}+k_{c2i}x_{2i}^{\mathrm{e}}-\dot{x}_{1i}^{\mathrm{d}}+k_{c3i}^{*}\mathrm{sign}(s_i)]\Delta s_i+\\&\quad\Psi_i^{-1}(\hat{\Gamma}_i-\Gamma_i)f_i(x)\Delta s_i+\Psi_i^{-1}(\hat{Y}_i-Y_i)x_{2i}\Delta s_i\}\end{aligned} \tag{6.26}$$

考虑 $\Delta s_i \neq 0$,有

$$
\begin{aligned}
\dot{V}_2 = & \sum_{i=1}^{3} \Delta s_i (\boldsymbol{\Psi}_i^{-1}(\Gamma_i - \hat{\Gamma}_i) f_i(x) + \boldsymbol{\Psi}_i^{-1}(Y_i - \hat{Y}_i) x_{2i} + \\
& (1 - \boldsymbol{\Psi}_i^{-1}\hat{\boldsymbol{\Psi}}_i)\{k_{c2i} x_{2i}^{e} + k_{c1i} x_{1i}^{e} - \dot{x}_{1i}^{d} + k_{c3i}^{*}\mathrm{sign}(s_i) - k_{c3i}^{*}\mathrm{sign}(s_i) + \\
& \boldsymbol{\Psi}_i^{-1}(\hat{\boldsymbol{\Psi}}_i - \boldsymbol{\Psi}_i)[k_{c1i} x_{1i}^{e} + k_{c2i} x_{2i}^{e} - \dot{x}_{1i}^{d} + k_{c3i}^{*}\mathrm{sign}(s_i)]\} + \\
& \boldsymbol{\Psi}_i^{-1}(\hat{\Gamma}_i - \Gamma_i) f_i(x) + \boldsymbol{\Psi}_i^{-1}(\hat{Y}_i - Y_i) x_{2i}) \\
= & \sum_{i=1}^{3} \Delta s_i \{\boldsymbol{\Psi}_i^{-1}(\Gamma_i - \hat{\Gamma}_i) f_i(x) + \boldsymbol{\Psi}_i^{-1}(Y_i - \hat{Y}_i) x_{2i} + \\
& (1 - \boldsymbol{\Psi}_i^{-1}\hat{\boldsymbol{\Psi}}_i)(k_{c2i} x_{2i}^{e} + k_{c1i} x_{1i}^{e} - \dot{x}_{1i}^{d} + k_{c3i}^{*}\mathrm{sign}(s_i)) - k_{c3i}^{*}\mathrm{sign}(s_i) - \\
& (1 - \boldsymbol{\Psi}_i^{-1}\hat{\boldsymbol{\Psi}}_i)[k_{c2i} x_{2i}^{e} + k_{c1i} x_{1i}^{e} - \dot{x}_{1i}^{d} + k_{c3i}^{*}\mathrm{sign}(s_i)] - \\
& \boldsymbol{\Psi}_i^{-1}(\Gamma_i - \hat{\Gamma}_i) f_i(x) - \boldsymbol{\Psi}_i^{-1}(Y_i - \hat{Y}_i) x_{2i}\} \\
= & \sum_{i=1}^{3} \Delta s_i [-k_{c3}^{*}\mathrm{sign}(s_i)]
\end{aligned} \tag{6.27}
$$

对于上述证明,当 $s_i > \Phi_i$ 时,则 $\mathrm{sign}(s_i)=1$,$\mathrm{sat}(s_i)=1$,$\mathrm{sign}(s_i)\Delta s_i = -\Delta s_i = -[s_i - \Phi_i \mathrm{sat}(s_i)] = -(s_i + \Phi_i) > 0$。在这种情况下,可以得到 $\mathrm{sign}(s_i)\Delta s_i = -\Delta s_i = |\Delta s_i|$,因此式(6.27)可以满足以下条件:

$$
\dot{V}_2 = \sum_{i=1}^{3} (-k_{c3i}^{*} |\Delta s_i|) < 0 \tag{6.28}
$$

由此可以看出,在系统存在模型不确定性,且 Δ_1 和 Δ_2 有界的情况下,采用所设计的控制律和自适应律,可以保证系统的稳定性。

根据设计的变量 Δs_i,利用该变量构造自适应律,只要滑模变量在定义的边界层内,自适应就会停止,这样可以避免对于不连续控制部分增益的过度使用。传统的自适应滑模方法由于仅使用滑模变量来设计自适应律,而滑模变量一般无法一直保持在滑模面上,所以自适应律的收敛性无法保证,进而就会产生跟踪误差。

6.4 系统仿真验证与分析

在本节中将展示基于新型趋近律函数的自适应容错控制方法的控制效果及所提出控制策略的有效性。所提出的新型趋近律函数可以在滑模变量远离滑模面时加快趋近速度,而在滑模变量靠近滑模面时减缓趋近速度。

仿真场景设置如表 6-1 所示。其中,场景一主要关注在无外界干扰和无执行器故障状况的情况下所提出的基于新型趋近律函数的自适应容错控制方法的控制性能。场景二的目标是展示所提出方法在有外界风干扰和执行器正常工作情况下的控制性能,着重验证所提出控制策略对外界干扰的鲁棒控制效果。场景三则通过考虑无外界干扰和有执行器效率损失的情况,侧重展示所提出控制策略对于执行器故障的安全控制效果。在场景四中,同时考

虑外界风干扰和执行器存在效率损失的情况，展示所提出的基于新型趋近律函数的自适应容错控制方法在复杂环境中的综合抗干扰安全控制效果，进一步说明所提出控制策略的优越性能。

表 6-1　仿真场景设置

	外界风干扰	执行器故障
场景一	无	无
场景二	有	无
场景三	无	有
场景四	有	有

6.4.1　场景一

场景一主要关注在无外界干扰和无执行器故障状况的情况下所提出的基于新型趋近律函数的自适应容错控制方法的控制性能。

如图 6-1～图 6-10 所示，在场景一中，所提出的控制策略可以实现良好的滚转角、俯仰角、偏航角和速度跟踪。在姿态角控制中，当滑模变量在边界层外时，k_{c3}^* 开始调整，当滑模变量远离滑模面时调节速度快，当滑模变量靠近滑模面时调节速度变慢，直到自适应参数收敛。飞机的副翼、升降舵、方向舵和推力正常。

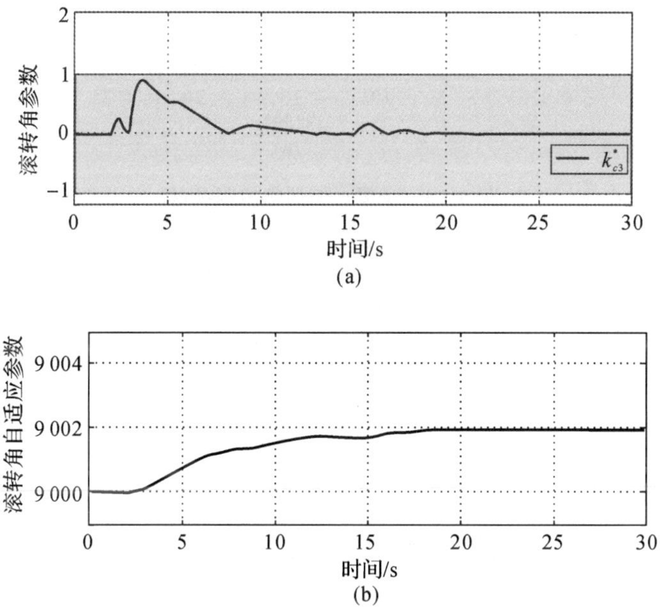

图 6-1　场景一滚转角控制参数

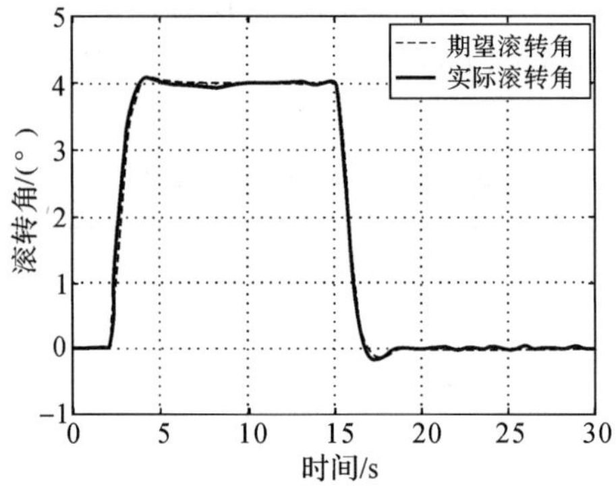

图 6-2　场景一滚转角跟踪效果

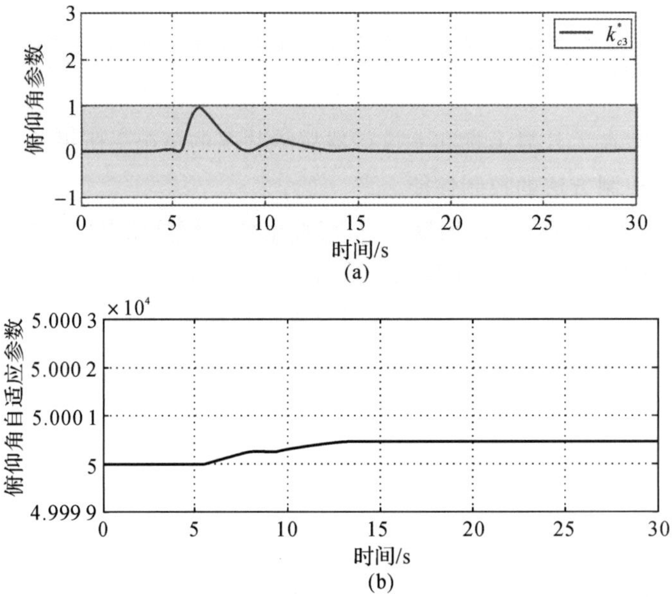

图 6-3　场景一俯仰角控制参数

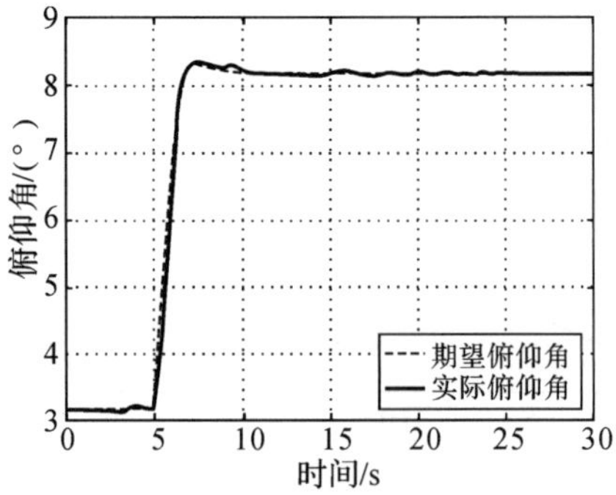

图 6-4　场景一俯仰角跟踪效果

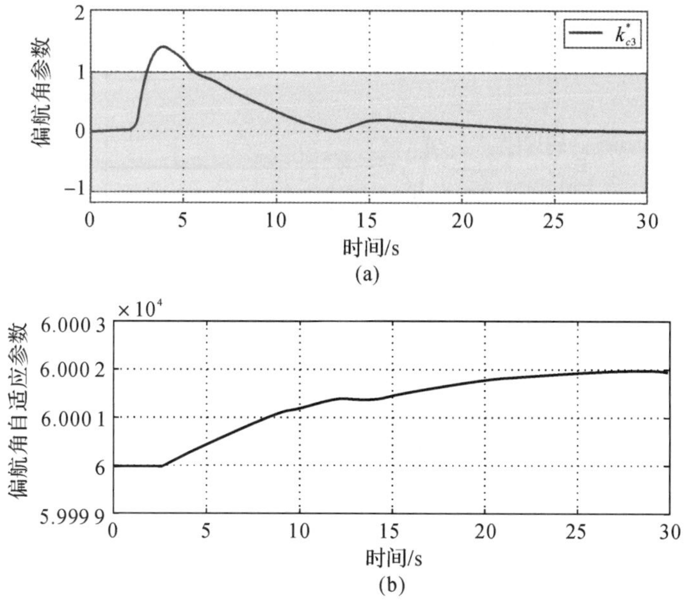

图 6-5　场景一偏航角控制参数

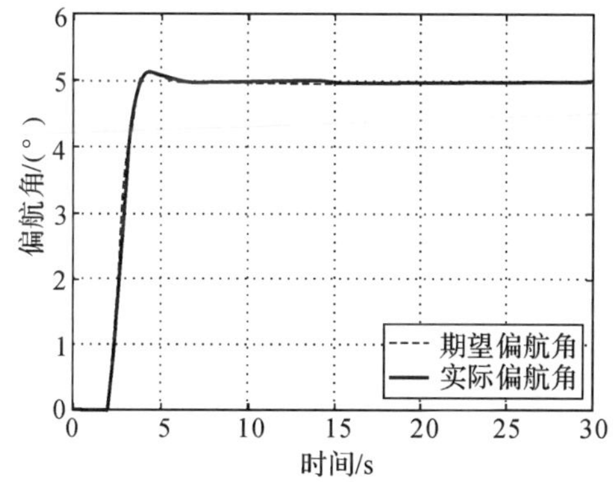

图 6-6　场景一偏航角跟踪效果

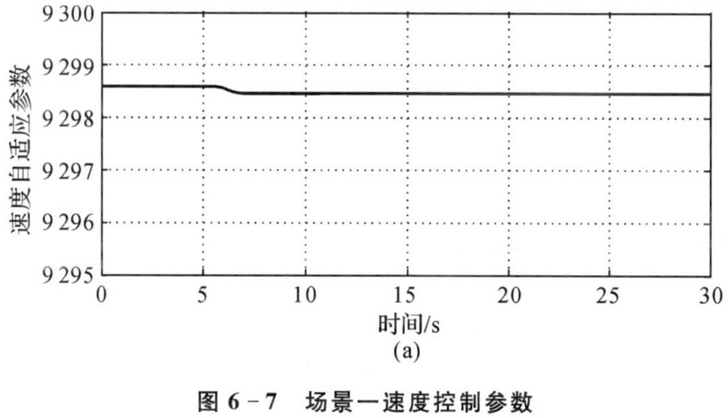

图 6-7　场景一速度控制参数

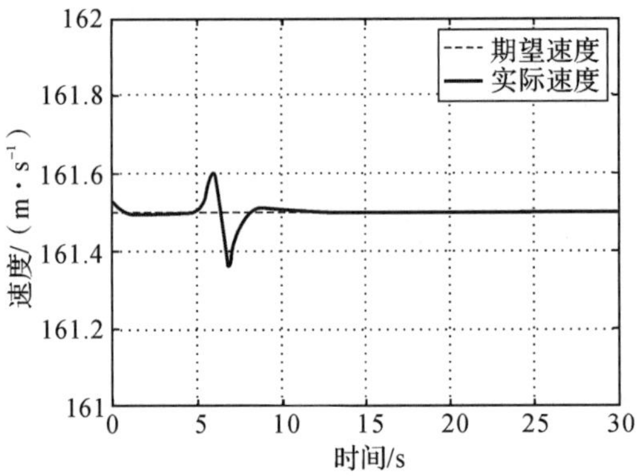

图 6-8　场景一速度跟踪效果

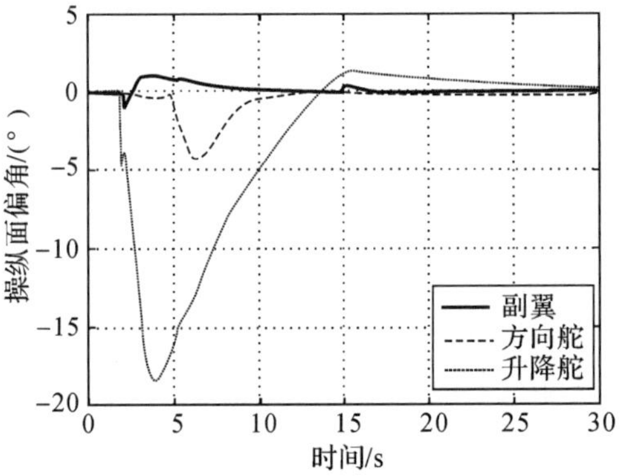

图 6-9　场景一操纵面偏转角

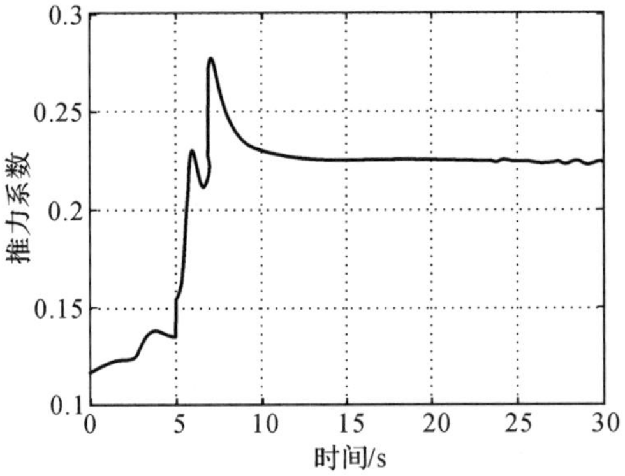

图 6-10　场景一推力系数

6.4.2　场景二

场景二的目标是展示所提出的方法在有外界风干扰和执行器正常工作情况下的控制性能，着重验证基于新型趋近律函数的自适应容错控制策略对外界干扰的鲁棒控制效果。

如图 6－11～图 6－20 所示，在场景二中，所提出的控制策略可实现良好的滚转角、俯仰角、偏航角和速度跟踪。在姿态角控制中，当滑模变量在边界层外时，k_{c3}^{*} 开始调整，当滑模变量远离滑模面时调节速度快，当滑模变量靠近滑模面时调节速度变慢，直到自适应参数收敛。飞机的副翼、升降舵、方向舵和推力正常。

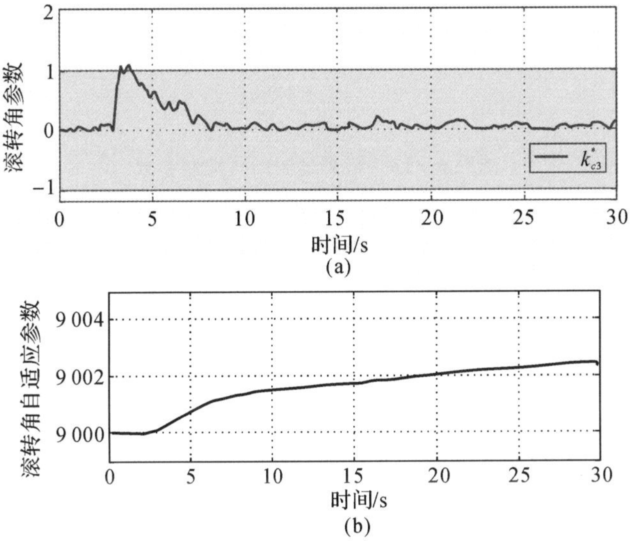

图 6－11　场景二滚转角控制参数

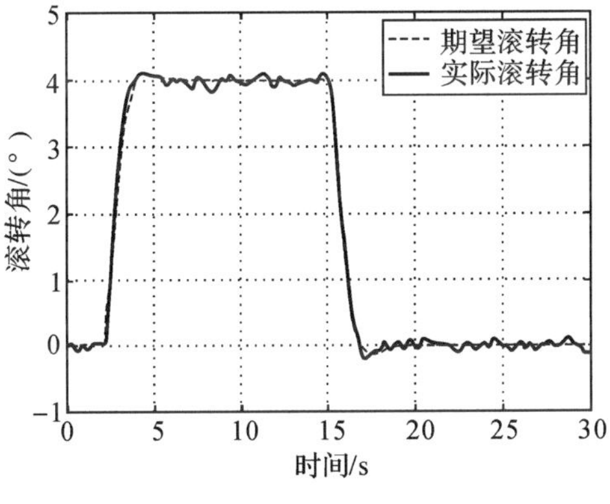

图 6－12　场景二滚转角跟踪效果

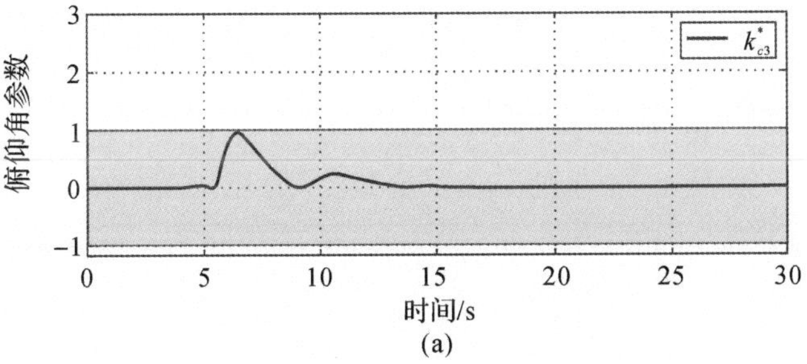

图 6－13　场景二俯仰角控制参数

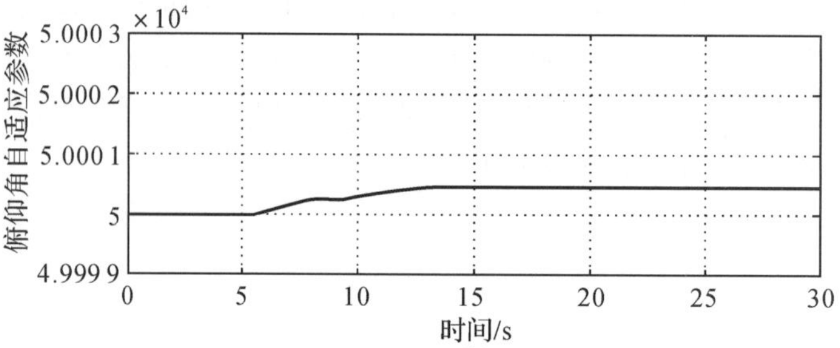

(b)

续图 6-13　场景二俯仰角控制参数

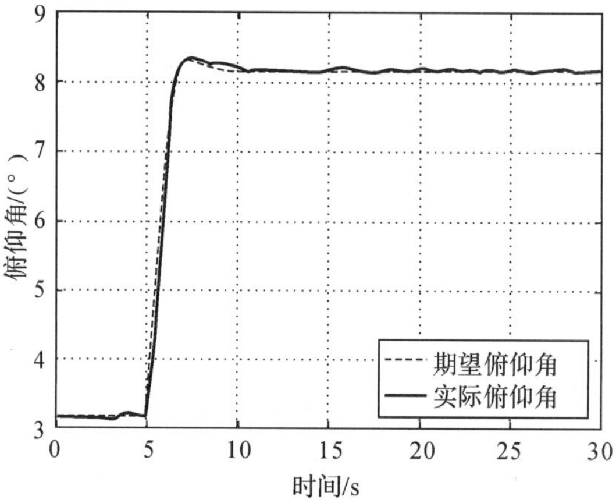

图 6-14　场景二俯仰角跟踪效果

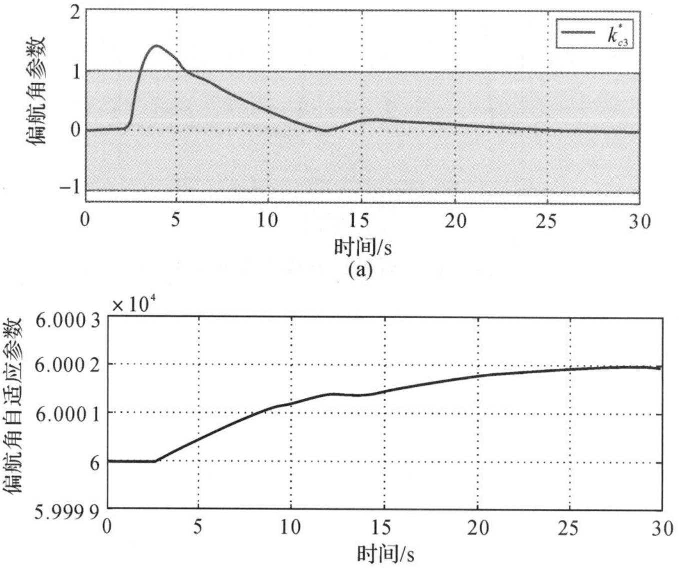

(b)

图 6-15　场景二偏航角控制参数

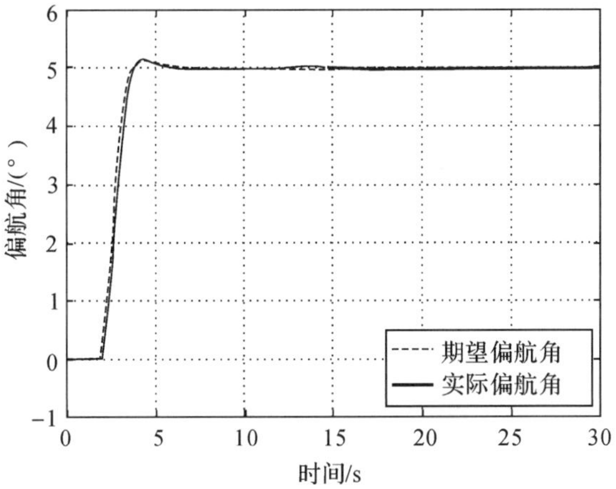

图 6-16　场景二偏航角跟踪效果

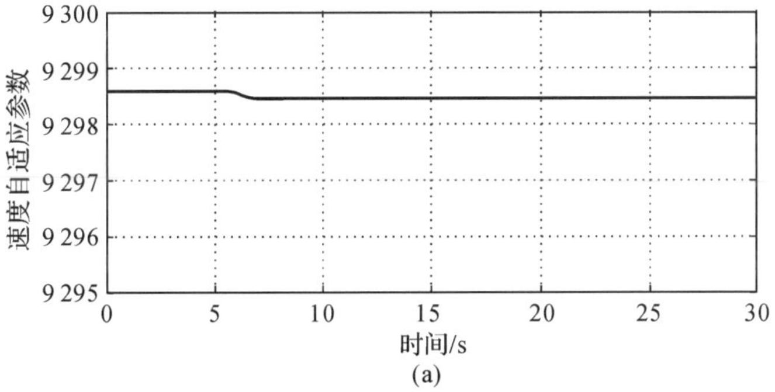

图 6-17　场景二速度跟踪控制参数

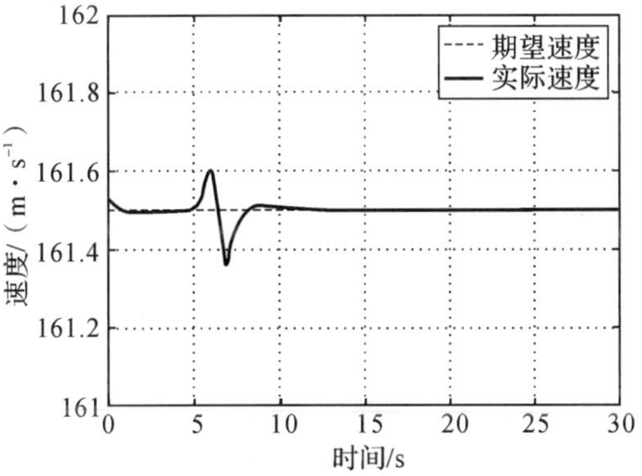

图 6-18　场景二速度跟踪效果

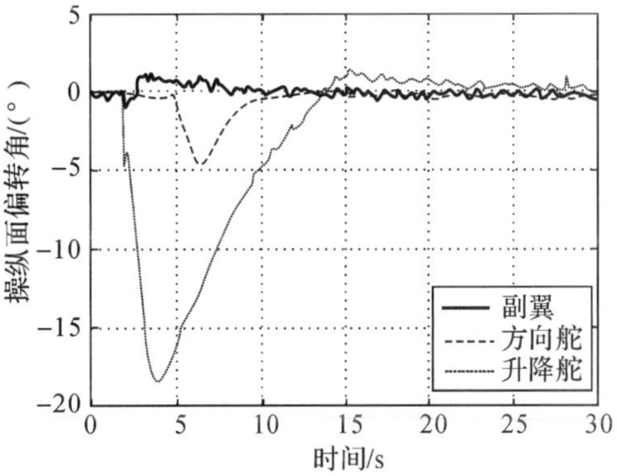

图 6-19　场景二操纵面偏转角

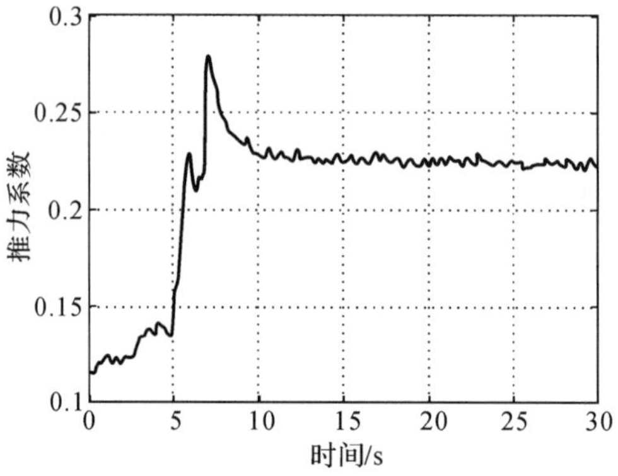

图 6-20　场景二推力系数

6.4.3　场景三

场景三通过考虑无外界干扰和有执行器效率损失的情况，侧重展示所提出的基于新型趋近律函数的自适应容错控制策略对执行器故障的安全控制效果。

如图 6-21～图 6-30 所示，在场景三中，所提出的控制策略可以实现良好的滚转角、俯仰角、偏航角和速度跟踪。在姿态角控制中，当滑模变量在边界层外时，k_{c3}^{*} 开始调整，当滑模变量远离滑模面时调节速度快，当滑模变量靠近滑模面时调节速度变慢，直到自适应参数收敛。飞机的副翼、升降舵、方向舵和推力正常。

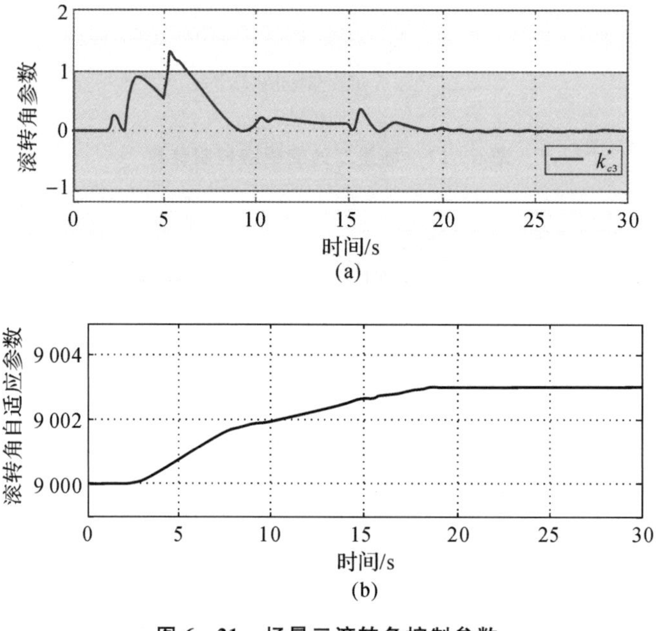

图 6-21　场景三滚转角控制参数

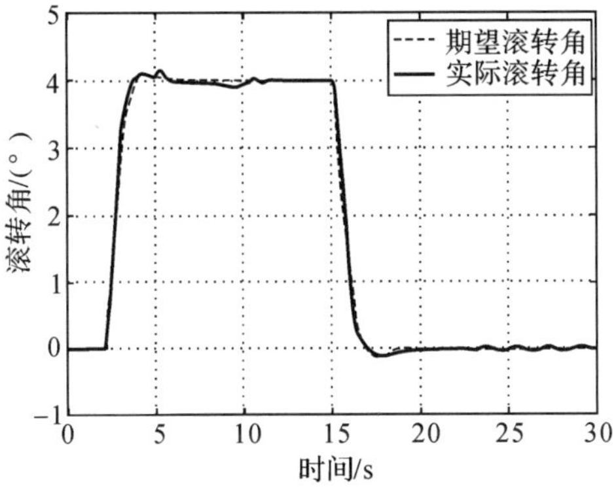

图 6－22　场景三滚转角跟踪效果

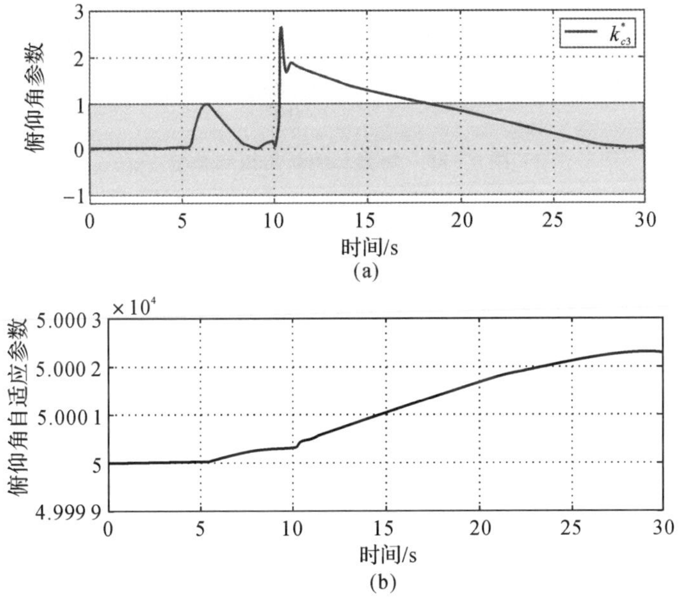

图 6－23　场景三俯仰角控制参数

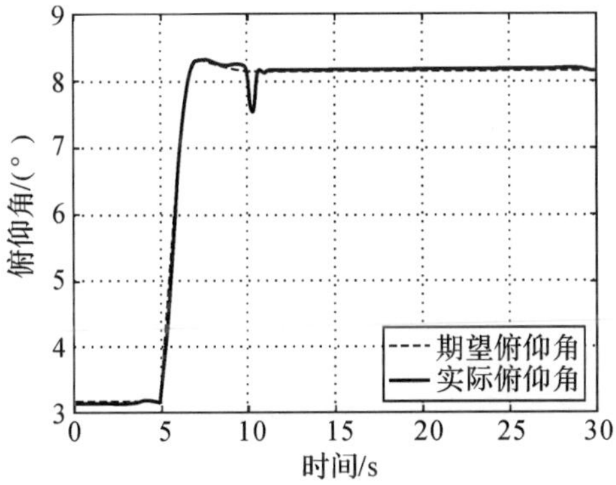

图 6－24　场景三俯仰角跟踪效果

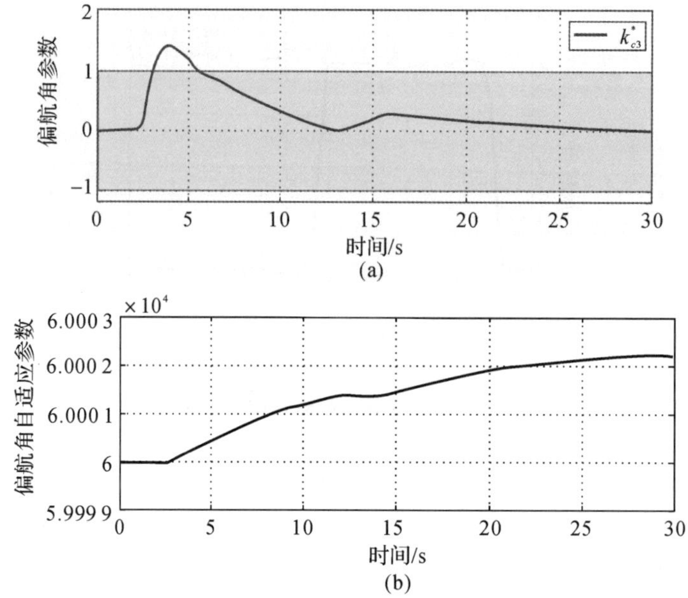

图 6-25　场景三偏航角控制参数

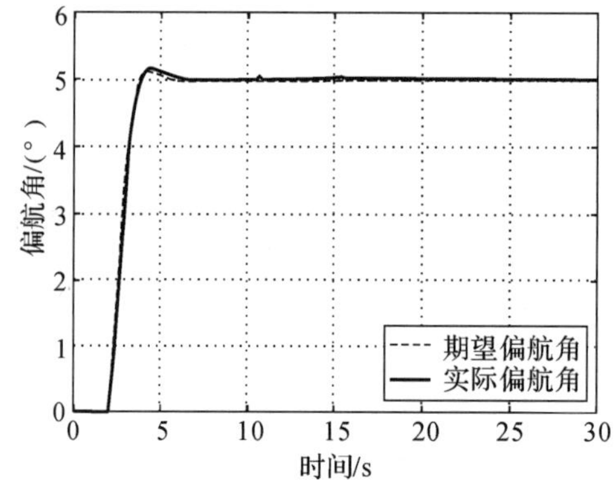

图 6-26　场景三偏航角跟踪效果

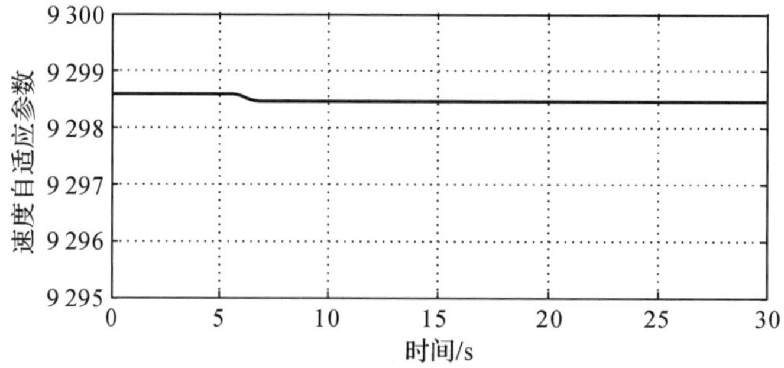

图 6-27　场景三速度控制参数

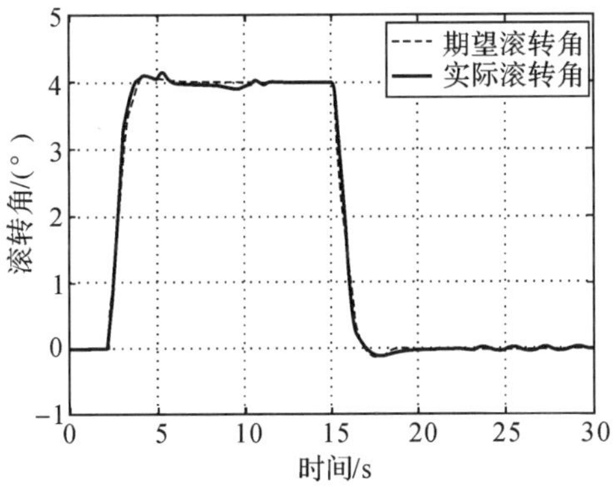

图 6-22　场景三滚转角跟踪效果

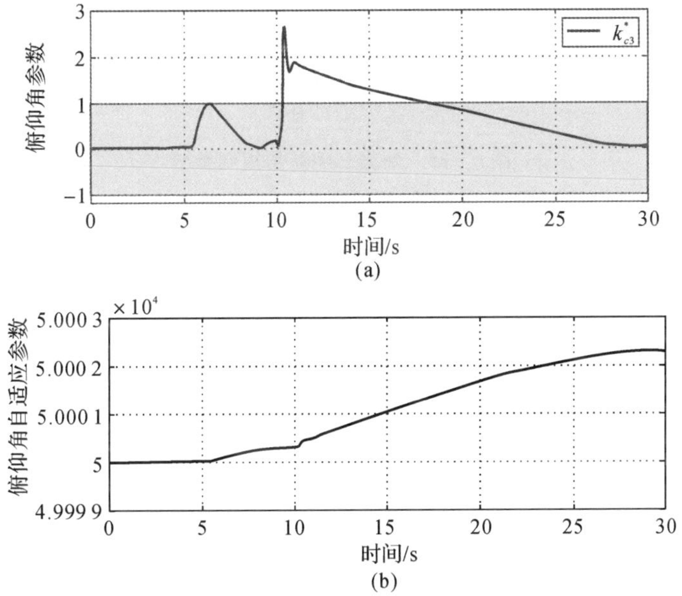

图 6-23　场景三俯仰角控制参数

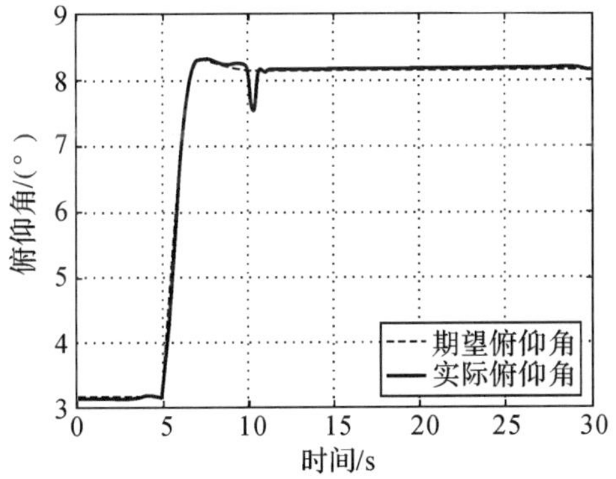

图 6-24　场景三俯仰角跟踪效果

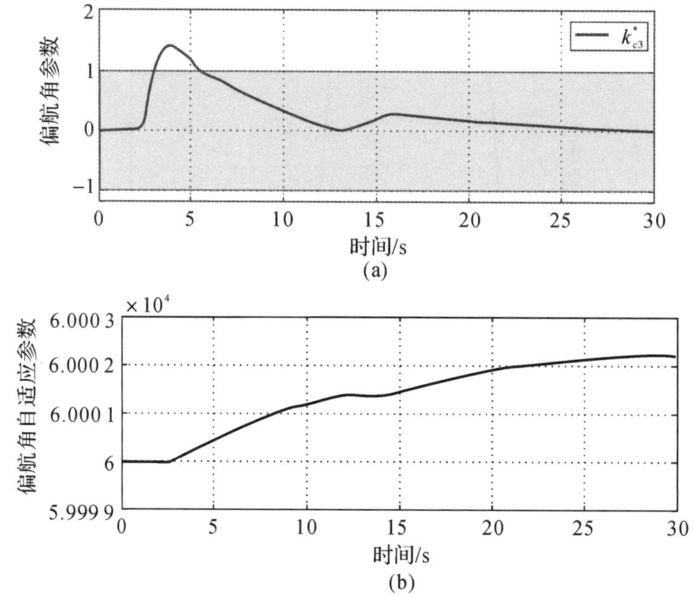

图 6-25　场景三偏航角控制参数

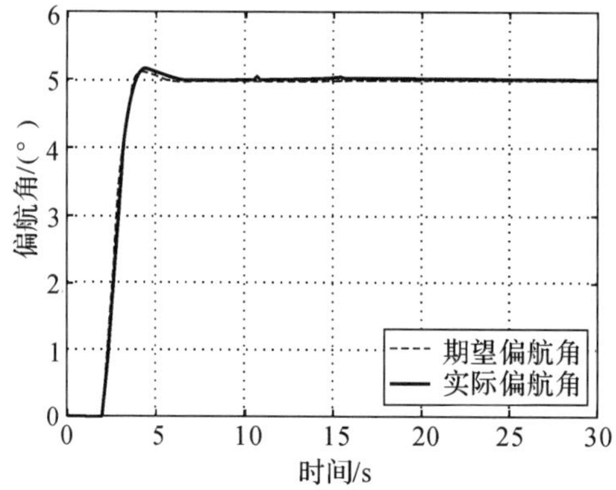

图 6-26　场景三偏航角跟踪效果

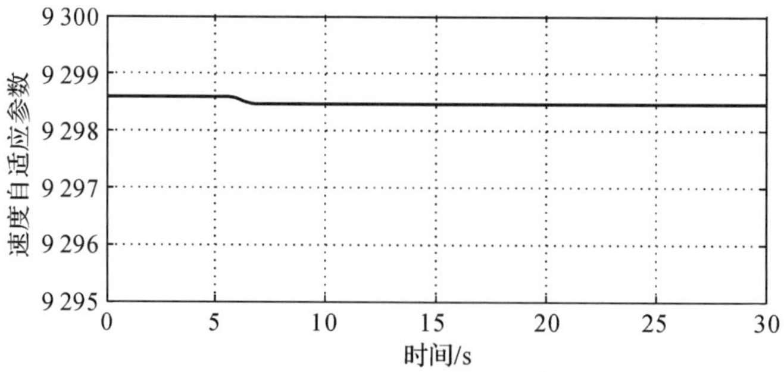

图 6-27　场景三速度控制参数

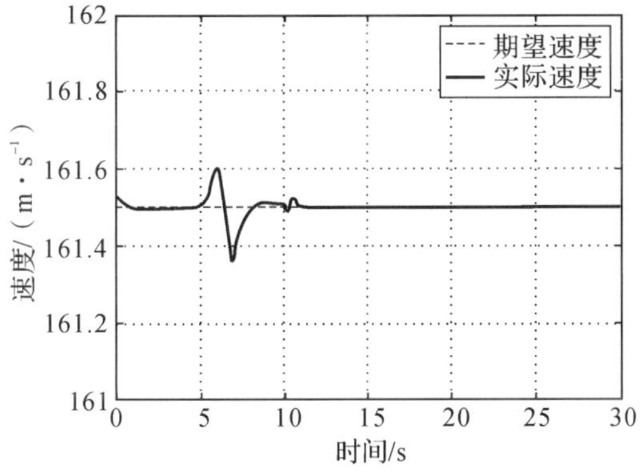

图 6-28　场景三速度跟踪效果

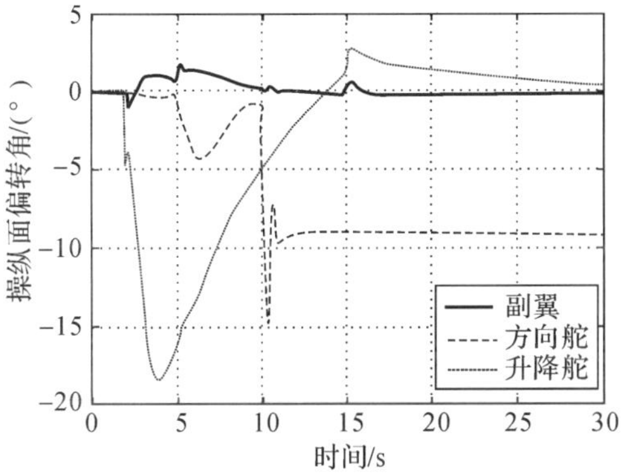

图 6-29　场景三操纵面偏转角

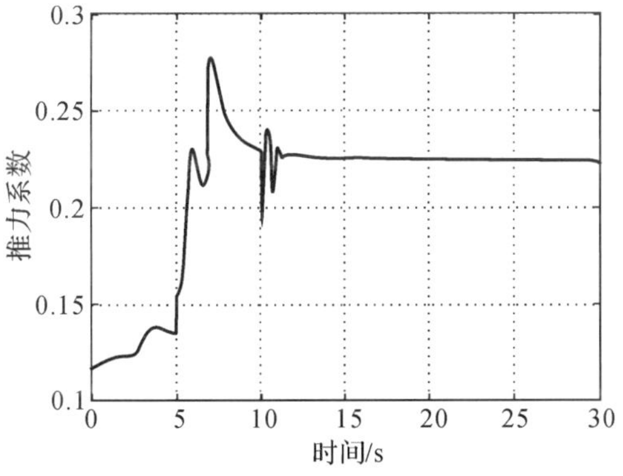

图 6-30　场景三推力系数

6.4.4　场景四

在场景四中，同时考虑外界风干扰和执行器存在效率损失的情况，展示所提出的基于新型趋近律函数的自适应容错控制方法在复杂环境中的综合抗干扰安全控制效果，进一步说明所提出控制策略的优越性能。

如图 6-31～图 6-40 所示，在场景四中，所提出控制策略可以实现良好的滚转角、俯仰角、偏航角和速度跟踪。在姿态角控制中，当滑模变量在边界层外时，k_{c3}^{*} 开始调整，当滑模变量远离滑模面时调节速度快，当滑模变量靠近滑模面时调节速度变慢，直到自适应参数收敛。飞机的副翼、升降舵、方向舵和推力正常。

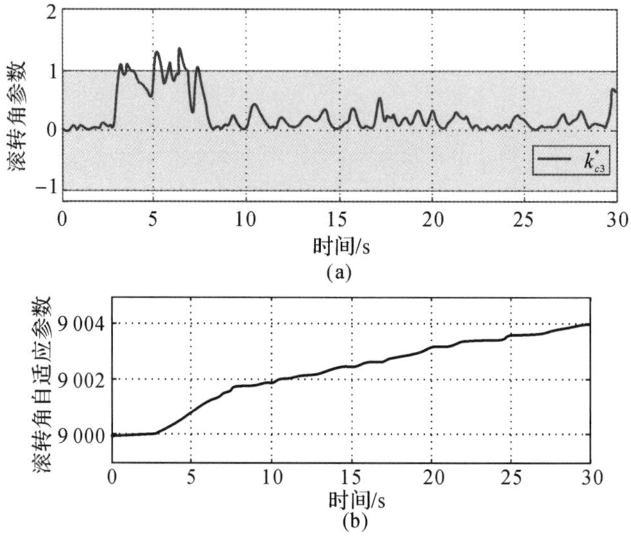

图 6-31　场景四滚转角控制参数

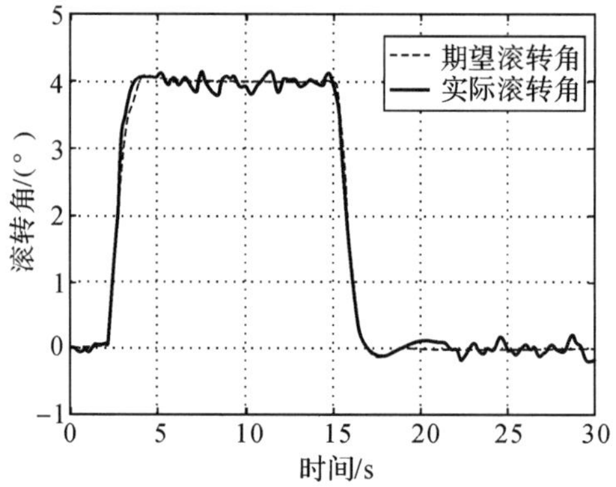

图 6-32　场景四滚转角跟踪效果

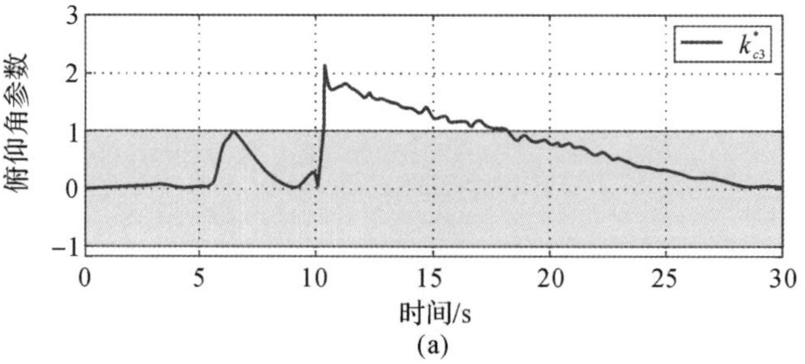

图 6-33　场景四俯仰角控制参数

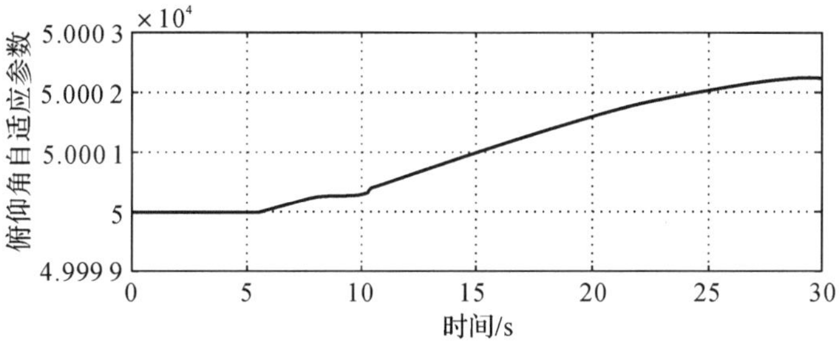

(b)

续图 6－33　场景四俯仰角控制参数

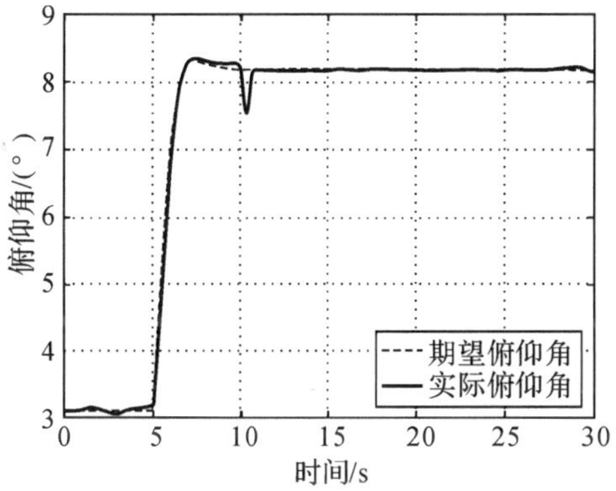

图 6－34　场景四俯仰角跟踪效果

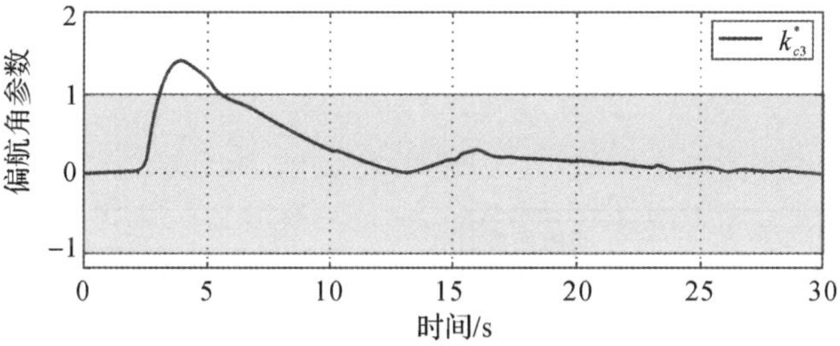

(a)

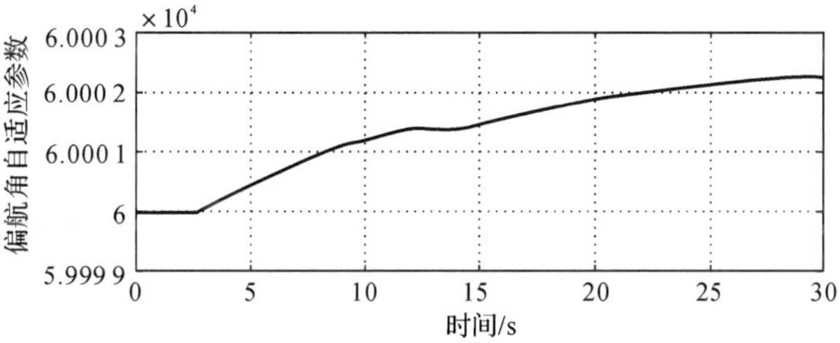

(b)

图 6－35　场景四偏航角控制参数

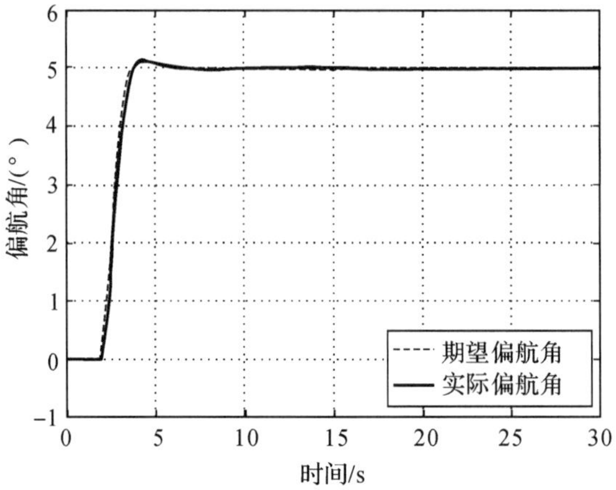

图 6-36　场景四偏航角跟踪效果

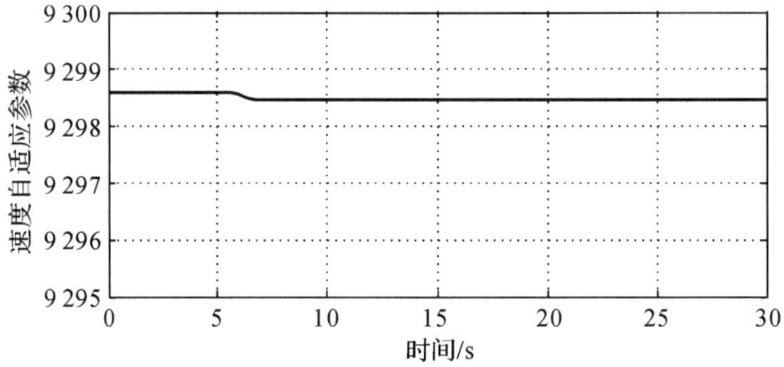

图 6-37　场景四速度控制参数

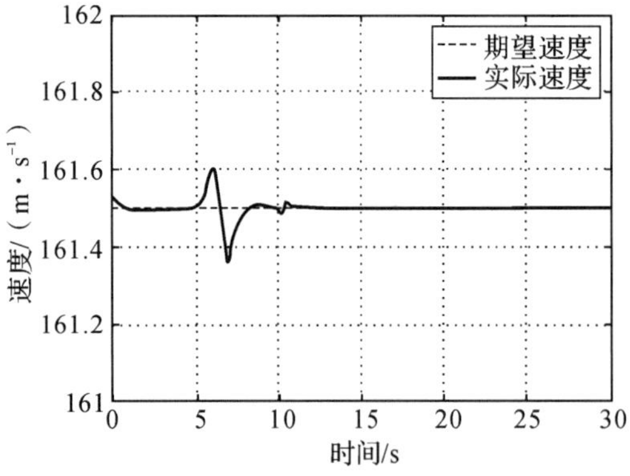

图 6-38　场景四速度跟踪效果

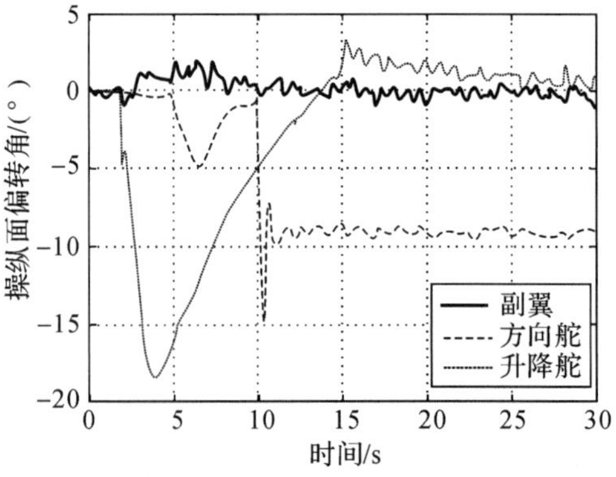

图 6-39　场景四操纵面偏转角

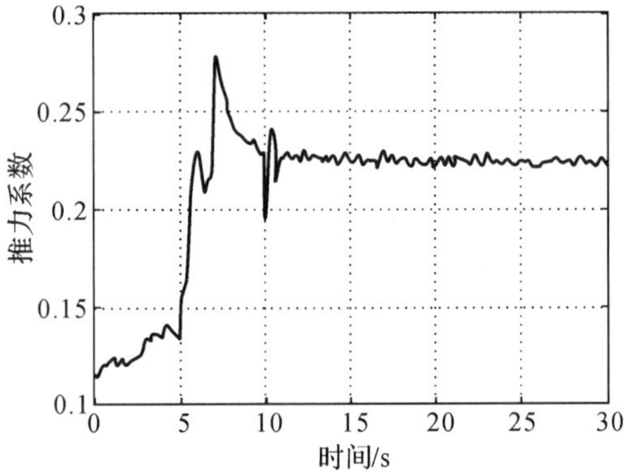

图 6-40　场景四推力系数

参 考 文 献

[1] HUNG J Y, GAO W B, HUNG J C. Variable structure control: a survey[J]. IEEE Transactions on Industrial Electronics, 1993, 40(1): 2-22.

[2] GAO W, HUNG J. Variable structure control of nonlinear systems: a new approach [J]. IEEE Transactions on Industrial Electronics, 1993, 40(1): 45-55.

[3] SINGH G K, HOLE K E. Guaranteed performance in reaching mode of sliding mode controlled systems[J]. Sadhana, 2004, 29(1): 129-141.

[4] FALLAHA C J, SAAD M, KANAAN H Y, et al. Sliding mode robot control with exponential reaching law[J]. IEEE Transactionson Industrial Electronics, 2011, 58 (2): 600-610.

[5] BARTOSZEWICZ A. A new reaching law for sliding mode control of continuous time systems with constraints[J]. Transactions of the Institute of Measurement and Control, 2015, 37(4): 515-521.

[6] WANG A, WEI S. Sliding mode control for permanent magnet synchronous motor drive based on an improved exponential reaching law[J]. IEEE Access, 2019, 7: 146866-146875.

[7] YANG H, MA J. Sliding mode tracking control of an autonomous underwater glider [C]// 4th International Conference on Computer Application and System Modeling. Taiyuan:IEEE,2010: 555-558.

[8] GAO W, WANG Y, HOMAIFA A. Discrete-time variable structure control systems[J]. IEEE Transactions on Industrial Electronics,1995, 42(2): 117-122.

[9] MILOSAVLJEVIC C, PERUNICIC-DRAZENOVIC B, VESELIC B, et al. Sampled data quasi-sliding mode control strategies[C]//2006 IEEE International Conference on Industrial Technology. New York: IEEE, 2006: 2640-2645.

[10] BARTOSZEWICZ A. Discrete time quasi-sliding mode control strategies[J]. IEEE

Transactions on Industrial Electronics, 1998, 45(4): 633 - 637.
[11] GOLO G, MILOSAVLJEVI C. Robust discrete-time chattering free sliding mode control[J]. Systems & Control Letters, 2000, 41(1): 19 - 28.
[12] YU X, WANG B, LI X. Computer-controlled variable structure systems: the state of the art[J]. IEEE Transactions on Industrial Informatics, 2012, 8(2): 197 - 205.
[13] CORRADINI M L, FOSSI V, GIANTOMASSI A, et al. Discrete time sliding mode control of robotic manipulators: development and experimental validation[J]. Control Engineering Practice, 2012, 20(8): 816 - 822.

第7章　基于控制分配的过驱动飞机自适应主动容错控制方法

7.1 引　　言

过驱动控制系统的基本思想是采用多组执行机构实现近似的控制效应，并通过控制分配将控制指令合理、有效地分配到各个执行器上。近年来，计算机技术和高效优化算法的发展，使得过驱动系统的控制分配理论得到了深入的研究，并在航空航天实际工程领域中得到了广泛的应用。

具有多操纵面的飞机需要采用控制分配理论实现操纵力/力矩的合理分配。传统的飞机为了进行姿态控制，分别采用升降舵控制飞机的俯仰、方向舵控制飞机的航向、副翼控制飞机的滚转，且以此为基础设计三个通道互相解耦的自动驾驶仪来实现对飞机姿态的稳定控制。随着对飞机飞行品质与多样化的要求，人们提出了比简单的姿态稳定巡航飞行更复杂的飞行动作并希望能以自动化的形式实现，单纯的三组操纵面已难以满足要求。因此提出了各种气动布局形式，主要包括常规布局、鸭式布局、三角翼面布局、飞翼布局和无尾布局等[1]。在先进的飞机布局方式中，操纵面的冗余配置形成了广义多操纵面布局的气动冗余。基于多操纵面的非常规布局能够充分发挥飞机的各种优良性能，提高系统可靠性和飞行安全性，是未来发展的主要方向之一。其具有以下优点：

(1)借助冗余的操纵面，可以充分利用自适应重构技术，从而提高系统的安全性和可靠性，实现高可靠飞行控制系统的设计。

(2)拥有多个可独立控制的操纵面，能够为实现基于多目标的优化设计提供可能，如操纵面偏转量最小能量损耗、最小化雷达反射面积、巡航状态下阻力最小化、起飞着陆状态下的升力最大化等。

具有多操纵面的过驱动布局使得飞机拥有以上优良特性的同时，还使得现代飞行控制系统的设计变得越来越复杂，这主要带来如下三个方面的问题。

(1)如何最大限度地发挥过驱动布局的优势，将控制指令合理地分配到多个操纵面上，以提高飞机的可靠性和安全性。

(2)如何满足操纵面的物理约束，即飞机操纵面工作时的偏转位置、速率等约束条件。

(3)若某操纵面在控制过程当中出现饱和或发生故障，如何利用其余操纵面进行补偿来控制飞机继续完成飞行任务。

为解决上述问题，越来越多的科研人员开始针对过驱动飞机研究基于控制分配的自适应主动容错控制方法，这在理论研究和工程实践上均具有重大意义。控制分配的研究方法可归纳为非优化控制分配法和优化控制分配法两类。非优化控制分配方法主要是串接链分配法，而基于优化的控制分配法存在多种具体的数学转化形式，主要包括直接几何法、广义逆法、基于线性规划和基于二次规划的分配法等[2]。采用控制分配方法对控制算法进行模块化设计，通过分别引入虚拟控制模块和控制分配模块[3]，使得高级运动控制算法的设计独立于操纵面配置，从而可以实现过驱动飞机的冗余操纵。在文献[4]中，针对多种高性能飞机飞行控制的分配问题，首次提出了一种约束控制分配方法。在此工作之后，研究人员对控制分配问题进行了深入研究，并研究了不同的控制分配方法。在文献[5]中，概述了不同的控制分配方法，如重分布伪逆和直接分配。这些方法大多假设所有的执行器都能够运行良好。然而，当执行器发生故障时，需要具有重构能力的控制分配算法。在文献[6]中，针对韩国航空航天研究院开发的倾转旋翼无人机，提出了一种容错控制方案来补偿执行器故障带来的不利影响。在文献[7]中，针对某旋转机翼飞机固定翼模式纵向控制的执行机构故障，提出了一种基于非线性动态反演的闭环控制分配方案。在文献[8]中，针对倾转旋翼无人机出现执行器卡死故障的问题，提出了一种基于反步控制的分层非线性控制器。然而，为了实现控制的重新分配，所提出的主动容错控制分配策略需要实时的故障信息。为了解决这一问题，许多研究者研究了自适应控制分配方法[9]。在文献[10]中，针对执行器故障不确定性的过驱动系统，提出了一种自适应控制分配方法。在文献[11]中，针对执行器失效故障的过驱动系统，提出了一种容错自适应控制分配方案。另外，一些研究者从闭环控制的角度解决了这一问题。他们没有设计新的控制分配方案，而是专注于设计鲁棒高级运动控制器，以补充执行器故障/饱和时的控制分配模块。在文献[12]中，为了保证存在控制分配误差时闭环系统的稳定性和跟踪性能，设计出了一种具有时变滑动面的滑模控制器。在文献[13]中，针对过驱动的不确定线性系统，设计了一种基于鲁棒滑模控制的容错控制方案，以补偿因估计有效增益不完善而引起的控制分配误差。在实际应用中，过驱动飞机在发生执行器故障时控制系统应具有重构能力，以满足安全性和可靠性的要求。因此，研究基于控制分配的过驱动飞机自适应主动容错控制方法具有重要意义。

本章基于序列二次规划方法和自适应滑模容错控制方法设计了基于控制分配的过驱动飞机自适应主动容错控制方法，研究内容可简要总结为如下几点。

(1)设计了基于自适应滑模容错控制方法的高级控制律和基于序列二次规划控制分配方法的低级控制律。由高级控制律解算出为达到期望控制效果所需的力和力矩，由低级控制分配方法对所需力和力矩进行分配，使各个执行器共同完成控制任务。

(2)考虑了执行器的物理约束。在充分考虑执行器位置和速率约束的基础上对虚拟控制量进行分配。

(3)简化了故障后控制重构的设计过程。如果执行器控制效能在整个操作过程中都处于变化状态，或者某个执行器出现故障时，可以通过底层控制分配系统实现控制重构，无需调整上层的运动控制律。

(4)在实际应用过程中，可以利用加权方法对执行器的控制作用进行重新划分，提高系统的鲁棒性能。

(5)研究的控制分配算法可以直接推广应用到舰船、水下航行器、四轮驱动汽车、移动机器人平台等其他过驱动控制系统。

综上所述，基于控制分配的过驱动飞机自适应主动容错控制方法在理论研究及工程应用中均具有重大的意义。本章以 F-16 飞机模型为例，设计基于控制分配的过驱动飞机自适应主动容错控制方法流程，并通过分析结果展示此类方法的可靠性。

7.2　问题描述

本章以 F-16 飞机为研究对象。首先，建立 F-16 飞机的动力学模型，然后，对 F-16 飞机动力学模型进行特征提取，转化为通用方程进行问题描述，以此方程为基础设计高级自适应滑模控制律，同时在执行器位置和速率有约束的情况下进行低级控制分配方案的设计，最后，将两者结合起来，设计完整的控制系统方案。

基于机体坐标系(O_b，x_b，y_b，z_b)建立 F-16 飞机的动力学模型，其中机体坐标系的原点和飞机的重心重合，采用牛顿-欧拉公式法建模，其动力学方程可表示为

$$\left.\begin{aligned}\dot{u}&=\frac{F_x}{m}-qw+rv-g\sin\theta\\\dot{v}&=\frac{F_y}{m}-ru+pw+g\cos\theta\sin\varphi\\\dot{w}&=\frac{F_z}{m}-pv+qu+g\cos\theta\cos\varphi\end{aligned}\right\}\tag{7.1}$$

$$\left.\begin{aligned}\dot{p}&=\frac{M_xI_{zz}+M_zI_{xz}+(I_{xx}I_{xz}-I_{yy}I_{xz}+I_{zz}I_{xz})pq+(I_{yy}I_{zz}-I_{xz}^2-I_{zz}^2)qr}{I_{xx}I_{zz}-I_{xz}^2}\\\dot{q}&=\frac{M_y+(I_{yy}-I_{xx})pr-I_{xz}(p^2-r^2)}{I_{yy}}\\\dot{r}&=\frac{M_zI_{xx}+M_xI_{xz}+(I_{yy}I_{xz}-I_{zz}I_{xz}+I_{xx}I_{xz})qr+(I_{xz}^2+I_{xx}^2-I_{xx}I_{yy})pq}{I_{xx}I_{zz}-I_{xz}^2}\end{aligned}\right\}\tag{7.2}$$

$$\left.\begin{aligned}\dot{\varphi}&=p+\frac{q\sin\theta\sin\varphi}{\cos\theta}+\frac{r\sin\theta\cos\varphi}{\cos\theta}\\\dot{\theta}&=q\cos\varphi-r\sin\varphi\\\dot{\psi}&=\frac{q\sin\varphi}{\cos\theta}+\frac{r\cos\varphi}{\cos\theta}\end{aligned}\right\}\tag{7.3}$$

式(7.1)～式(7.3)中：u，v，w 分别为体轴系中的飞机速度；p，q，r 分别为滚转、俯仰和偏航角速度；I_{xx}，I_{yy}，I_{zz} 为飞机的转动惯量；I_{xz} 为惯性积；m 为飞机总质量；F_x，F_y，F_z 和 M_x，M_y，M_z 分别为作用在飞机上的合外力和合外力矩。

在F-16飞机飞行过程中，假设其欧拉角变化很小，因此飞机的姿态角速度等同于其欧拉角速率，即

$$\left.\begin{aligned}\ddot{\varphi}&=\frac{M_xI_{zz}+M_zI_{xz}+(I_{xx}I_{xz}-I_{yy}I_{xz}+I_{zz}I_{xz})\dot{\theta}\dot{\varphi}+(I_{yy}I_{zz}-I_{xz}^2-I_{zz}^2)\dot{\theta}\dot{\varphi}}{I_{xx}I_{zz}-I_{xz}^2}\\ \ddot{\theta}&=\frac{M_y+(I_{yy}-I_{xx})\dot{\varphi}\dot{\psi}-I_{xz}(\dot{\varphi}^2-\dot{\psi}^2)}{I_{yy}}\\ \ddot{\psi}&=\frac{M_zI_{xx}+M_xI_{xz}+(I_{yy}I_{xz}-I_{zz}I_{xz}+I_{xx}I_{xz})qr+(I_{xz}^2+I_{xx}^2-I_{xx}I_{yy})pq}{I_{xx}I_{zz}-I_{xz}^2}\end{aligned}\right\}\tag{7.4}$$

将飞机的动力学方程可以写为面向控制器设计的通用形式。考虑其具有执行器故障和模型不确定性的非线性动力学方程为

$$\left.\begin{aligned}\dot{x}_{1i}&=x_{2i}\\ \dot{x}_{2i}&=f_i(\boldsymbol{x}_1,\boldsymbol{x}_2)+h_i(\boldsymbol{x}_1,\boldsymbol{x}_2)\nu_i\end{aligned}\right\}\tag{7.5}$$

$$\left.\begin{aligned}f_i(\boldsymbol{x}_1,\boldsymbol{x}_2)&=f_{0i}(\boldsymbol{x}_1,\boldsymbol{x}_2)+f_{1i}(\boldsymbol{x}_1,\boldsymbol{x}_2)\\ \nu_i&=\boldsymbol{B}_i\boldsymbol{L}_c(t)\boldsymbol{u}_c(t)\end{aligned}\right\}\tag{7.6}$$

式(7.5)和式(7.6)中：以F-16飞机的纵向速度和姿态方程为例，状态向量为$\boldsymbol{x}_2=[u\quad \dot{\theta}]^{\mathrm{T}}$，控制输入向量为$\boldsymbol{u}_c=[T\quad \delta_{e1}\quad \delta_{e2}]^{\mathrm{T}}$，其中$T$表示发动机产生的推力；$\delta_{e1}$，$\delta_{e2}$表示两片升降舵偏转的控制输入；函数$f_{0i}(\boldsymbol{x}_1,\boldsymbol{x}_2)$，$h_i(\boldsymbol{x}_1,\boldsymbol{x}_2)(i=1,2)$代表模型中的确定部分，$f_i(\boldsymbol{x}_1,\boldsymbol{x}_2)$则代表模型中的不确定部分；$\nu=[\nu_u,\nu_\theta]$表示虚拟控制输入；$\boldsymbol{B}$是操纵效能矩阵；$\boldsymbol{L}_c(t)=\mathrm{diag}([l_{c1},l_{c2},l_{c3}])$表示执行机构工作效能的对角矩阵，$l_{cj}=1(j=1,2,3)$表示该对角矩阵中的元素执行机构正常工作，而$0\leqslant l_{cj}<1$则表示第$j$个执行机构存在一定程度的故障。

通过虚拟控制力和力矩解算执行器偏转量的时候，需要满足执行器位置速率限制，即

$$\left.\begin{aligned}u_{ci}^{\min}\leqslant u_{ci}(t)\leqslant u_{ci}^{\max}\\ |\dot{u}_{ci}(t)|\leqslant u_{ci}^{\mathrm{rate}}\end{aligned}\right\}\tag{7.7}$$

式中：$u_{ci}^{\min}$和$u_{ci}^{\max}$分别表示执行器的最小位置限制和最大位置限制；u_{ci}^{rate}表示执行器的最大速率限制。

7.3 自适应主动容错控制分配方法

7.3.1 自适应容错控制方法

本节基于自适应滑模控制方法设计F-16飞机的高级控制律，以F-16飞机姿态角和前飞速度控制器设计为例进行控制律设计。

F-16飞机的前飞速度以及姿态角分别为$\boldsymbol{x}_1=\left[\int u\quad \varphi\quad \theta\quad \psi\right]^{\mathrm{T}}$，$\boldsymbol{x}_2=[u\quad \dot{\varphi}\quad \dot{\theta}\quad \dot{\psi}]^{\mathrm{T}}$。定义F-16飞机的参考命令为$x_{1i}^{\mathrm{d}}$，则跟踪误差向量定义为

$$\boldsymbol{x}_{\mathrm{e}}=\boldsymbol{x}_1-\boldsymbol{x}_1^{\mathrm{d}}=\begin{bmatrix}\int u-\int u^{\mathrm{d}}\\ \varphi-\varphi^{\mathrm{d}}\\ \theta-\theta^{\mathrm{d}}\\ \psi-\psi^{\mathrm{d}}\end{bmatrix} \tag{7.8}$$

将所研究的飞机的滑模面构造为

$$s_i=\dot{x}_{\mathrm{e}i}+k_{c2i}x_{\mathrm{e}i}+k_{c1i}\int_{t_0}^{t}x_{\mathrm{e}i}(\tau)\,\mathrm{d}\tau-k_{c2i}x_{\mathrm{e}i}(t_0)-\dot{x}_{\mathrm{e}i}(t_0) \tag{7.9}$$

式中：t_0 是初始时间；k_{c1i} 和 k_{c2i} 是控制参数。滑模面的导数为

$$\dot{s}_i=\ddot{x}_{\mathrm{e}i}+k_{c2i}\dot{x}_{\mathrm{e}i}+k_{c1i}x_{\mathrm{e}i} \tag{7.10}$$

设计自适应补偿项对模型的不确定部分 f_{1i} 进行补偿，使 $\dot{s}_i=0$，则

$$\begin{aligned}\dot{s}_i&=\ddot{x}_{1i}-\ddot{x}_{1i}^{\mathrm{d}}+k_{c2i}\dot{x}_{\mathrm{e}i}+k_{c1i}x_{\mathrm{e}i}\\&=f_i+h_i\nu_i-\ddot{x}_{1i}^{\mathrm{d}}+k_{c2i}\dot{x}_{\mathrm{e}i}+k_{c1i}x_{\mathrm{e}i}\\&=0\end{aligned} \tag{7.11}$$

自适应模型的不确定性补偿项设计为

$$\nu_{ri}=-h_i^{-1}k_{ci}\,\mathrm{sat}(s_i/\Phi_i) \tag{7.12}$$

式中：k_{ci} 为控制参数；sat(·)可定义为

$$\mathrm{sat}(s_i/\Phi_i)=\begin{cases}1, & s_i>\Phi_i\\ -1, & s_i<\Phi_i\\ s_i/\Phi_i, & |s_i|\leqslant\Phi_i\end{cases} \tag{7.13}$$

式中：Φ_i 为边界层厚度。

最后可以得出其高级控制律为

$$\nu_i=h_i^{-1}(\ddot{x}_{1i}^{\mathrm{d}}-k_{c2i}\dot{x}_{\mathrm{e}i}-k_{c1}x_{\mathrm{e}i}-\hat{f}_i)-h_i^{-1}k_{ci}\,\mathrm{sat}(s_i/\Phi_i) \tag{7.14}$$

估计不确定参数 $\hat{f}_i$ 的自适应策略设计为

$$\dot{\hat{f}}_i=a_i^2\Delta s_i \tag{7.15}$$

式中：a_i 为自适应速度参数；Δs_i 表示滑模变量与边界层之间的距离，定义为 $\Delta s_i=s_i-\Phi_i\,\mathrm{sat}(s_i/\Phi_i)$。当滑模变量在边界层内时，$\Delta s_i=0$；当滑模变量在边界层外，也就是系统跟踪性能不理想时触发自适应。当系统跟踪性能理想时，自适应就会停止，这样可以有效避免对不确定参数的高估。

以 F－16 飞机的俯仰角控制为例，为跟踪时变的期望俯仰角 $\theta^{\mathrm{d}}(t)$，定义跟踪误差状态向量$\boldsymbol{\theta}_{\mathrm{e}}=[\theta_{\mathrm{e}1},\theta_{\mathrm{e}2}]$，$\theta_{\mathrm{e}1}=\theta-\theta^{\mathrm{d}}$，$\theta_{\mathrm{e}2}=\dot{\theta}-\dot{\theta}^{\mathrm{d}}$，则积分滑模面可以定义为

$$s_\theta=\theta_{\mathrm{e}2}+k_{\theta2}\theta_{\mathrm{e}1}+k_{\theta1}\int_{t_0}^{t}\theta_{\mathrm{e}1}(\tau)\,\mathrm{d}\tau-k_{\theta2}\theta_{\mathrm{e}1}(t_0)-\theta_{\mathrm{e}2}(t_0) \tag{7.16}$$

式中：$k_{\theta1}$ 和 $k_{\theta2}$ 均为控制参数。

令 $\dot{s}_\theta=0$，设计自适应模型不确定力矩 M_{y1} 补偿项为

$$\nu_{\theta m}=I_{yy}(\ddot{\theta}_{\mathrm{d}}-k_{\theta2}\dot{\theta}_{\mathrm{e}1}-k_{\theta1}\theta_{\mathrm{e}1})-\hat{M}_y \tag{7.17}$$

则保证滑动运动的鲁棒反馈项为

$$\nu_{\theta r}=-I_{yy}k_{c\theta}\operatorname{sat}(s_\theta/\Phi_\theta) \tag{7.18}$$

式中：$k_{c\theta}$ 是控制参数。

估计不确定部分的自适应策略设计为

$$\dot{\hat{M}}_y=a_\theta^2\Delta s_\theta \tag{7.19}$$

式中：$\Delta s_\theta=s_\theta-\Phi_\theta\operatorname{sat}(s_\theta/\Phi_\theta)$；$a_\theta$ 是自适应速度参数。

类似地，将 u，φ，ψ 的滑模面导数定义为

$$\dot{s}_u=\dot{u}_{e2}+k_{u2}u_{e2}+k_{u1}u_{e1} \tag{7.20}$$

$$\dot{s}_\varphi=\dot{\varphi}_{e2}+k_{\varphi2}\varphi_{e2}+k_{\varphi1}\varphi_{e1} \tag{7.21}$$

$$\dot{s}_\psi=\dot{\psi}_{e2}+k_{\psi2}\psi_{e2}+k_{\psi1}\psi_{e1} \tag{7.22}$$

式 (7.20) ～ 式(7.22) 中：$u_{e1}=\int u-\int u^d$；$u_{e2}=u-u^d$；$\varphi_{e1}=\varphi-\varphi^d$；$\varphi_{e2}=\dot{\varphi}-\dot{\varphi}^d$；$\psi_{e1}=\psi-\psi^d$；$\psi_{e2}=\dot{\psi}-\dot{\psi}^d$。

相应的控制律为

$$\nu_u=m(\dot{u}^d-k_{u2}u_{e2}-k_{u1}u_{e1}+qw+g\sin\theta)-\hat{f}_x-mk_{cu}\operatorname{sat}(s_u/\Phi_u) \tag{7.23}$$

$$\nu_\varphi=I_{xx}(\ddot{\varphi}_d-k_{\varphi2}\dot{\varphi}_{e1}-k_{\varphi1}\varphi_{e1})-\hat{M}_x-I_{xx}k_{c\varphi}\operatorname{sat}(s_\varphi/\Phi_\varphi) \tag{7.24}$$

$$\nu_\psi=I_{zz}(\ddot{\psi}_d-k_{\psi2}\dot{\psi}_{e1}-k_{\psi1}\psi_{e1})-\hat{M}_z-I_{zz}k_{c\psi}\operatorname{sat}(s_\psi/\Phi_\psi) \tag{7.25}$$

式(7.23)～式(7.25)中：k_{cu}，$k_{c\varphi}$ 和 $k_{c\psi}$ 均为控制参数；Φ_u，Φ_φ 和 Φ_ψ 均为边界层厚度。

估计不确定部分的自适应策略设计为

$$\dot{\hat{f}}_x=a_u^2\Delta s_u \tag{7.26}$$

$$\dot{\hat{M}}_x=a_\varphi^2\Delta s_\varphi \tag{7.27}$$

$$\dot{\hat{M}}_z=a_\psi^2\Delta s_\psi \tag{7.28}$$

式(7.26)～式(7.28)中：a_u，a_φ，a_ψ 均代表自适应速度参数；$\Delta s_u=s_u-\Phi_u\operatorname{sat}(s_u/\Phi_u)$；$\Delta s_\varphi=s_\varphi-\Phi_\varphi\operatorname{sat}(s_\varphi/\Phi_\varphi)$；$\Delta s_\psi=s_\psi-\Phi_\psi\operatorname{sat}(s_\psi/\Phi_\psi)$。

定理 7.1 考虑一个含有模型不确定性的非线性系统，采用上文所述的自适应容错控制策略，若不连续控制增益 $k_{ci}>\eta_i$，且 η_i 为一个小的正数，则可以在边界层内实现并保持期望的滑动运动，并且具有令人满意的跟踪性能。

证明 7.1 取李雅普诺夫函数：

$$V_1=\sum_{i=1}^{3}\frac{1}{s}\left[\Delta s_i^2+\frac{1}{a_i^2}(\hat{f}_i-f_i)^2\right] \tag{7.29}$$

首先，计算 Δs_i 在 $\Delta s_i\neq0$ 时的关于时间的导数为

$$\begin{aligned}\Delta\dot{s}_i&=\dot{s}_i\\&=\ddot{x}_{ei}+k_{c2i}\dot{x}_{ei}+k_{c1i}x_{ei}\\&=h_i\{h_i^{-1}[\ddot{x}_{1i}^d-k_{c2i}\dot{x}_{ei}-k_{c1i}x_{ei}-\hat{f}_i-k_{ci}\operatorname{sat}(s_i/\Phi_i)]\}+\\&\quad f_i-\ddot{x}_{1i}^d+k_{c2i}\dot{x}_{ei}+k_{c1i}x_{ei}\\&=f_i-\hat{f}_i-k_{ci}\operatorname{sat}(s_i/\Phi_i)\end{aligned} \tag{7.30}$$

计算 V_1 关于时间的导数为

$$\begin{aligned}\dot{V}_1&=\sum_{i=1}^{3}\left[\Delta s_i\Delta\dot{s}_i+\frac{(\hat{f}_i-f_i)\dot{\hat{f}}_i}{a_i^2}\right]\\&=\sum_{i=1}^{3}\left\{\Delta s_i[f_i-\hat{f}_i-k_{ci}\mathrm{sat}(s_i/\Phi_i)]+\frac{(\hat{f}_i-f_i)\dot{\hat{f}}_i}{a_i^2}\right\}\\&=\sum_{i=1}^{3}\left[\left(\Delta s_i-\frac{\dot{\hat{f}}_i}{a_i^2}\right)(f_i-\hat{f}_i)-k_{ci}\mathrm{sat}(s_i/\Phi_i)\Delta s_i\right]\end{aligned}\tag{7.31}$$

最终可以得到

$$\begin{aligned}\dot{V}_1&=\sum_{i=1}^{3}[-k_{ci}\mathrm{sat}(s_i/\Phi_i)\Delta s_i]\\&\leqslant\sum_{i=1}^{3}[-\eta_i|\Delta s_i|]\end{aligned}\tag{7.32}$$

在执行器发生故障后，可以得到

$$\nu_i=\boldsymbol{B}_i\boldsymbol{I}\boldsymbol{u}_c-\boldsymbol{B}_i(\boldsymbol{I}-\boldsymbol{L}_c)\boldsymbol{u}_c\tag{7.33}$$

式中：$\boldsymbol{I}$ 为单位矩阵。令 $\nu_{ei}=-\boldsymbol{B}_i(\boldsymbol{I}-\boldsymbol{L}_c)\boldsymbol{u}_c$，式(7.5)可重写为

$$\dot{x}_{2i}=f_i(\boldsymbol{x}_1,\boldsymbol{x}_2)+h_i(\boldsymbol{x}_1,\boldsymbol{x}_2)(\nu_{di}+\nu_{ei})\tag{7.34}$$

式中：$\nu_{di}=\boldsymbol{B}_i\boldsymbol{I}\boldsymbol{u}_c$ 表示来自高级控制器的虚拟控制信号。

在执行器发生故障后，由于控制分配模块没有收到故障信息，所以导致控制误差的存在，此误差将降低系统的跟踪性能，使系统失稳。为了保持闭环系统的跟踪性能，需要对高级控制器进行重新配置。当虚拟控制信号 ν_{di} 和实际控制信号 ν_i 存在误差 ν_{ei} 时，应当调节自适应参数 h_i 消除虚拟误差，令 $h_i\nu_{ei}=\tilde{h}_i\nu_{di}$，因此将式(7.34)可以改写为

$$\dot{x}_{2i}=f_i(\boldsymbol{x}_1,\boldsymbol{x}_2)+(h_i,\tilde{h}_i)\nu_{di}=f_i(\boldsymbol{x}_1,\boldsymbol{x}_2)+\hat{h}_i\nu_{di}\tag{7.35}$$

在执行器故障发生后，实际虚拟控制信号和期望虚拟控制信号之间的误差可以通过自适应参数的改变消除，高级控制器将使实际虚拟控制信号变大从而补偿执行器故障带来的不利影响，保持系统原有的跟踪性能。

同时，为了充分利用滑模控制的连续控制部分和不连续控制部分，在存在执行器故障的情况下，可以引入 $\tilde{h}_i$ 参数改变这两个控制部分，结合补偿模型不确定性的 $\hat{f}_i$ 和 $\hat{h}_i$ 可以有效提高系统的控制性能。

在这种情况下，为了便于控制器设计，定义 $\hat{\Gamma}_i=\hat{h}_i^{-1}\hat{f}_i$，$\hat{\boldsymbol{\Psi}}_i=\hat{h}_i^{-1}$，则高级控制器可以重新设计为

$$\nu_i=\hat{\boldsymbol{\Psi}}_i(\ddot{x}_{1i}^{\mathrm{d}}-k_{c2i}\dot{x}_{ei}-k_{c1i}x_{ei})-\hat{\Gamma}_i-\hat{\boldsymbol{\Psi}}_ik_{ci}\mathrm{sat}(s_i/\Phi_i)\tag{7.36}$$

$$\hat{\Gamma}_i=b_i^2\Delta s_i\tag{7.37}$$

$$\dot{\hat{\boldsymbol{\Psi}}}_i=c_i^2[-\ddot{x}_{1i}^{\mathrm{d}}+k_{c2i}\dot{x}_{ei}+k_{c1i}x_{ei}+k_{ci}\mathrm{sat}(s_i/\Phi_i)]\Delta s_i\tag{7.38}$$

式中：b_i，c_i 为自适应速度参数，可以根据系统跟踪性能实时进行调整。

定理7.2　考虑一个含有模型不确定性的非线性系统，采用上文所述的自适应容错控

制策略，若不连续控制增益 $k_{ci}>\eta_i$，且 η_i 为一个小的正数，则可以在边界层内实现并保持期望的滑动运动，并且具有令人满意的跟踪性能。

证明 7.2 取李雅普诺夫函数：

$$V_2=\sum_{i=1}^{3}\frac{1}{2}\left[\Delta s_i^2+\frac{1}{b_i^2\Phi_i}(\hat{\Gamma}_i-\Gamma_i)^2+\frac{1}{c_i^2\Psi_i}(\hat{\Psi}_i-\Psi_i)^2\right] \tag{7.39}$$

计算 V_2 关于时间的导数为

$$\begin{aligned}
\dot{V}_2=&\sum_{i=1}^{3}\{\Delta s_i[\Psi_i^{-1}\Gamma_i+\Psi_i^{-1}\hat{\Psi}_i(\dot{x}_{1i}^{\mathrm{d}}-k_{c2i}\dot{x}_{\mathrm{e}i}-k_{c1i}x_{\mathrm{e}i})-\Psi_i^{-1}\hat{\Psi}_i k_{ci}\mathrm{sat}(s_i/\Psi_i)-\\
&\Psi_i^{-1}\hat{\Gamma}_i-\dot{x}_{1i}^{\mathrm{d}}+k_{c2i}\dot{x}_{\mathrm{e}i}+k_{c1i}x_{\mathrm{e}i}]+\frac{\Psi_i^{-1}}{b_i^2}(\hat{\Gamma}_i-\Gamma_i)\dot{\hat{\Gamma}}_i\}+\frac{\Psi_i^{-1}}{c_i^2}(\hat{\Psi}_i-\Psi_i)\dot{\hat{\Psi}}_i\\
=&\sum_{i=1}^{3}[\Delta s_i(\dot{x}_{1i}^{\mathrm{d}}-k_{c2i}\dot{x}_{\mathrm{e}i}-k_{c1i}x_{\mathrm{e}i})(\Psi_i^{-1}\hat{\Psi}_i-1)+\Delta s_i\Psi_i^{-1}(\Gamma_i-\hat{\Gamma}_i)-\\
&\Delta s_i k_{ci}\mathrm{sat}(s_i/\Psi_i)-\Delta s_i(\Psi_i^{-1}\hat{\Psi}_i-1)k_{ci}\mathrm{sat}(s_i/\Psi_i)+\frac{\Psi_i^{-1}}{b_i^2}(\hat{\Gamma}_i-\Gamma_i)\dot{\hat{\Gamma}}_i+\\
&\frac{1}{c_i^2}(\Psi_i^{-1}\hat{\Psi}_i-1)\dot{\hat{\Psi}}_i]\\
=&\sum_{i=1}^{3}\{(\Psi_i^{-1}\hat{\Psi}_i-1)[\frac{\Psi_i^{-1}}{c_i^2}-(-\dot{x}_{1i}^{\mathrm{d}}+k_{c2i}\dot{x}_{\mathrm{e}i}+k_{ci1}x_{\mathrm{e}i}+k_{ci}\mathrm{sat}(s_i/\Psi_i))\Delta s_i]-\\
&k_{ci}\mathrm{sat}(s_i/\Psi_i)\Delta s_i+\Psi_i^{-1}(\hat{\Gamma}_i-\Gamma_i)(\frac{\dot{\hat{\Gamma}}_i}{b_i^2}-\Delta s_i)\}
\end{aligned} \tag{7.40}$$

可以得到

$$\frac{\dot{\hat{\Psi}}_i}{c_i^2}-(-\ddot{x}_{1i}^{\mathrm{d}}+k_{c2i}\dot{x}_{\mathrm{e}i}+k_{c1i}x_{\mathrm{e}i}+k_{ci}\mathrm{sat}(s_i/\Phi_i))\Delta s_i=0 \tag{7.41}$$

$$\Psi_i^{-1}(\hat{\Gamma}_i-\Gamma_i)\left(\frac{\dot{\hat{\Gamma}}_i}{b_i^2}-\Delta s_i\right)=0 \tag{7.42}$$

进而

$$\dot{V}_2=\sum_{i=1}^{3}[-k_{ci}\mathrm{sat}(s_i/\Phi_i)\Delta s_i] \tag{7.43}$$

当 $\Delta s_i>0$ 时，$\mathrm{sat}(s_i/\Phi_i)=\mathrm{sign}(s_i)=1$。

当 $\Delta s_i<0$ 时，$\mathrm{sat}(s_i/\Phi_i)=\mathrm{sign}(s_i)=-1$。

因此，$\mathrm{sat}(s_i/\Phi_i)\Delta s_i=|\Delta s_i|$。当不连续控制部分的增益 $k_{ci}\geqslant\eta_i$，则式(7.43)可以改写为

$$\dot{V}_2\leqslant\sum_{i=1}^{3}(-\eta_i|\Delta s_i|) \tag{7.44}$$

因此，采取所提出的自适应控制策略，系统可以在执行器故障和模型不确定的情况下实现稳定跟踪。与此同时，所提出的自适应容错控制策略在同时补偿执行器故障和模型不确

定性的时候增益并没有比仅补偿模型不确定性的时候大，此特点可以防止抖振。

7.3.2　序列二次规划控制分配方法

一般控制分配方法从虚拟控制命令 $v_i(t)$ 到真实控制输入 $u_i(t)$ 的映射都可以写成静态关系：

$$u_i(t)=h_i(v_i(t)) \tag{7.45}$$

但是从 v_i 到 u_i 的映射往往也取决于 v_i 和 u 的先前值，使控制分配关系由静态关系转变为动态关系：

$$u_i(t)=h_i(v_i(t),u_i(t-T),v_i(t-T),u_i(t-2T),v_i(t-2T),\cdots) \tag{7.46}$$

式中：T 为采样间隔，上式称为动态控制分配。

考虑飞机的一般非线性动力学模型用如下形式表示：

$$\left.\begin{aligned}\dot{x}_i&=f_i(\boldsymbol{x},\delta)\\ \dot{\delta}_k&=g_k(\delta_k,u_k)\end{aligned}\right\} \tag{7.47}$$

式中：$x_i(i=1,\cdots,n)$ 表示飞机的 n 个状态变量；$\delta_k(k=1,\cdots,m)$ 表示飞机上 m 个执行器偏转位置；u_k 表示指令执行器位置。为了考虑执行器位置和速率约束，引入下述限制条件：

$$\left.\begin{aligned}&\delta_{k,\min}\leqslant\delta_k\leqslant\delta_{k,\max}\\ &|\dot{\delta}_k|\leqslant\delta_{k,\mathrm{rate}}\end{aligned}\right\} \tag{7.48}$$

式中：$\delta_{\min}$ 和 $\delta_{\max}$ 分别为位置约束的上限和下限；δ_{rate} 为单个执行器的最大偏转速率。

对 F-16 飞机而言，其执行器偏转速率较快，因此可以近似忽略执行器的动态响应过程，即

$$\delta_k\approx u_k \tag{7.49}$$

在 7.3.1 节得到高级控制律解算出的虚拟控制量后，考虑到前一时刻的执行器位置，可将执行器的位置速率限制改写为如下公式：

$$\left.\begin{aligned}&|\dot{u}_k|\approx\frac{|u_k(t)-u_k(t-T)|}{T}\leqslant\delta_{k,\mathrm{rate}}\\ &\underline{u}_k(t)\leqslant u_k(t)\leqslant\overline{u}_k(t)\end{aligned}\right\} \tag{7.50}$$

式中

$$\underline{u}_k(t)=\max(\delta_{k,\min},u_k(t-T)-\delta_{k,\mathrm{rate}}T) \tag{7.51}$$

$$\overline{u}_k(t)=\min(\delta_{k,\max},u_k(t-T)+\delta_{k,\mathrm{rate}}T) \tag{7.52}$$

在进行控制分配时，为了处理执行器的位置和速率限制，应当在执行器饱和时重新分配控制工作。当执行器较多时应当使用加权矩阵来控制各个操纵面的权重，使控制效能尽量均匀分配。具体的控制分配算法可以表述为一个线性约束的二次规划问题：

$$\left.\begin{aligned}&\min_{u(t)}\|\boldsymbol{W}_1(\boldsymbol{u}(t)-\boldsymbol{u}_s(t))\|_2^2+\|\boldsymbol{W}_2(\boldsymbol{u}(t)-\boldsymbol{u}(t-T))\|_2^2\\ &\boldsymbol{Bu}(t)=\boldsymbol{v}(t)\\ &\underline{u}_k(t)\leqslant u_k(t)\leqslant\overline{u}_k(t),(k=1,2,\cdots,m)\end{aligned}\right\} \tag{7.53}$$

上述提出的动态控制分配可以提取为一个序列二次规划问题：

$$\boldsymbol{u}(t)=\underset{u(t)\in\Omega}{\operatorname{argmin}}(\|\boldsymbol{W}_1(\boldsymbol{u}(t)-\boldsymbol{u}_s(t))\|^2+\|\boldsymbol{W}_2(\boldsymbol{u}(t)-\boldsymbol{u}(t-T))\|^2) \tag{7.54}$$

$$\Omega=\underset{\underline{u}_k(t)\leqslant u_k(t)\leqslant\overline{u}_k(t)}{\operatorname{argmin}}\|\boldsymbol{W}_v(\boldsymbol{Bu}(t)-\boldsymbol{v}(t))\| \tag{7.55}$$

式(7.54)和式(7.55)中:$\boldsymbol{u}(t)$是真实的控制输入;$\boldsymbol{u}_s(t)$是期望的稳态控制输入;$\boldsymbol{v}(t)$是虚拟控制指令;$\boldsymbol{B}$ 是控制效能矩阵;$\boldsymbol{W}_1$,$\boldsymbol{W}_2$ 和 $\boldsymbol{W}_v$ 均为权重矩阵。

对于上述方程,可以理解为最小化成本函数 $\boldsymbol{u}(t)$以使得在$\boldsymbol{W}_v$ 权重下的虚拟控制误差$\boldsymbol{W}_v(\boldsymbol{Bu}(t)-\boldsymbol{v}(t))$达到最小。其中,$\boldsymbol{W}_1$ 对角线元素越大,相应的执行器收敛到期望位置的速度越快,而$\boldsymbol{W}_2$ 对角线元素越大,执行器的偏转速率则越慢。

假设$\boldsymbol{W}_1$ 和$\boldsymbol{W}_2$ 是对称的,则

$$\boldsymbol{W}=(\boldsymbol{W}_1^2+\boldsymbol{W}_2^2)^{\frac{1}{2}} \tag{7.56}$$

为求解上述问题,首先忽略执行器约束,则优化问题可以转化为

$$\left.\begin{array}{l}\min\limits_{u(t)}(\|\boldsymbol{W}_1(\boldsymbol{u}(t)-\boldsymbol{u}_s(t))\|^2+\|\boldsymbol{W}_2(\boldsymbol{u}(t)-\boldsymbol{u}(t-T))\|^2)\\ \boldsymbol{Bu}(t)=\boldsymbol{v}(t)\end{array}\right\} \tag{7.57}$$

其解为

$$\boldsymbol{u}(t)=\boldsymbol{Eu}_s(t)+\boldsymbol{Fu}(t-T)+\boldsymbol{Gv}(t) \tag{7.58}$$

式中,

$$\boldsymbol{E}=(\boldsymbol{I}-\boldsymbol{GB})\boldsymbol{W}^{-2}\boldsymbol{W}_1^2 \tag{7.59}$$

$$\boldsymbol{F}=(\boldsymbol{I}-\boldsymbol{GB})\boldsymbol{W}^{-2}\boldsymbol{W}_2^2 \tag{7.60}$$

$$\boldsymbol{G}=\boldsymbol{W}^{-1}(\boldsymbol{BW}^{-1})^{+} \tag{7.61}$$

式中:$(\cdot)^{+}$表示对应矩阵的伪逆。随后,添加线性约束,其中 $\boldsymbol{B}$ 具有全行秩,则加权后的伪逆解为

$$\boldsymbol{u}(t)=(\boldsymbol{I}-\boldsymbol{GB})\boldsymbol{u}_0(t)+\boldsymbol{Gv}(t) \tag{7.62}$$

$$\boldsymbol{G}=\boldsymbol{W}^{-1}(\boldsymbol{BW}^{-1})^{+} \tag{7.63}$$

于是有

$$\boldsymbol{u}(t)=\underbrace{(\boldsymbol{I}-\boldsymbol{GB})\boldsymbol{W}^{-2}\boldsymbol{W}_1^2}_{\boldsymbol{E}}\boldsymbol{u}_s(t)+\underbrace{(\boldsymbol{I}-\boldsymbol{GB})\boldsymbol{W}^{-2}\boldsymbol{W}_2^2}_{\boldsymbol{F}}\boldsymbol{u}(t-T)+\boldsymbol{Gv}(t) \tag{7.64}$$

7.4 系统仿真验证与分析

7.4.1 单执行器故障/失效

在本节中将对存在单执行器故障时,F-16 飞机的滚转角、俯仰角和偏航角控制器的跟踪控制能力进行仿真,从而展示所提出的基于控制分配的过驱动飞机自适应主动容错控制方法的有效性。下面特选取以下几种情况进行说明(见表 7-1)。

表 7-1 仿真场景设置

	执行器故障
场景一	单片副翼松浮:单片副翼操纵失灵,偏转角度维持在 0°

续　表

	执行器故障
场景二	单片副翼卡滞:单片副翼卡滞在－3°
场景三	单片升降舵松浮:单片副翼操纵失灵,控制效能损失 80%
场景四	单片副翼卡滞:单片副翼卡滞在－5°
场景五	单片方向舵松浮:单片副翼操纵失灵,偏转角度维持在 0°
场景六	单片方向舵卡滞:单片方向舵卡滞在－5°

7.4.1.1　场景一:单片副翼松浮

在场景一中,考虑单片副翼松浮情况,即单片副翼操纵失灵,偏转角度维持在 0°的情况。图 7-1～图 7-3 分别展示了场景一的滚转角跟踪情况、副翼操纵偏转情况及自适应参数变化曲线。

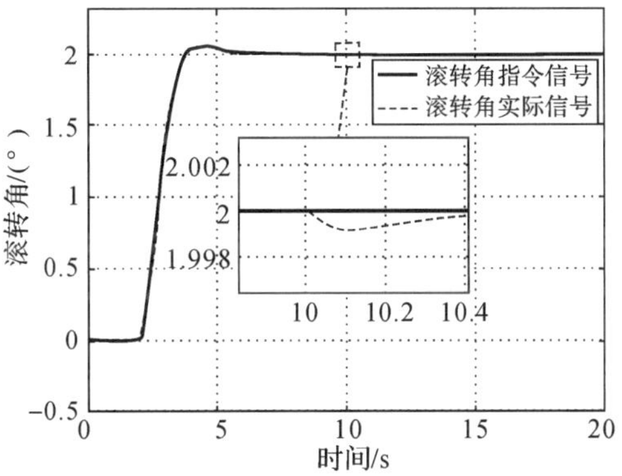

图 7-1　场景一滚转角跟踪情况

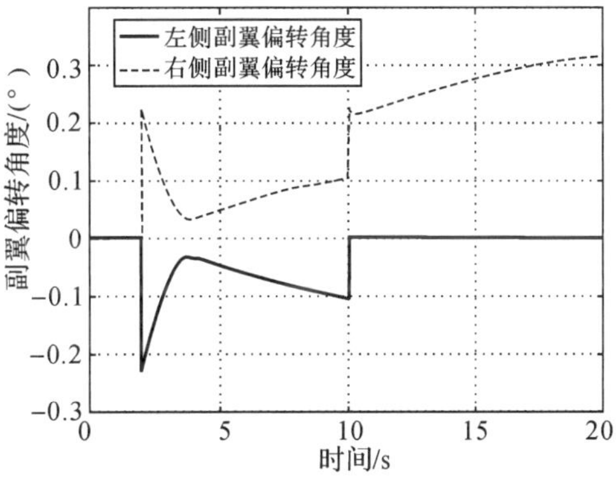

图 7-2　场景一副翼操纵偏转情况

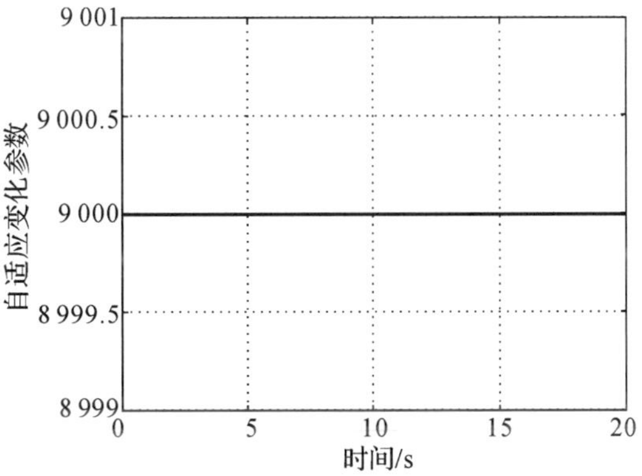

图 7-3　场景一自适应参数变化曲线

7.4.1.2　场景二:单片副翼卡滞

在场景二中,考虑单片副翼卡滞情况,即单片副翼卡滞在－3°的情况。图 7-4～图7-6

分别展示了场景二的滚转角跟踪情况、副翼操纵偏转情况及自适应参数变化曲线。

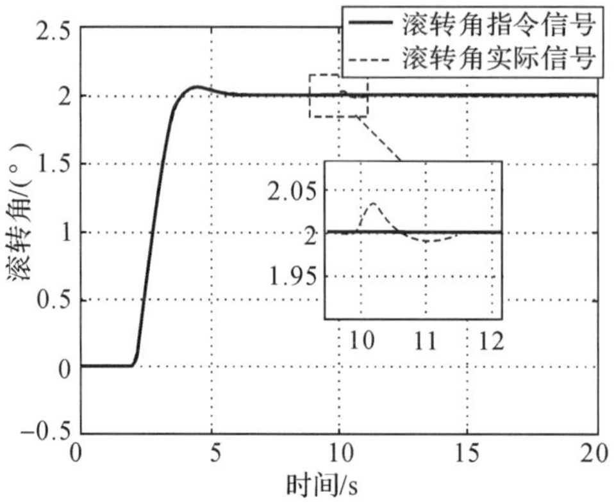

图 7－4　场景二滚转角跟踪情况

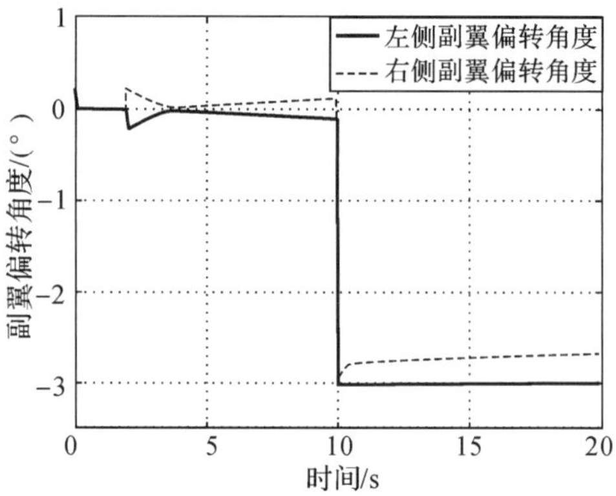

图 7－5　场景二副翼操纵偏转情况

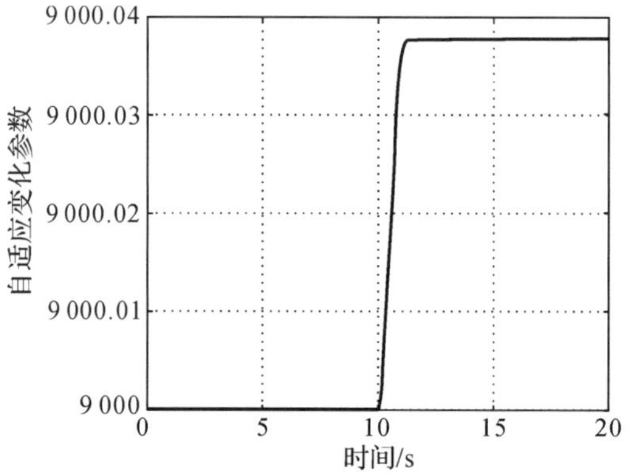

图 7－6　场景二自适应参数变化曲线

7.4.1.3　场景三:单片升降舵松浮

在场景三中,考虑单片升降舵松浮情况,即单片副翼操纵失灵,控制效能损失 80%的情况。图 7－7～图 7－9 分别展示了场景三的俯仰角跟踪情况、升降舵操纵偏转情况及自适应参数变化曲线。

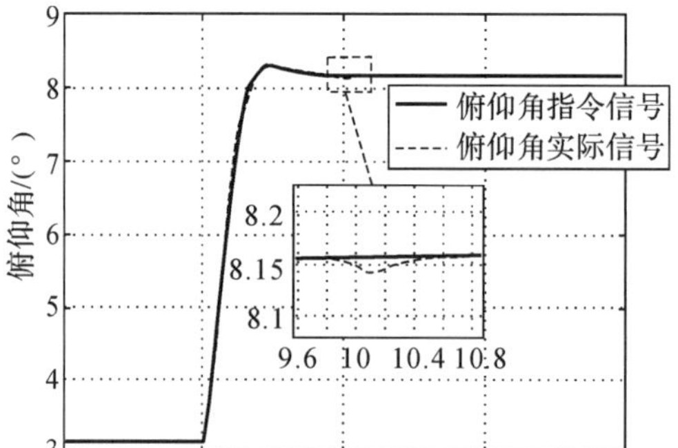

图 7－7　场景三俯仰角跟踪情况

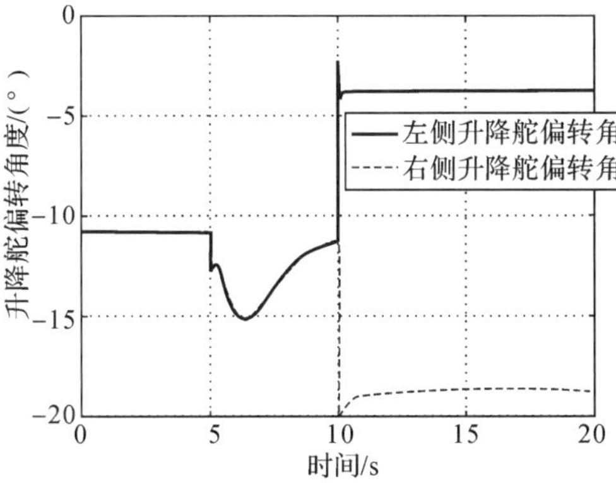

图 7-8　场景三升降舵操纵偏转情况

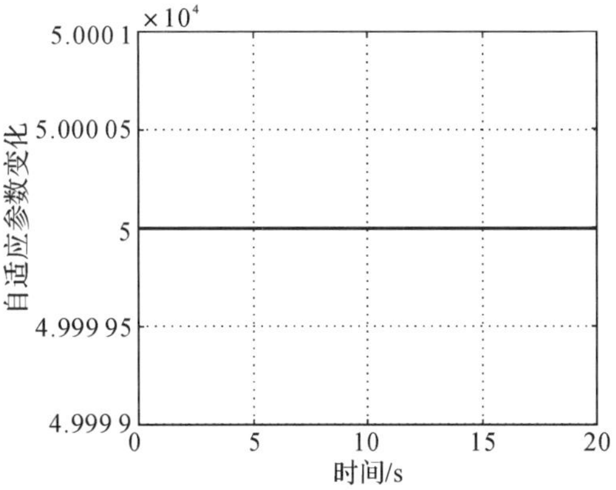

图 7-9　场景三自适应参数变化曲线

7.4.1.4　场景四:单片升降舵卡滞

在场景四中,考虑单片副翼卡滞情况,即单片副翼卡滞在−5°的情况。图 7-10～图 7-12 分别展示了场景四的俯仰角跟踪情况、升降舵操纵偏转情况及自适应参数变化曲线。

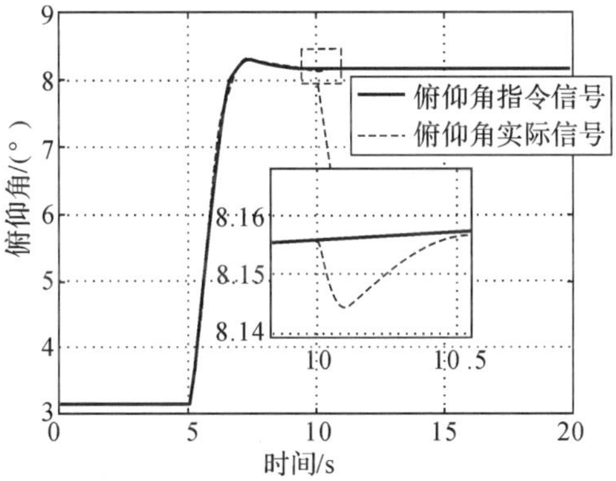

图 7-10　场景四俯仰角跟踪情况

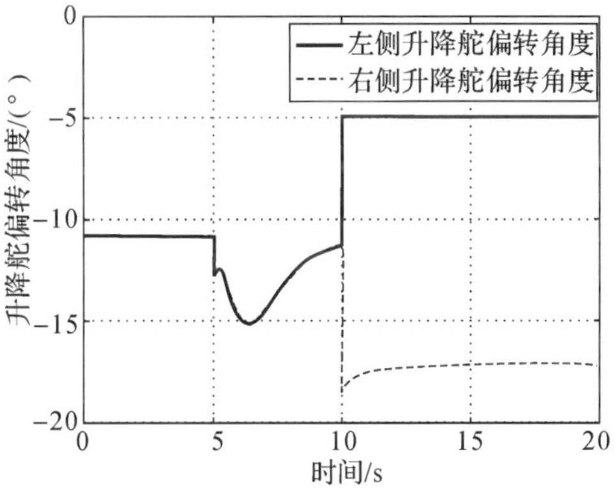

图 7-11　场景四升降舵操纵偏转情况

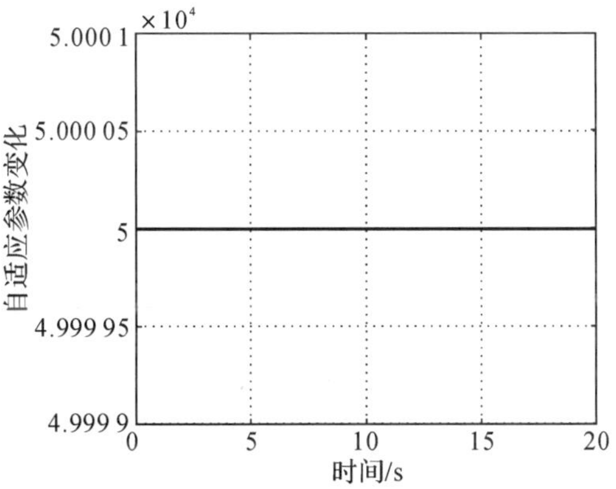

图 7-12　场景四自适应参数变化曲线

7.4.1.5 场景五:单片方向舵松浮

在场景五中,考虑单片方向舵松浮情况,即单片副翼操纵失灵,偏转角度维持在0°的情况。图7-13~图7-15分别展示了场景五的偏航角跟踪情况、方向舵操纵偏转情况及自适应参数变化曲线。

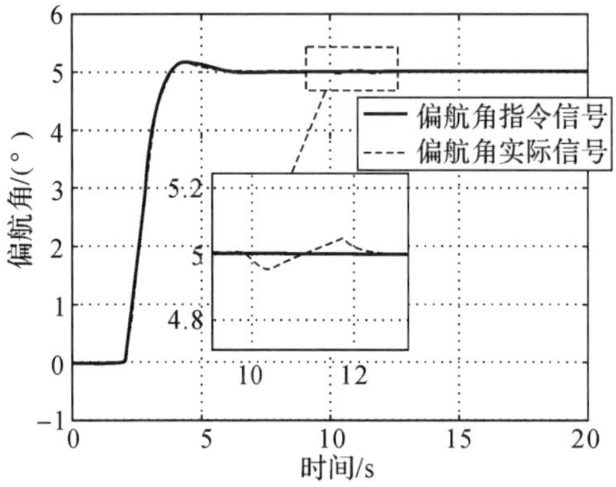

图7-13 场景五偏航角跟踪情况

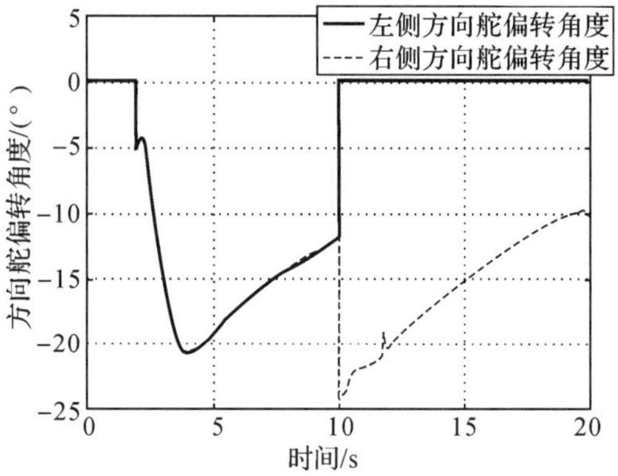

图7-14 场景五方向舵操纵偏转情况

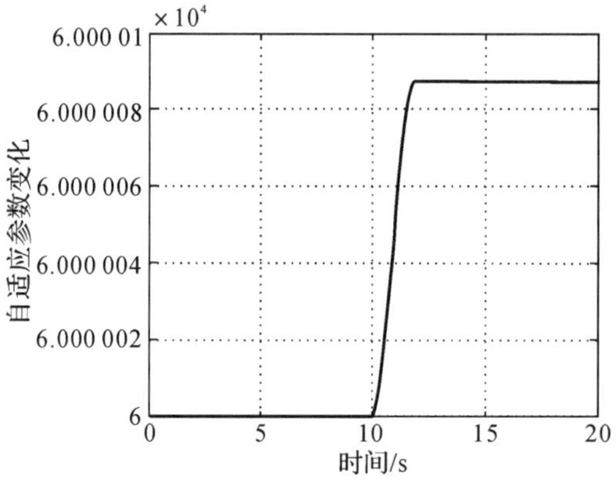

图7-15 场景五自适应参数变化曲线

7.4.1.6 场景六:单片方向舵卡滞

在场景六中,考虑单片方向舵卡滞情况,即单片方向舵卡滞在-5°的情况。图7-16~图7-18分别展示了场景六的偏航角跟踪情况、方向舵操纵偏转情况及自适应参数变化曲线。

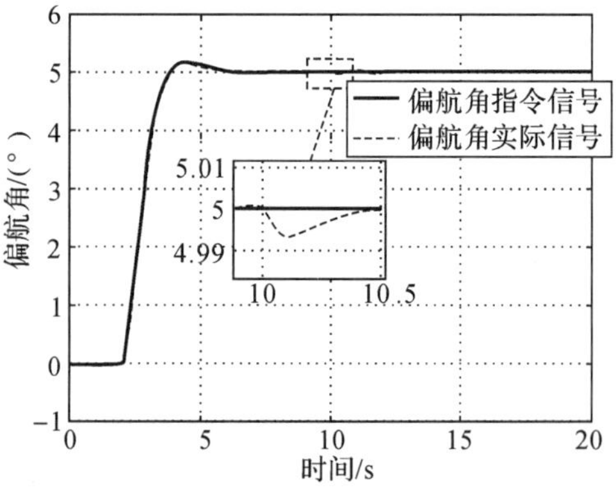

图7-16 场景六偏航角跟踪情况

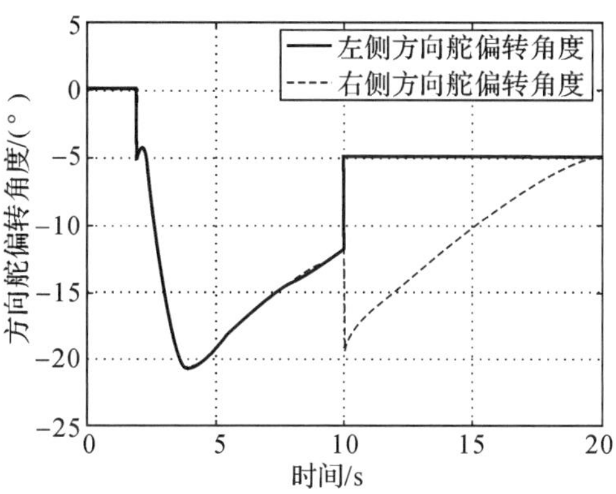

图 7-17　场景六方向舵操纵偏转情况

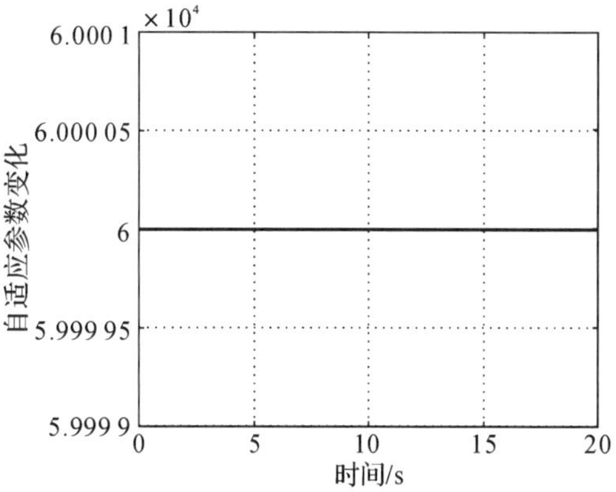

图 7-18　场景六自适应参数变化曲线

7.4.2　多执行器故障/失效

本节对存在多执行器故障时，F16 飞机的滚转角、俯仰角和偏航角控制器的跟踪控制能力进行仿真，从而展示所提出的基于控制分配的过驱动飞机自适应主动容错控制方法的有效性。下面特选取以下几种情况进行说明(见表 7-3)。

表 7-3　仿真场景设置

	执行器故障
场景一	针对滚转角控制，在 10 s 时一侧副翼卡滞在 −3°，在 15 s 时另一侧副翼控制效能损失 20%
场景二	针对俯仰角控制，在 10 s 时一侧升降舵卡滞在 −5°，在 15 s 时另一侧升降舵控制效能损失 20%
场景三	针对偏航角控制，在 10 s 时一侧方向舵松浮，维持在 0°，在 15 s 时另一侧方向舵控制效能损失 20%

7.4.2.1　场景一：滚转角控制

在场景一中，针对滚转角控制，在 10 s 时一侧副翼卡滞在 −3°，在 15 s 时另一侧副翼控制效能损失 20%。图 7-19～图 7-21 分别展示了场景一的滚转角跟踪情况、副翼操纵偏转情况及自适应参数变化曲线。

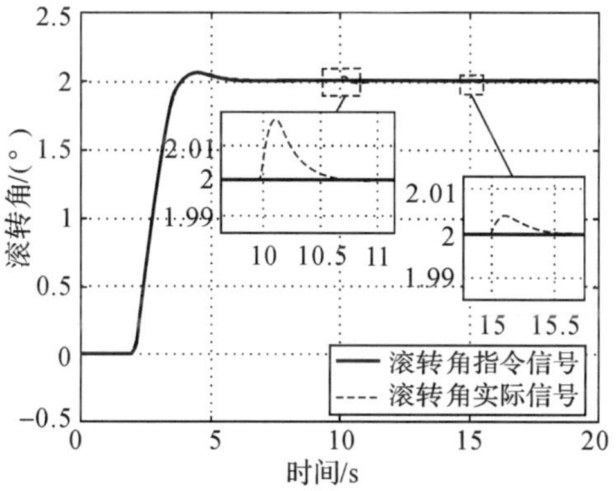

图 7-19　场景一滚转角跟踪情况

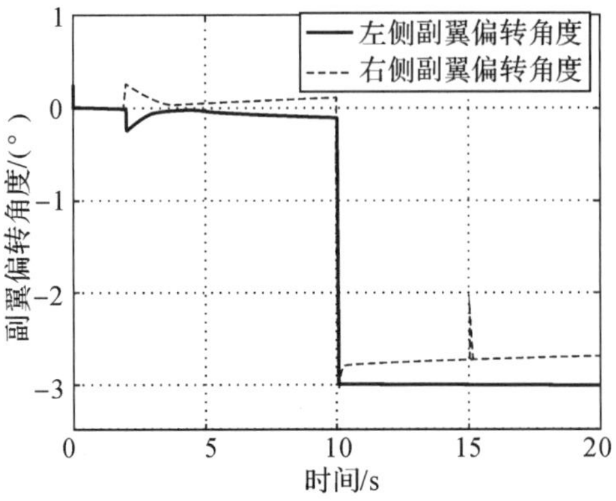

图 7-20　场景一副翼操纵偏转情况

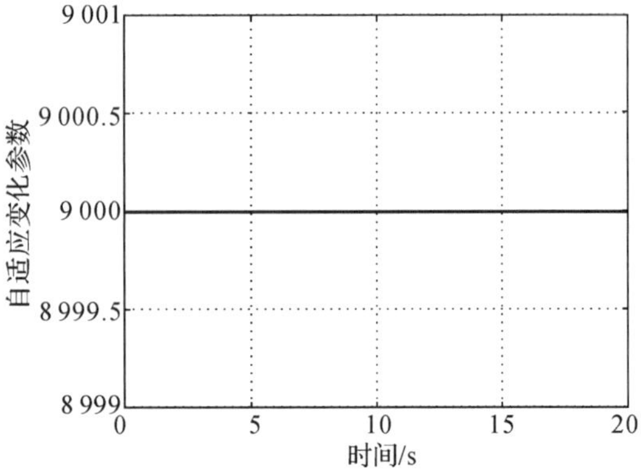

图 7-21　场景一自适应参数变化曲线

7.4.2.2　场景二:俯仰角控制

在场景二中,针对俯仰角控制,在 10 s 时一侧升降舵卡滞在−5°,在 15 s 时另一侧升降舵控制效能损失 20%。图 7-22~图 7-24 分别展示了场景二的俯仰角跟踪情况、升降舵操纵偏转情况及自适应参数变化曲线。

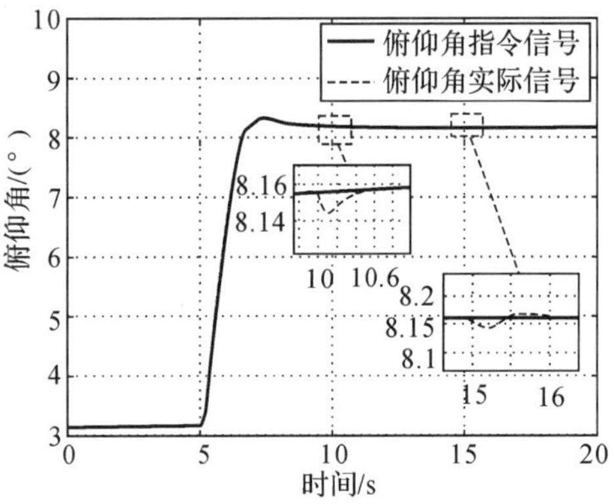

图 7-22　场景二俯仰角跟踪情况

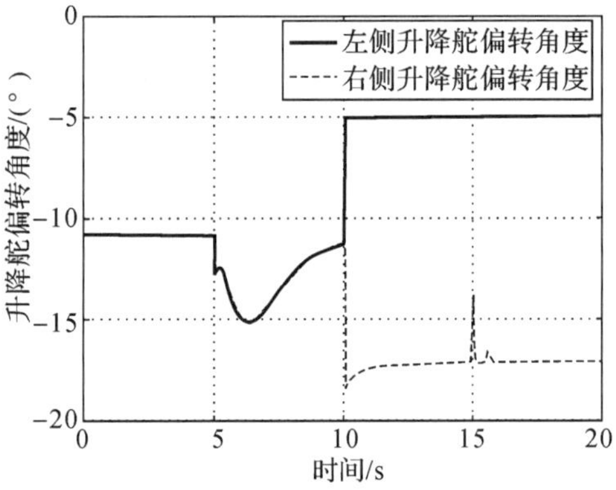

图 7-23　场景二升降舵操纵偏转情况

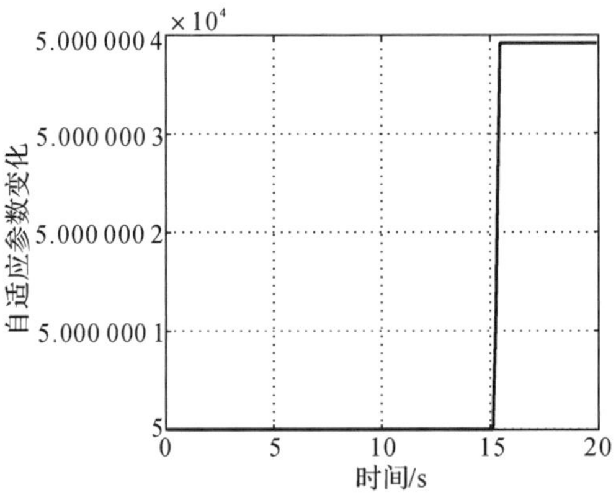

图 7-24　场景二自适应参数变化曲线

7.4.2.2　场景三:偏航角控制

在场景三中,针对偏航角控制,在 10 s 时一侧方向舵松浮,维持在 0°,在 15 s 时另一侧方向舵控制效能损失 20%。图 7-25~图 7-27 分别展示了场景三的偏航角跟踪情况、方向舵操纵偏转情况及自适应参数变化曲线。

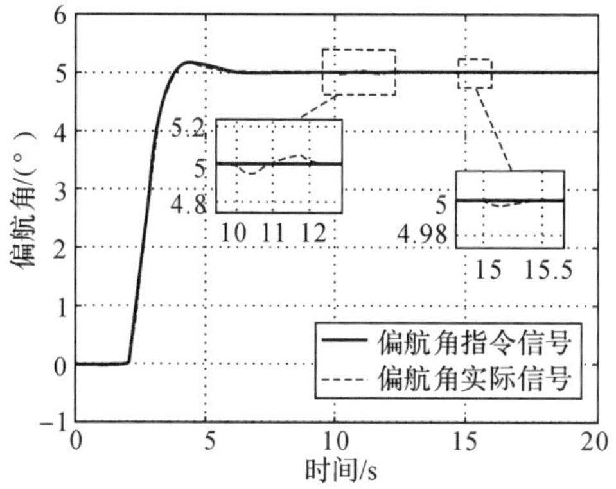

图 7-25　场景三偏航角跟踪情况

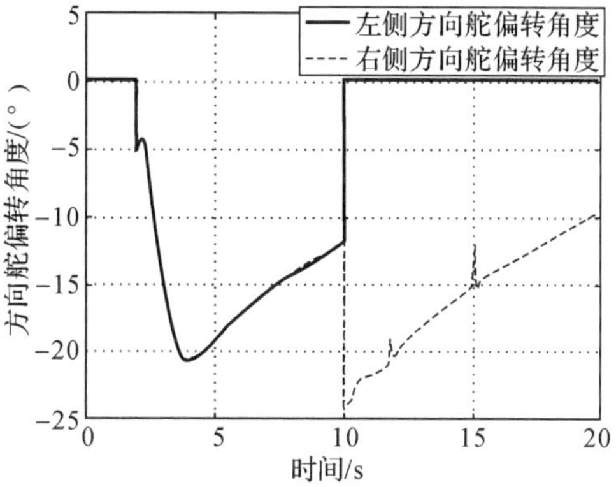

图 7-26　场景三方向舵操纵偏转情况

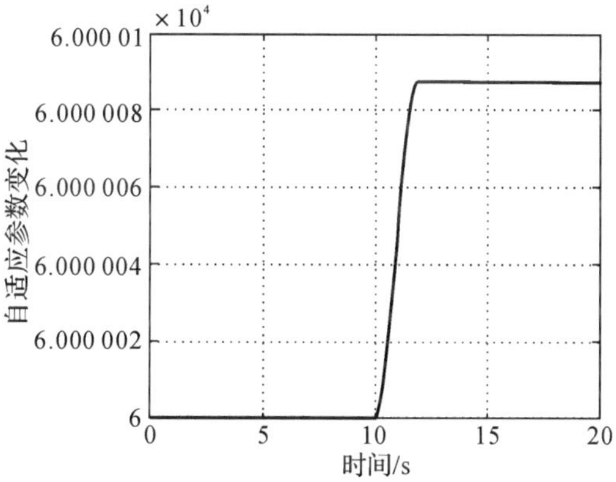

图 7-27　场景三自适应参数变化曲线

参 考 文 献

[1]　马建军. 过驱动系统控制分配理论及其应用[D]. 长沙：国防科学技术大学，2009.

[2]　占正勇,刘林. 多操纵面先进布局飞机控制分配技术研究[J]. 飞行力学,2006,24(1):13-16.

[3]　ALWI H, EDWARDS C. Fault tolerant control using sliding modes with on-line control allocation[J]. Automatica, 2008,44(7):1859-1866.

[4]　DURHAM W C. Constrained control allocation[J]. Journal of Guidace Control and Dynamics,1993,16(4):717-725.

[5] JOHANSEN T A, FOSSEN T I. Control allocation: a survey [J]. Automatica, 2013,49(5):1087 - 1103.

[6] PARK S, BAE J, KIM Y, et al. Fault tolerant flight control system for the tilt-rotor UAV[J]. Journal of Franklin Institute, 2013,350(9):2535 - 2559.

[7] GAI W, LIU J, ZHANG J, et al. A new closed-loop control allocation method with application to direct force control[J]. International Journal of Control Automation and System,2018,16(3):1355 - 1366.

[8] LIU Z, THEILLIOL D,YANG L, et al. Mode transition and fault tolerant control under rotor-tilt axle stuck fault of quad - TRUAV[J]. IFAC - PapersOnLine, 2018, 51(24):991 - 997.

[9] TJONNAS J, JOHANSEN T A. Adaptive control allocation[J]. Automatica, 2008, 44(11):2754 - 2765.

[10] TOHIDI S S, YILDIZ Y, KOLMANOVSKY I. Adaptive control allocation for constrained systems[J]. Automatica, 2020,121:109161.

[11] CASAVOLA A ,GARONE E. Fault-tolerant adaptive control allocation schemes for overactuated systems[J]. International Journal of Robust and Nonlinear Control, 2010,20(17):1958 - 1980.

[12] TOHIDI S S, YILDIZ Y, KOLMANOVSKY I. Sliding mode control for over-actuated systems with adaptive control allocation and its applications to flight control[C]// 2021 IEEE Conference on Control Technology and Applications (CCTA). San Diego:IEEE, 2021:765 - 770.

[13] ARGHA A, SU S W, LIU Y, et al. Control allocation based sliding mode fault tolerant control[C]// 2019 American Control Conference (ACC). Philadelphia: IEEE, 2019: 3752 - 3757.

第 8 章　垂直起降飞机过渡飞行阶段的容错与抗干扰控制

8.1 引　言

垂直起降飞机作为一种特殊类型的飞机，在从直升机模式向固定翼模式过渡的过程中面临着诸多挑战，包括气动特性突变[1]、严重的外部干扰[2]、模型不确定性[3]、执行器故障等，这些都会对飞机的飞行状态产生不利影响。此时，飞机容错控制和抗干扰控制技术的作用变得尤为重要[4]。因此，设计强大的容错控制机制能够确保飞机在面对意外情况时仍能保持稳定的飞行状态[5]，而抗干扰控制技术则有助于飞机克服外部扰动，确保飞行过程的安全性和可靠性[6]。

容错控制技术是指当系统发生故障或异常情况时，通过自适应调整或切换控制策略将控制信号重新分配到可用的冗余执行器上，使得系统仍能保持可接受的性能水平[7-8]。在垂直起降飞机的过渡飞行阶段，气动特性的突变会对飞机的动态特性产生重大影响，可能导致不稳定甚至失控等危险情况的发生。因此，设计具有强大容错能力的控制系统对于应对这一挑战至关重要[9]。同时，针对执行器故障等突发情况，有效的容错控制技术能够帮助飞机实现安全的模式转换，从而避免事故的发生[10]。

抗干扰控制技术主要着眼于飞机在外部环境扰动、强非线性、参数不确定等因素的干扰下，依然能够保持稳定的飞行状态[11]。例如，外部气流的突然改变可能对飞机的姿态和飞行轨迹产生严重影响[12]，而抗干扰控制技术则能够通过有效的控制策略和算法，使飞机能够在受到这些外部干扰时仍能保持平稳的飞行姿态，确保飞机安全完成过渡模式转换过程。

综上所述，过渡阶段容错与抗干扰控制技术在垂直起降飞机的飞行安全中具有不可替代的重要作用。本章旨在深入探讨这些关键技术的原理、方法与应用，为提升垂直起降飞机飞行安全性提供理论支持和实践指导。

8.2 问题描述

本章研究的垂直起降飞机如图 8 - 1 所示。该无人机是一种兼具直升机垂直起降和固定翼高速巡航能力的新构型飞机。该飞机有三种工作模式，即直升机模式、固定翼模式和两种模式之间相互转换的过渡飞行模式。在直升机模式下，所研究的垂直起降飞机的主机翼作为旋翼提供气动力，无人机在该飞行模式下完成垂直起降、小速度前飞等任务，此时无人机与传统的直升机具有相同的操纵方式，总距用于高度控制，周期变距用于横向与纵向控制，尾桨用于平衡主旋翼产生的反扭力矩。在固定翼模式下，主机翼锁定为固定翼，作为三翼面固定翼飞机飞行，前向动力来自安装在机翼前部的前拉螺旋桨，无人机的滚转和俯仰运动由鸭翼控制舵面和升降舵共同控制，偏航运动由方向舵控制。在过渡模式下，飞机实现直升机模式和固定翼模式间的转换，此时，主旋翼、尾桨、前拉电机和固定翼模式的操纵舵面一起工作，以实现期望的运动。

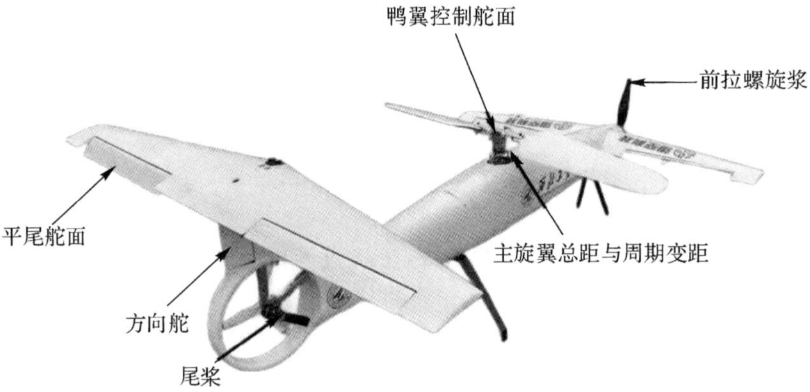

图 8-1　某垂直起降飞机示意图

用机体坐标系(O_b, x_b, y_b, z_b)对无人机进行建模，机体坐标系的原点和飞机的重心重合，利用牛顿-欧拉公式，垂直起降飞机的动力学方程可表示为

$$\left.\begin{aligned} \dot{u} &= \frac{F_x}{m} - qw + rv - g\sin\theta \\ \dot{v} &= \frac{F_y}{m} - ru + pw + g\cos\theta\sin\varphi \\ \dot{w} &= \frac{F_z}{m} - pv + qu + g\cos\theta\cos\varphi \end{aligned}\right\} \tag{8.1}$$

$$\left.\begin{aligned} \dot{p} &= \frac{M_x I_{zz} + M_z I_{xz} + (I_{xx} I_{xz} - I_{yy} I_{xz} + I_{zz} I_{xz}) pq + (I_{yy} I_{zz} - I_{xz}^2 - I_{zz}^2) qr}{I_{xx} I_{zz} - I_{xz}^2} \\ \dot{q} &= \frac{M_y + (I_{yy} - I_{xx}) pr - I_{xz} (p^2 - r^2)}{I_{yy}} \\ \dot{r} &= \frac{M_z I_{xx} + M_x I_{xz} + (I_{yy} I_{xz} - I_{zz} I_{xz} + I_{xx} I_{xz}) qr + (I_{xz}^2 + I_{xx}^2 - I_{xx} I_{yy}) pq}{I_{xx} I_{zz} - I_{xz}^2} \end{aligned}\right\} \tag{8.2}$$

$$\left.\begin{aligned} \dot{\varphi} &= p + \frac{q\sin\theta\sin\varphi}{\cos\theta} + \frac{r\sin\theta\cos\varphi}{\cos\theta} \\ \dot{\theta} &= q\cos\varphi - r sin\varphi \\ \dot{\psi} &= \frac{q\sin\varphi}{\cos\theta} + \frac{r\cos\varphi}{\cos\theta} \end{aligned}\right\} \tag{8.3}$$

式(8.1)～式(8.3)中：u, v, w 分别为体轴系中的飞机速度；p, q, r 分别为滚转、偏航和滚转角速度；I_{xx}, I_{yy}, I_{zz} 为飞机的转动惯量；I_{xz} 为惯性积；m 为飞机总质量；F_x, F_y, F_z 和 M_x，

M_y，M_z 分别是作用在飞机上的合力和合力矩。

由于在过渡飞行模式下，垂直起降飞机以较小的欧拉角运动，所以可以合理地假设飞机的姿态角速度等同于飞机的欧拉角速率，也就是

$$\left.\begin{aligned}\ddot{\varphi}&=\frac{M_xI_{zz}+M_zI_{xz}+(I_{xx}I_{xz}-I_{yy}I_{xz}+I_{zz}I_{xz})\dot{\theta}\dot{\varphi}+(I_{yy}I_{zz}-I_{xz}^2-I_{zz}^2)\dot{\theta}\dot{\varphi}}{I_{xx}I_{zz}-I_{xz}^2}\\ \ddot{\theta}&=\frac{M_y+(I_{yy}-I_{xx})\dot{\varphi}\dot{\psi}-I_{xz}(\dot{\varphi}^2-\dot{\psi}^2)}{I_{yy}}\\ \ddot{\psi}&=\frac{M_zI_{xx}+M_xI_{xz}+(I_{yy}I_{xz}-I_{zz}I_{xz}+I_{xx}I_{xz})qr+(I_{xz}^2+I_{xx}^2-I_{xx}I_{yy})pq}{I_{xx}I_{zz}-I_{xz}^2}\end{aligned}\right\}\tag{8.4}$$

针对无人机的纵向控制，可以假设 $p=r=0$，$v=0$。另外，考虑到实际作用在无人机上的力和力矩可能无法准确得到，故将合力与合力矩表示为

$$F_x=F_{x\text{heli}}+F_{x\text{plane}}+F_{x1}\tag{8.5}$$

$$F_z=F_{z\text{heli}}+F_{z\text{plane}}+F_{z1}\tag{8.6}$$

$$M_y=M_{y\text{heli}}+M_{y\text{plane}}+M_{y1}\tag{8.7}$$

式(8.5)～式(8.7)中：$F_{x\text{heli}}$，$F_{x\text{plane}}$，$F_{z\text{heli}}$，$F_{z\text{plane}}$，$M_{y\text{heli}}$，$M_{y\text{plane}}$ 分别表示合力和合力矩的已知部分；F_{x1}，F_{z1}，M_{y1} 分别表示合力和合力矩的未知部分。特别是在过渡模式下，主旋翼、机身和平尾之间存在较大的干扰，难以精确计算，因此包含在 F_{x1}，F_{z1}，M_{y1} 中。

为了验证所提出的控制方案在这种不确定性下的有效性，根据风洞试验和 CFD(计算流体力学)方法对不确定力与力矩进行建模，式子如下所示：

$$\left.\begin{aligned}F_{x1}&=(-0.003-0.234\mu+0.17\mu^2)T_{\text{mr}}\\ F_{z1}&=(0.22-0.255\mu-0.161\,6\mu^2)T_{\text{mr}}\\ M_{y1}&=\Delta M\end{aligned}\right\}\tag{8.8}$$

$$\Delta M=\begin{cases}0, & \mu\leqslant 0.022\\ (4.206\mu-0.094)T_{\text{mr}}R, & \mu\leqslant 0.124\\ (-1.588\mu+0.624)T_{\text{mr}}R, & \mu\leqslant 0.393\\ 0, & \mu>0.022\end{cases}\tag{8.9}$$

式(8.9)和式(8.10)中：μ 为主旋翼前进比；R 为主旋翼半径；T_{mr} 为主旋翼产生的拉力。

在此意义下，面向控制面的模型可以得到

$$\left.\begin{aligned}\dot{u}&=\frac{F_{x\text{heli}}+F_{x\text{plane}}}{m}-qw-g\sin\theta+\frac{T}{m}+\frac{F_{x1}}{m}\\ \dot{w}&=\frac{F_{z\text{heli}}+F_{z\text{plane}}}{m}+qu+g\cos\theta+\frac{L_{\theta_0}\theta_0}{m}+\frac{F_{z1}}{m}\\ \ddot{\theta}&=\frac{M_{y\text{heli}}+M_{y\text{plane}}}{I_{yy}}+\frac{L_{\theta_B}\theta_B+L_{\delta_c}\delta_c+L_{\delta_e}\delta_e}{I_{yy}}+\frac{M_{y1}}{I_{yy}}\end{aligned}\right\}\tag{8.10}$$

式中：T 为前拉电机产生的拉力；θ_0 为由主旋翼产生的总距；θ_B 为纵向周期变距；δ_c 为鸭翼舵面偏转；δ_e 为升降舵偏转；L_{θ_0}，L_{θ_B}，L_{δ_c}，L_{δ_e} 分别是与所产生的力与力矩相关的系数。

考虑具有执行器故障和模型不确定性的非线性无人机模型为

$$\left.\begin{aligned}\dot{x}_{1i}&=x_{2i}\\ \dot{x}_{2i}&=f_i(\boldsymbol{x}_1,\boldsymbol{x}_2)+h_i(\boldsymbol{x}_1,\boldsymbol{x}_2)\nu_i\end{aligned}\right\} \tag{8.11}$$

$$\left.\begin{aligned}f_i(\boldsymbol{x}_1,\boldsymbol{x}_2)&=f_{0i}(\boldsymbol{x}_1,\boldsymbol{x}_2)+f_{1i}(\boldsymbol{x}_1,\boldsymbol{x}_2)\\ \nu_i&=\boldsymbol{B}_i\boldsymbol{L}_c(t)\boldsymbol{u}_c(t)\end{aligned}\right\} \tag{8.12}$$

式(8.11)和式(8.12)中：$i=1,2,3$；$\boldsymbol{x}_2=[u,w,\dot{\theta}]^{\mathrm{T}}$；$\boldsymbol{u}_c=[T,\theta_0,\theta_B,\delta_c,\delta_e]^{\mathrm{T}}$；$f_{0i}(\boldsymbol{x}_1,\boldsymbol{x}_2)$和$h_i(\boldsymbol{x}_1,\boldsymbol{x}_2)$为模型的确定部分；$f_{1i}(\boldsymbol{x}_1,\boldsymbol{x}_2)$为模型的不确定部分；$\boldsymbol{\nu}=[\nu_u,\nu_w,\nu_\theta]^{\mathrm{T}}$ 为虚拟控制输入；$\boldsymbol{B}$ 是操纵效能矩阵；$\boldsymbol{L}_c(t)=\mathrm{diag}([l_{c1},l_{c2},l_{c3},l_{c4},l_{c5}])$是表示执行机构工作效能的对角矩阵，$l_{cj}=1(j=1,2,3,4,5)$表示该对角矩阵中的元素执行机构正常工作，而 $0\leqslant l_{cj}<1$ 则表示第 j 个执行机构存在一定程度的故障。

利用该定义和状态向量$\boldsymbol{x}_2$，可以将上文中所研究的无人机的动力学方程分解为以下几个子系统。

①前向速度子系统：

$$\dot{x}_{11}=x_{21},\dot{x}_{21}=f_{01}+h_1v_1+f_{11} \tag{8.13}$$

式中：$f_{01}=\dfrac{(F_{x\mathrm{heli}}+F_{x\mathrm{plane}})}{m}-qw-g\sin\theta$；$h_1=\dfrac{1}{m}$；$v_1=T$；$f_{11}=\dfrac{F_{x1}}{m}$。

②垂向速度系统：

$$\dot{x}_{12}=x_{22},\dot{x}_{22}=f_{02}+h_2v_2+f_{12} \tag{8.14}$$

式中：$f_{02}=\dfrac{(F_{z\mathrm{heli}}+F_{z\mathrm{plane}})}{m}+qu+g\cos\theta$；$h_2=\dfrac{1}{m}$；$v_2=L_{\theta_0}\theta_0$；$f_{12}=\dfrac{F_{z1}}{m}$。

③俯仰运动子系统：

$$\dot{x}_{13}=x_{23},\dot{x}_{23}=f_{03}+h_3v_3+f_{13} \tag{8.15}$$

式中：$f_{03}=M_{y\mathrm{heli}}+\dfrac{M_{y\mathrm{plane}}}{I_{yy}}$；$h_3=\dfrac{1}{I_{yy}}$；$f_{13}=\dfrac{M_{y1}}{I_{yy}}$；$v_3=L_{\theta_B}\theta_B+L_{\delta_c}\delta_c+L_{\delta_e}\delta_e$。

8.3 变边界层自适应动态分配控制器设计

8.3.1 冗余执行器动态分配算法

飞机的飞行动力学方程可以由下式给出：

$$\left.\begin{aligned}\dot{x}_i&=f(\boldsymbol{x},\boldsymbol{\delta})\\ \dot{\delta}_i&=g(\boldsymbol{\delta},\boldsymbol{u})\end{aligned}\right\} \tag{8.16}$$

式中：$\boldsymbol{x}$ 为飞机的状态量；$\boldsymbol{\delta}$ 为执行器的位置；$\boldsymbol{u}$ 为执行器的输入。其中，位置限制和速率限制如下式所示：

$$\left.\begin{aligned}\delta_i^{\min}\leqslant\delta_i\leqslant\delta_i^{\max}\\ |\dot{\delta}_i|\leqslant\delta_i^{\mathrm{rate}}\end{aligned}\right\} \tag{8.17}$$

式中：$\delta_i^{\min}$ 和 $\delta_i^{\max}$ 分别为执行器位置约束的上限和下限；δ_i^{rate} 为单个执行器的最大速率。

操纵舵面的偏转产生气动力矩 $M_i(\boldsymbol{x},\boldsymbol{\delta})$，且执行器偏转速率较快，因此可以将飞机的

飞行动力学改写为

$$\left.\begin{aligned} \delta_i &\approx u_i \\ \dot{x}_i &= f_{Mi}(\boldsymbol{x},\boldsymbol{M}(\boldsymbol{x},\boldsymbol{u})) \end{aligned}\right\} \tag{8.18}$$

令 r 为控制指令，基于控制律 $M_i(\boldsymbol{x},\boldsymbol{u})=k_i(\boldsymbol{r},\boldsymbol{x})$，闭环动力学方程表示为

$$\dot{x}_i = f_{Mi}(\boldsymbol{x},\boldsymbol{k}(\boldsymbol{r},\boldsymbol{x})) \tag{8.19}$$

考虑受飞行动力学特性的约束，基于设计的控制律的控制策略，使用离散时间将速率限制重写为

$$|\dot{u}_i| \approx \frac{|u_i(t)-u_i(t-T)|}{T} \leqslant \delta_{i^{\mathrm{rate}}} \tag{8.20}$$

则可得到 t 时刻的总体约束为

$$\overline{u}_i(t) \leqslant u_i(t) \leqslant \overline{u}_i(t) \tag{8.21}$$

$$\left.\begin{aligned} \overline{u}_i(t) &= \max(\delta_i^{\min}, u_i(t-T)-\delta_i^{\mathrm{rate}}T) \\ \underline{u}_i(t) &= \min(\delta_i^{\max}, u_i(t-T)+\delta_i^{\mathrm{rate}}T) \end{aligned}\right\} \tag{8.22}$$

式中：T 为采样时间；$\overline{u}_i(t)$ 和 $\underline{u}_i(t)$ 分别为第 i 个执行器输入的上限和下限。

为简化寻找可行解的过程，将假设气动力矩与控制量呈线性关系，那么有

$$M_i(x,u)=B_i(x)u_i+c_i(x)=k_i(r,x) \tag{8.23}$$

也就是，$B_iu_i(t)=\nu_i(t)$，其中，$\nu_i(t)=k_i(r,x)-c_i(x)$ 为虚拟控制输入，而实际控制输入可以表示为

$$u_i(t)=f(\nu_i(t),u_i(t-T),\nu_i(t-T),u_i(t-2T),\nu_i(t-2T),\cdots) \tag{8.24}$$

在进行控制分配时，为了处理执行器的位置和速率限制，将使用设计的控制分配算法在执行器饱和时对控制信号进行重新分配。当执行器较多时，应当使用加权矩阵来控制各个操纵面的权重，使控制效能尽量均匀分配。

具体的控制分配算法可以表述为如下一个线性约束的二次规划问题：

$$\min_{u(t)} \|\boldsymbol{W}_1(\boldsymbol{u}(t)-\boldsymbol{u}_s(t))\|_2^2 + \|\boldsymbol{W}_2(\boldsymbol{u}(t)-\boldsymbol{u}(t-T))\|_2^2 \tag{8.25}$$

$$\boldsymbol{Bu}(t)=\boldsymbol{\nu}(t) \tag{8.26}$$

$$\underline{u}_i(t) \leqslant u_i(t) \leqslant \overline{u}_i(t) \tag{8.27}$$

式(8.25)～式(8.27)分别代表线性约束下的最小化代价函数、虚拟控制器和线性约束。$|\cdot|_2$ 中的下标 2 表示 2 范数；$\boldsymbol{u}_s(t)$是控制效能在各执行器之间的期望分布，它决定了执行器在飞机平飞时的位置分布；$\boldsymbol{W}_1$ 和$\boldsymbol{W}_2$ 分别为加权矩阵。

控制分配方法的解的形式为

$$\boldsymbol{u}(t)=\boldsymbol{Eu}_s(t)+\boldsymbol{Fu}(t-T)+\boldsymbol{G\nu}(t) \tag{8.28}$$

令 $\boldsymbol{W}=\sqrt{\boldsymbol{W}_1^2+\boldsymbol{W}_2^2}$，则 $\boldsymbol{E}$、$\boldsymbol{F}$ 和 $\boldsymbol{G}$ 可以分别表示为 $\boldsymbol{E}=(\boldsymbol{I}-\boldsymbol{GB})\boldsymbol{W}^{-2}\boldsymbol{W}_1^2$，$\boldsymbol{F}=(\boldsymbol{I}-\boldsymbol{GB})\boldsymbol{W}^{-2}\boldsymbol{W}_2^2$，$\boldsymbol{G}=\boldsymbol{W}^{-1}(\boldsymbol{BW}^{-1})^{\mathrm{T}}(\boldsymbol{BW}^{-1}(\boldsymbol{BW}^{-1})^{\mathrm{T}})^{-1}$。

二次优化方法计算满足执行器速率限制和位置限制的控制输入$\boldsymbol{u}_c(t)$表示为

$$\boldsymbol{u}_c=\arg_{\boldsymbol{u}_c\in\Omega}\min\{\|\boldsymbol{W}_1(\boldsymbol{u}_c-\boldsymbol{u}_s)\|^2+\|\boldsymbol{W}_2[\boldsymbol{u}_c-\boldsymbol{u}_c(t-T)]\|^2\} \tag{8.29}$$

$$\Omega_i=\arg_{u_i^{\min}\leqslant u_{ci}\leqslant u_i^{\max}}\min\|W_{\nu i}(B_iu_{ci}-\nu_i)\| \tag{8.30}$$

8.3.2 抗干扰变边界层自适应滑模控制器设计

垂直起降飞机的状态量分别为 $\boldsymbol{x}_1=\left[\int u,\int w,\theta\right]^{\mathrm{T}}$，$\boldsymbol{x}_2=[u,w,\dot{\theta}]^{\mathrm{T}}$。定义垂直起降飞机的参考命令为$\boldsymbol{x}_1^{\mathrm{d}}$，则跟踪误差向量定义为

$$\boldsymbol{x}_{\mathrm{e}}=\boldsymbol{x}_1-\boldsymbol{x}_1^{\mathrm{d}}=\begin{bmatrix}\int u-\int u^{\mathrm{d}}\\ \int w-\int w^{\mathrm{d}}\\ \theta-\theta^{\mathrm{d}}\end{bmatrix} \tag{8.31}$$

将所研究的垂直起降飞机的滑模面构造为

$$s_i=\dot{x}_{\mathrm{e}i}+k_{c2i}x_{\mathrm{e}i}+k_{c1i}\int_{t_0}^{t}x_{\mathrm{e}i}(\tau)\,\mathrm{d}\tau-k_{c2i}x_{\mathrm{e}i}(t_0)-\dot{x}_{\mathrm{e}i}(t_0) \tag{8.32}$$

式中：t_0 是初始时刻；k_{c1i} 和 k_{c2i} 为控制参数。滑模面的导数为

$$\dot{s}_i=\ddot{x}_{\mathrm{e}i}+k_{c2i}\dot{x}_{\mathrm{e}i}+k_{c1i}x_{\mathrm{e}i} \tag{8.33}$$

设计自适应补偿项补偿模型的不确定部分 f_{1i}，使 $\dot{s}_i=0$，则

$$\begin{aligned}\dot{s}_i&=\ddot{x}_{1i}-\ddot{x}_{1i}^{\mathrm{d}}+k_{c2i}\dot{x}_{\mathrm{e}i}+k_{c1i}x_{\mathrm{e}i}\\ &=f_i+h_i\nu_i-\ddot{x}_{1i}^{\mathrm{d}}+k_{c2i}\dot{x}_{\mathrm{e}i}+k_{c1i}x_{\mathrm{e}i}=0\end{aligned} \tag{8.34}$$

自适应模型的不确定性补偿项设计为

$$\nu_{ri}=-h_i^{-1}k_{ci}\,\mathrm{sat}(s_i/\Phi_i) \tag{8.35}$$

式中：k_{ci} 为控制参数；sat(·)可定义为

$$\mathrm{sat}(s_i/\Phi_i)=\begin{cases}1, & s_i>\Phi_i\\ -1, & s_i<\Phi_i\\ s_i/\Phi_i, & |s_i|\leqslant\Phi_i\end{cases} \tag{8.36}$$

式中：Φ_i 为边界层厚度。

最后可以得出高级控制律为

$$\nu_i=h_i^{-1}(\ddot{x}_{1i}^{\mathrm{d}}-k_{c2i}\dot{x}_{\mathrm{e}i}-k_{c1}x_{\mathrm{e}i}-\hat{f}_i)-h_i^{-1}k_{ci}\,\mathrm{sat}(s_i/\Phi_i) \tag{8.37}$$

估计不确定参数 $\hat{f}_i$ 的自适应策略设计为

$$\dot{\hat{f}}_i=a_i^2\Delta s_i \tag{8.38}$$

式中：a_i 为自适应速度参数；Δs_i 表示滑模变量与边界层之间的距离，且其定义为 $\Delta s_i=s_i-\Phi_i\,\mathrm{sat}(s_i/\Phi_i)$。当滑模变量在边界层内时，$\Delta s_i=0$；当滑模变量在边界层外时，也就是系统跟踪性能不理想时将触发自适应机制；当系统跟踪性能理想时，自适应就会停止，这样可以有效避免对不确定参数的高估。

下面以垂直起降无人机的俯仰控制为例，为了跟踪时变的期望俯仰角 $\theta^{\mathrm{d}}(t)$，定义跟踪误差状态向量为$\boldsymbol{\theta}_{\mathrm{e}}=[\theta_{\mathrm{e1}},\theta_{\mathrm{e2}}]^{\mathrm{T}}$，其中 $\theta_{\mathrm{e1}}=\theta-\theta^{\mathrm{d}}$；$\theta_{\mathrm{e2}}=\dot{\theta}-\dot{\theta}^{\mathrm{d}}$，那么积分滑模面可以定义为

$$s_\theta=\theta_{\mathrm{e2}}+k_{\theta2}\theta_{\mathrm{e1}}+k_{\theta1}\int_{t_0}^{t}\theta_{\mathrm{e1}}(\tau)\,\mathrm{d}\tau-k_{\theta2}\theta_{\mathrm{e1}}(t_0)-\theta_{\mathrm{e2}}(t_0) \tag{8.39}$$

式中：$k_{\theta 1}$ 和 $k_{\theta 2}$ 是都控制参数。

假使 $\dot{s}_{\theta}=0$，设计自适应模型不确定力矩 M_{y1} 补偿项为

$$\nu_{\theta m}=I_{yy}(\ddot{\theta}_{\mathrm{d}}-k_{\theta 2}\dot{\theta}_{\mathrm{e1}}-k_{\theta 1}\theta_{\mathrm{e1}})-\hat{M}_{y} \tag{8.40}$$

则保证滑动运动的鲁棒反馈项为

$$\nu_{\theta r}=-I_{yy}k_{c\theta}\mathrm{sat}(s_{\theta}/\Phi_{\theta}) \tag{8.41}$$

式中：$k_{c\theta}$ 是控制参数。

估计不确定部分的自适应策略设计为

$$\dot{\hat{M}}_{y}=a_{\theta}^{2}\Delta s_{\theta} \tag{8.42}$$

式中：$\Delta s_{\theta}=s_{\theta}-\Phi_{\theta}\mathrm{sat}(s_{\theta}/\Phi_{\theta})$；$a_{\theta}$ 是自适应速度参数。

类似地，将 u，w 的滑模面导数定义为

$$\dot{s}_{u}=\dot{u}_{\mathrm{e2}}+k_{u2}u_{\mathrm{e2}}+k_{u1}u_{\mathrm{e1}} \tag{8.43}$$

$$\dot{s}_{w}=\dot{w}_{\mathrm{e2}}+k_{w2}w_{\mathrm{e2}}+k_{w1}w_{\mathrm{e1}} \tag{8.44}$$

式中：$u_{\mathrm{e1}}=\int u-\int u^{\mathrm{d}}$；$u_{\mathrm{e2}}=u-u^{\mathrm{d}}$；$u_{\mathrm{e1}}=\int w-\int w^{\mathrm{d}}$；$w_{\mathrm{e2}}=w-w^{\mathrm{d}}$。

相应的控制律为

$$\nu_{u}=m(\dot{u}^{\mathrm{d}}-k_{u2}u_{\mathrm{e2}}-k_{u1}u_{\mathrm{e1}}+qw+g\sin\theta)-\hat{F}_{x}-mk_{cu}\mathrm{sat}(s_{u}/\Phi_{u}) \tag{8.45}$$

$$\nu_{w}=m(\dot{w}^{\mathrm{d}}-k_{w2}w_{\mathrm{e2}}-k_{w1}w_{\mathrm{e1}}-qu-g\cos\theta)-\hat{F}_{z}-mk_{cw}\mathrm{sat}(s_{w}/\Phi_{w}) \tag{8.46}$$

式(8.45)和式(8.46)中：k_{cu} 和 k_{cw} 均为控制参数；Φ_{u} 和 Φ_{w} 均为边界层厚度。

估计不确定部分的自适应策略设计为

$$\dot{\hat{F}}_{x}=a_{u}^{2}\Delta s_{u} \tag{8.47}$$

$$\dot{\hat{F}}_{z}=a_{w}^{2}\Delta s_{w} \tag{8.48}$$

式中：$\Delta s_{u}=s_{u}-\Phi_{u}\mathrm{sat}(s_{u}/\Phi_{u})$；$\Delta s_{w}=s_{w}-\Phi_{w}\mathrm{sat}(s_{w}/\Phi_{w})$；$a_{u}$ 和 a_{θ} 均为自适应速度参数。

定理 8.1　考虑一个含有模型不确定性的非线性系统，采用上文所述的自适应容错控制策略，若不连续控制增益 $k_{ci}>\eta_{i}$，且 η_{i} 为一个小的正数，则可以在边界层内实现并保持期望的滑动运动，并且具有令人满意的跟踪性能。

证明 8.1　取李雅普诺夫函数为

$$V_{1}=\sum_{i=1}^{3}\frac{1}{s}\left[\Delta s_{i}^{2}+\frac{1}{a_{i}^{2}}(\hat{f}_{i}-f_{i})^{2}\right] \tag{8.49}$$

首先，计算 Δs_{i} 在 $\Delta s_{i}\neq 0$ 时的关于时间的导数为

$$\begin{aligned}
\Delta\dot{s}_{i}&=\dot{s}_{i}\\
&=\ddot{x}_{\mathrm{e}i}+k_{c2i}\dot{x}_{\mathrm{e}i}+k_{c1i}x_{\mathrm{e}i}\\
&=h_{i}\{h_{i}^{-1}[\ddot{x}_{1i}^{\mathrm{d}}-k_{c2i}\dot{x}_{\mathrm{e}i}-k_{c1i}x_{\mathrm{e}i}-\hat{f}_{i}-k_{ci}\mathrm{sat}(s_{i}/\Phi_{i})]\}+f_{i}-\ddot{x}_{1i}^{\mathrm{d}}+\\
&\quad k_{c2i}\dot{x}_{\mathrm{e}i}+k_{c1i}x_{\mathrm{e}i}\\
&=f_{i}-\hat{f}_{i}-k_{ci}\mathrm{sat}(s_{i}/\Phi_{i})
\end{aligned} \tag{8.50}$$

计算 V_1 关于时间的导数为

$$\begin{aligned}\dot{V}_1 &= \sum_{i=1}^{3}\left[\Delta s_i \Delta\dot{s}_i + \frac{(\hat{f}_i - f_i)\dot{\hat{f}}_i}{a_i^2}\right] \\ &= \sum_{i=1}^{3}\left\{\Delta s_i [f_i - \hat{f}_i - k_{ci}\mathrm{sat}(s_i/\Phi_i)] + \frac{(\hat{f}_i - f_i)\dot{\hat{f}}_i}{a_i^2}\right\} \\ &= \sum_{i=1}^{3}\left[\left(\Delta s_i - \frac{\dot{\hat{f}}_i}{a_i^2}\right)(f_i - \hat{f}_i) - k_{ci}\mathrm{sat}(s_i/\Phi_i)\Delta s_i\right]\end{aligned} \tag{8.51}$$

最终可以得到：

$$\begin{aligned}\dot{V}_1 &= \sum_{i=1}^{3}[-k_{ci}\mathrm{sat}(s_i/\Phi_i)\Delta s_i] \\ &\leqslant \sum_{i=1}^{3}(-\eta_i |\Delta s_i|)\end{aligned} \tag{8.52}$$

在执行器发生故障后，ν_i 可以表示为

$$\nu_i = B_i I u_c - B_i(I - L_c)u_c \tag{8.53}$$

式中：$\boldsymbol{I}$ 为单位矩阵。令 $\nu_{ei} = -B_i(I - L_c)u_c$，那么系统方程可重写为

$$\dot{x}_{2i} = f_i(x_1, x_2) + h_i(x_1, x_2)(\nu_{di} + \nu_{ei}) \tag{8.54}$$

式中：$\nu_{di} = B_i I u_c$ 表示来自高级控制器的虚拟控制信号。

在执行器发生故障后，由于控制分配模块没有收到相应的故障信息，所以会导致控制误差的存在，从而降低系统的跟踪性能，使得系统失稳。因此，为了保持闭环系统的跟踪性能，需要对高级控制器进行重新配置。当虚拟控制信号 ν_{di} 和实际控制信号 ν_i 存在误差 ν_{ei} 时，应当调节自适应参数 h_i 以消除虚拟误差，即令 $h_i\nu_{ei} = \tilde{h}_i\nu_{di}$，因此 $\dot{x}_{2i}$ 可进一步表示为

$$\dot{x}_{2i} = f_i(x_1, x_2) + (h_i, \tilde{h}_i)\nu_{di} = f_i(x_1, x_2) + \hat{h}_i\nu_{di} \tag{8.55}$$

值得注意的是，在执行器发生故障后，实际虚拟控制信号和期望虚拟控制信号之间的误差可以通过自适应参数的改变消除，高级控制器将使实际虚拟控制信号变大从而补偿执行器故障带来的不利影响，从而保持系统原有的跟踪性能。

同时，为了充分利用滑模控制的连续控制部分和不连续控制部分，在存在执行器故障的情况下，可以引入 $\tilde{h}_i$ 参数改变这两个控制部分，结合补偿模型不确定性的 $\hat{f}_i$ 和 $\hat{h}_i$ 可以有效提高系统的控制性能。在这种情况下，为了便于控制器设计，定义 $\hat{\Gamma}_i = \hat{h}_i^{-1}\hat{f}_i$，$\hat{\Psi}_i = \hat{h}_i^{-1}$，则高级控制器可以重新设计为

$$\nu_i = \hat{\Psi}_i(\ddot{x}_{1i}^{\mathrm{d}} - k_{c2i}\dot{x}_{ei} - k_{c1i}x_{ei}) - \hat{\Gamma}_i - \hat{\Psi}_i k_{ci}\mathrm{sat}(s_i/\Phi_i) \tag{8.56}$$

$$\hat{\Gamma}_i = b_i^2 \Delta s_i \tag{8.57}$$

$$\dot{\hat{\Psi}}_i = c_i^2(-\ddot{x}_{1i}^{\mathrm{d}} + k_{c2i}\dot{x}_{ei} + k_{c1i}x_{ei} + k_{ci}\mathrm{sat}(s_i/\Phi_i))\Delta s_i \tag{8.58}$$

式(8.57)～式(8.58)中：b_i，c_i 均是自适应速度参数，可以根据系统跟踪性能实时调整。

定理 8.2 考虑一个含有模型不确定性的非线性系统，采用上文所述的自适应容错控

制策略，若不连续控制增益 $k_{ci}>\eta_i$，且 η_i 为一个小的正数，则可以在边界层内实现并保持期望的滑动运动，并且具有令人满意的跟踪性能。

证明 8.2　取李雅普诺夫函数为

$$V_2=\sum_{i=1}^{3}\frac{1}{2}\left[\Delta s_i^2+\frac{1}{b_i^2\Phi_i}(\hat{\Gamma}_i-\Gamma_i)^2+\frac{1}{c_i^2\Psi_i}(\hat{\Psi}_i-\Psi_i)^2\right] \tag{8.59}$$

计算 V_2 关于时间的导数为

$$\begin{aligned}\dot{V}_2&=\sum_{i=1}^{3}\{\Delta s_i[\Psi_i^{-1}\Gamma_i+\Psi_i^{-1}\hat{\Psi}_i(\dot{x}_{1i}^{\mathrm{d}}-k_{c2i}\dot{x}_{\mathrm{e}i}-k_{c1i}x_{\mathrm{e}i})-\Psi_i^{-1}\hat{\Psi}_ik_{ci}\operatorname{sat}(s_i/\Psi_i)-\\&\quad\Psi_i^{-1}\hat{\Gamma}_i-\dot{x}_{1i}^{\mathrm{d}}+k_{c2i}\dot{x}_{\mathrm{e}i}+k_{c1i}x_{\mathrm{e}i}]+\Psi_i^{-1}/b_i^2(\hat{\Gamma}_i-\Gamma_i)\dot{\hat{\Gamma}}_i+\Psi_i^{-1}/c_i^2(\hat{\Psi}_i-\Psi_i)\dot{\hat{\Psi}}_i\}\\&=\sum_{i=1}^{3}[\Delta s_i(\dot{x}_{1i}^{\mathrm{d}}-k_{c2i}\dot{x}_{\mathrm{e}i}-k_{c1i}x_{\mathrm{e}i})(\Psi_i^{-1}\hat{\Psi}_i-1)-\Delta s_i(\Psi_i^{-1}\hat{\Psi}_i-1)k_{ci}\operatorname{sat}(s_i/\Psi_i)+\\&\quad\Delta s_i\Psi_i^{-1}(\Gamma_i-\hat{\Gamma}_i)-\Delta s_ik_{ci}\operatorname{sat}(s_i/\Psi_i)+\Psi_i^{-1}/b_i^2(\hat{\Gamma}_i-\Gamma_i)\dot{\hat{\Gamma}}_i+1/c_i^2(\Psi_i^{-1}\hat{\Psi}_i-1)\dot{\hat{\Psi}}_i]\\&=\sum_{i=1}^{3}\{(\Psi_i^{-1}\hat{\Psi}_i-1)[\Psi_i^{-1}/c_i^2-(-\dot{x}_{1i}^{\mathrm{d}}+k_{c2i}\dot{x}_{\mathrm{e}i}+k_{ci1}x_{\mathrm{e}i}+k_{ci}\operatorname{sat}(s_i/\Psi_i))\Delta s_i]-\\&\quad k_{ci}\operatorname{sat}(s_i/\Psi_i)\Delta s_i+\Psi_i^{-1}(\hat{\Gamma}_i-\Gamma_i)(\dot{\hat{\Gamma}}_i/b_i^2-\Delta s_i)\}\end{aligned} \tag{8.60}$$

可以得到

$$\frac{\dot{\hat{\Psi}}_i}{c_i^2}-[-\ddot{x}_{1i}^{\mathrm{d}}+k_{c2i}\dot{x}_{\mathrm{e}i}+k_{c1i}x_{\mathrm{e}i}+k_{ci}\operatorname{sat}(s_i/\Phi_i)]\Delta s_i=0 \tag{8.61}$$

$$\Psi_i^{-1}(\hat{\Gamma}_i-\Gamma_i)\left(\frac{\dot{\hat{\Gamma}}_i}{b_i^2}-\Delta s_i\right)=0 \tag{8.62}$$

进而

$$\dot{V}_2=\sum_{i=1}^{3}[-k_{ci}\operatorname{sat}(s_i/\Phi_i)\Delta s_i] \tag{8.63}$$

当 $\Delta s_i>0$ 时，$\operatorname{sat}(s_i/\Phi_i)=\operatorname{sign}(s_i)=1$；当 $\Delta s_i<0$ 时，$\operatorname{sat}(s_i/\Phi_i)=\operatorname{sign}(s_i)=-1$，因此 $\operatorname{sat}(s_i/\Phi_i)\Delta s_i=|\Delta s_i|$。

当不连续控制部分的增益 $k_{ci}\geqslant\eta_i$，则 $\dot{V}_2$ 可以满足：

$$\dot{V}_2\leqslant\sum_{i=1}^{3}[-\eta_i|\Delta s_i|] \tag{8.64}$$

因此，采取所提出的自适应控制策略，系统可以在同时存在执行器故障和模型不确定的情况下实现稳定跟踪。另外，所提出的自适应容错控制策略在同时补偿执行器故障和模型不确定性的时候增益并没有比仅补偿模型不确定性的时候大，此特点可以防止抖振的发生。

8.4　系统仿真验证与分析

为了验证所提出容错与抗干扰控制策略的性能，基于所研究飞机在模型不确定性和不同故障场景下进行仿真。所研究的无人机的相关物理参数和操纵量参数分别见表 8-1 和

表 8－2。

表 8－1　所研究无人机的相关物理参数

参　数	含　义	值
m	无人机质量	16.13 kg
I_{xx}	绕 x 轴的转动惯量	2.4 kg · m^2
I_{yy}	绕 y 轴的转动惯量	7.1 kg · m^2
I_{zz}	绕 z 轴的转动惯量	6.9 kg · m^2

表 8－2　所研究无人机的操纵量参数

操纵量	含　义	位置限制	速率限制
θ_B	主旋翼的周期变距	[－10°,10°]	
δ_c	鸭翼操纵面偏角	[－20°,20°]	[－60°/s,60°/s]
δ_e	升降舵偏角	[－20°,20°]	

在仿真场景的设计中，选择固定翼模式故障和过渡模式故障两个场景。在固定翼模式故障中，升降舵在 30 s 时出现 80％效率损失故障；在过渡模式故障中，升降舵和鸭翼分别在 20 s 和 30 s 时出现部分效率损失和卡滞故障，具体见表 8－3。

表 8－3　仿真场景设置

	场景 1	场景 2
升降舵损失 80％效率	√	
鸭翼卡滞到－3°	√	√

8.4.1　直升机模式故障

图 8－2～图 8－13 展示了所提出的控制策略在面临直升机模式故障（升降舵在 30 s 出现 80％效率损失故障）时的控制效果。从图中可以看出，在垂直起降飞机的直升机模式下，即使面临升降舵效率损失的情况，所提出的控制策略依然可以实现较好的俯仰角、前飞速度和垂向速度控制，其中虚拟控制量正常；相关实际控制量升降舵、鸭翼和纵向周期变距正常；俯仰角自适应参数、前飞速度自适应参数和垂向速度自适应参数收敛；垂直起降飞机的实际控制量，也就是推力和总距正常。

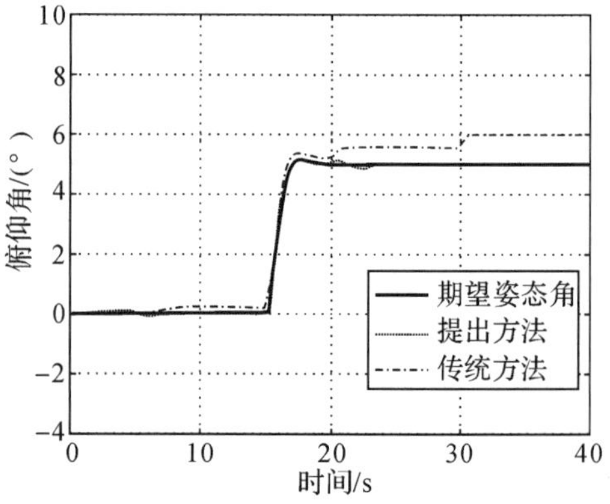

图 8－2　俯仰角跟踪效果

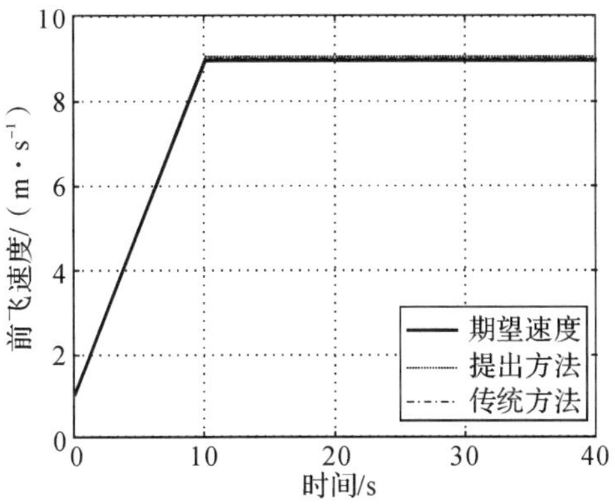

图 8－3　前飞速度跟踪效果

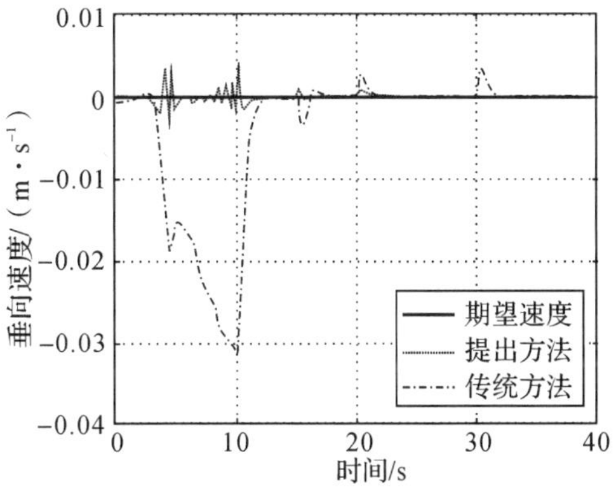

图 8－4　垂向速度跟踪效果

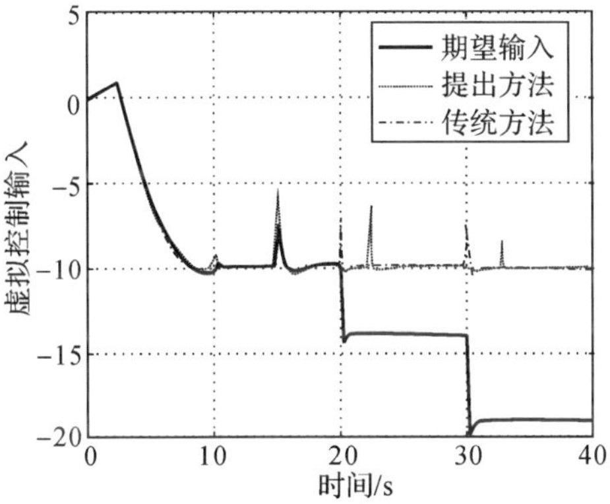

图 8－5　虚拟控制输入

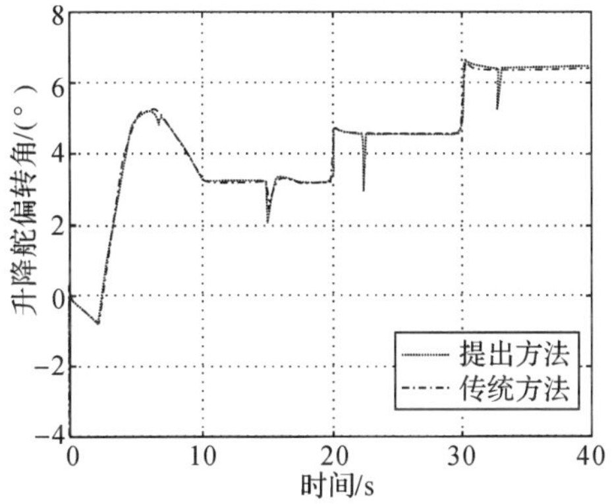

图 8－6　升降舵偏转角

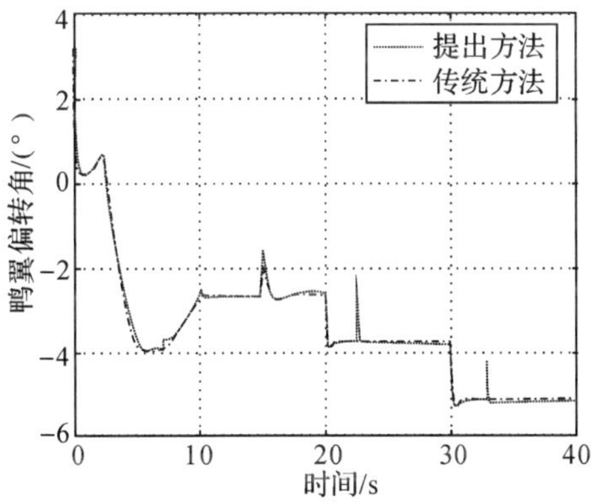

图 8－7　鸭翼偏转角

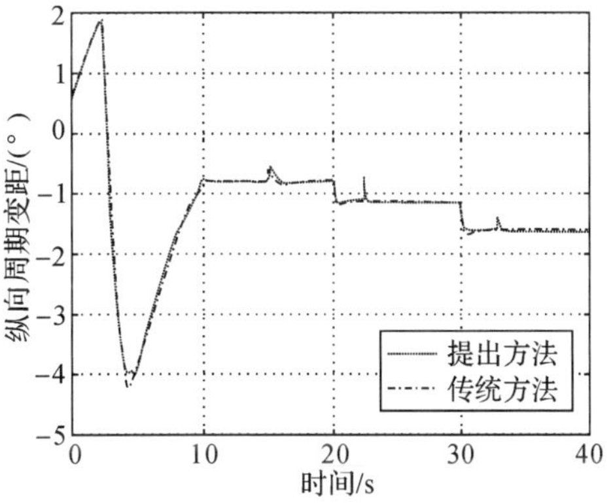

图 8－8　纵向周期变距

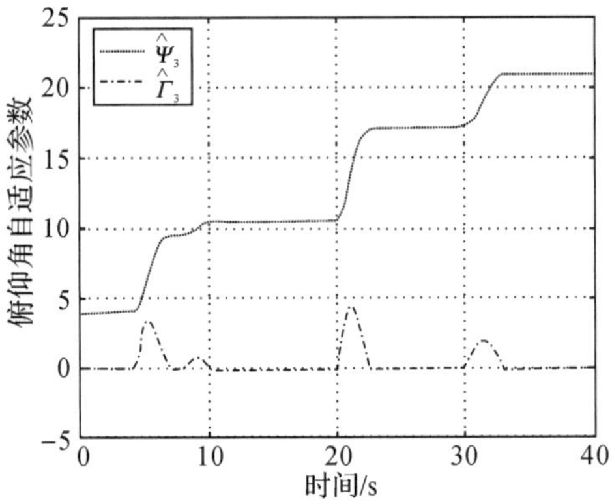

图 8－9　俯仰角自适应参数

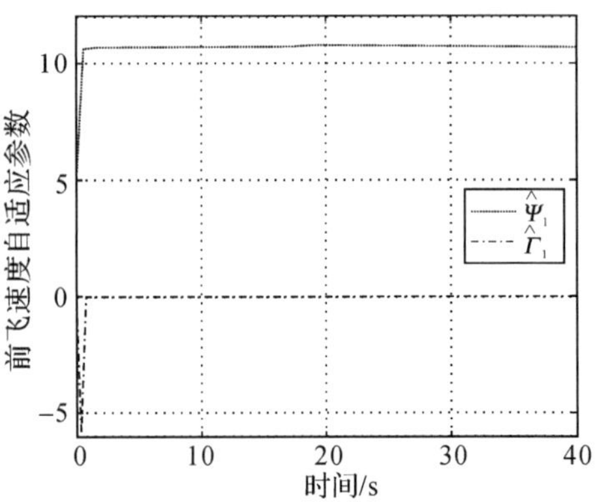

图 8－10　前飞速度自适应参数

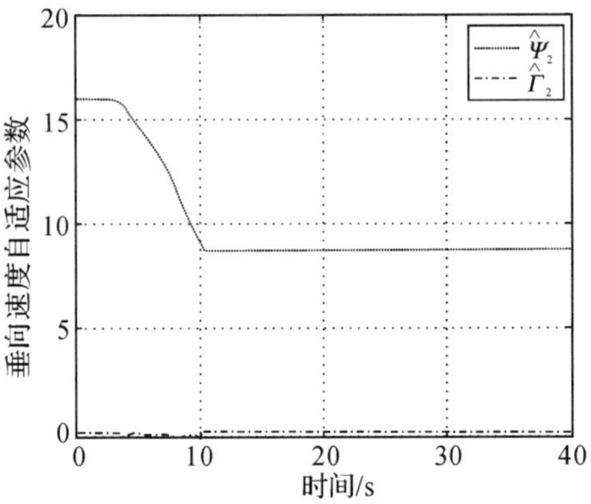

图 8－11　垂向速度自适应参数

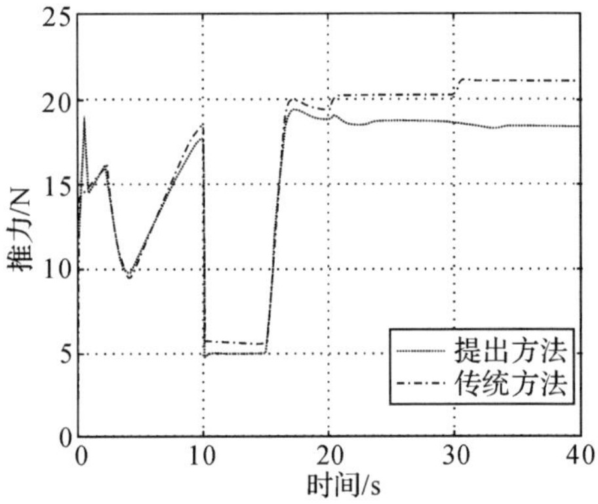

图 8－12　推力

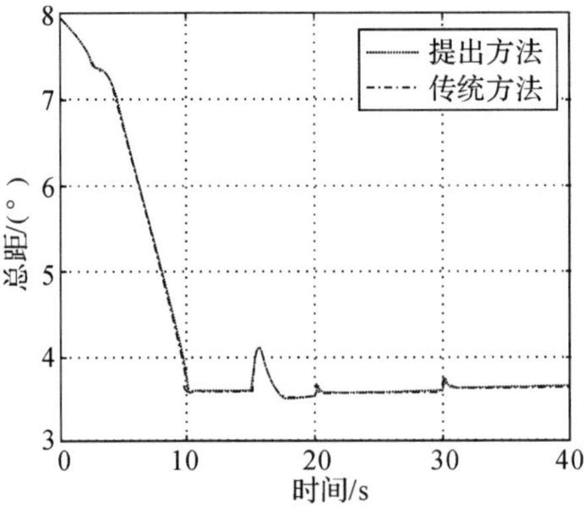

图 8－13　总距

8.4.2　过渡模式故障

图 8－14～图 8－25 展示了所提出的控制策略在面临过渡模式故障(升降舵和鸭翼分别在 20 s 和 30 s 时出现部分效率损失和卡滞故障)时的控制效果。从图中可以看出，在垂直

起降飞机的过渡模式下，所提出的控制策略可以实现较好的俯仰角、前飞速度和垂向速度控制，其中虚拟控制量正常；相关实际控制量升降舵、鸭翼和纵向周期变距正常；俯仰角自适应参数、前飞速度自适应参数和垂向速度自适应参数收敛；垂直起降飞机的实际控制量，也就是推力和总距正常。

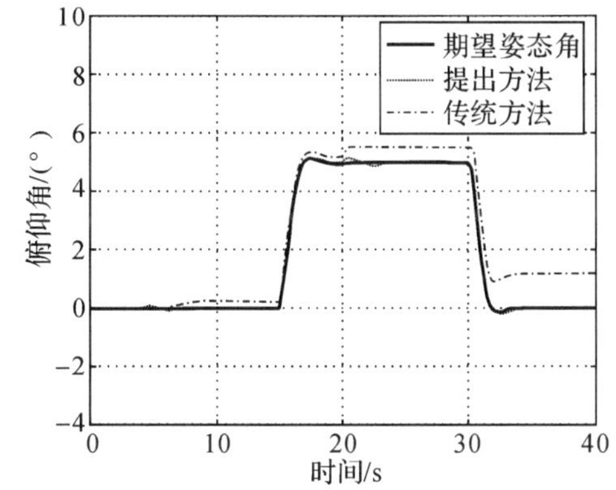

图 8 - 14　俯仰角跟踪效果

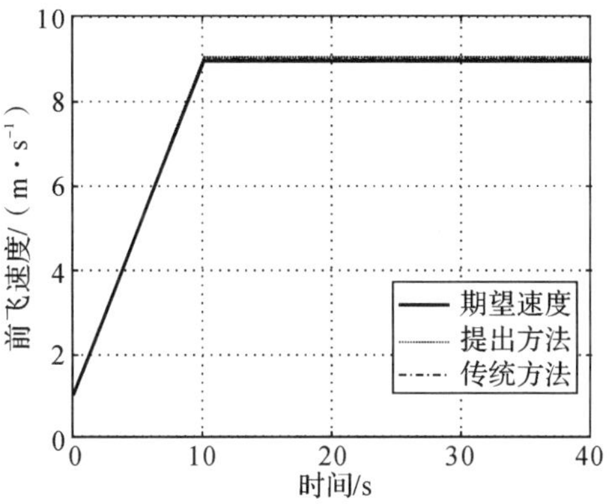

图 8 - 15　前飞速度跟踪效果

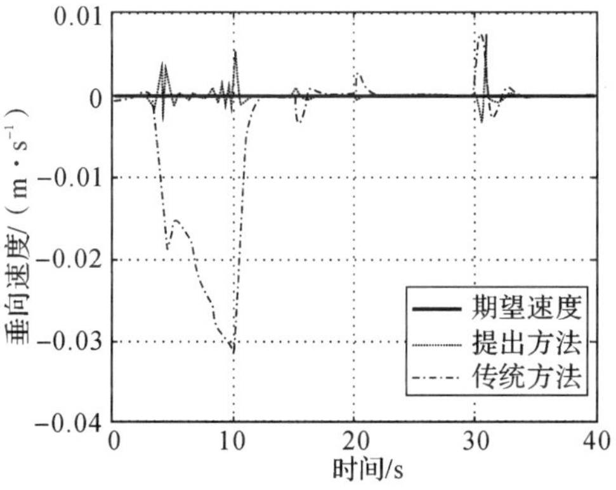

图 8 - 16　垂向速度跟踪效果

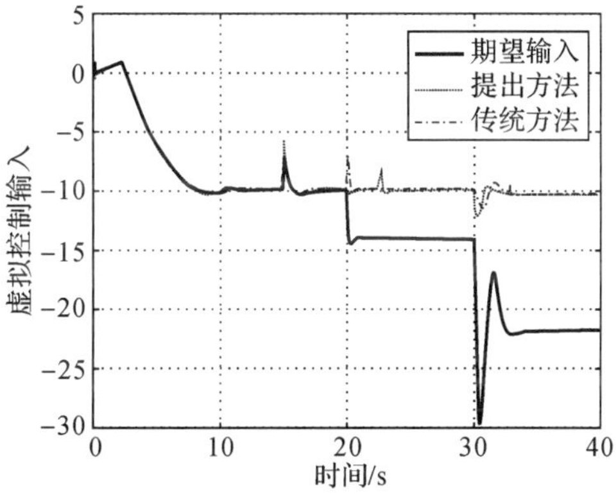

图 8 - 17　虚拟控制输入

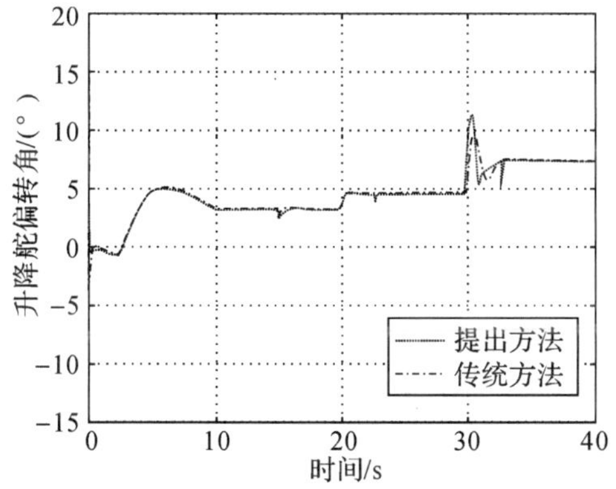

图 8 - 18　升降舵偏转角

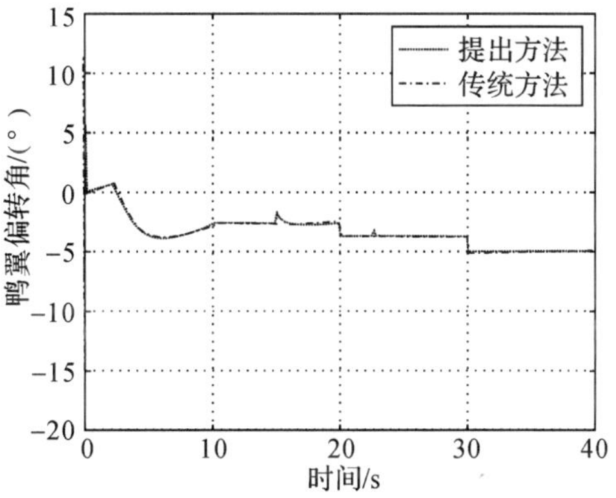

图 8 - 19　鸭翼偏转角

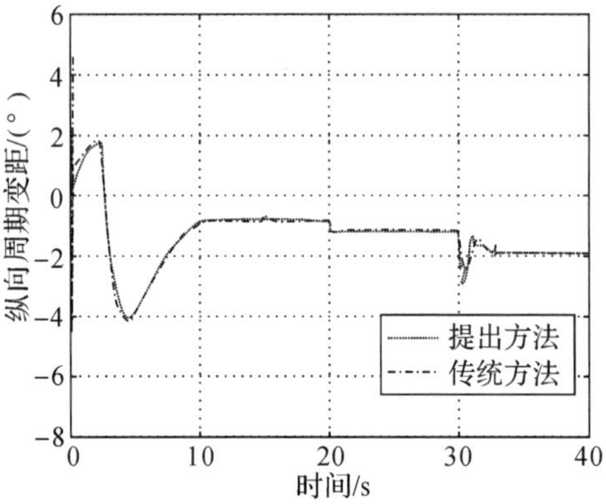

图 8-20　纵向周期变距

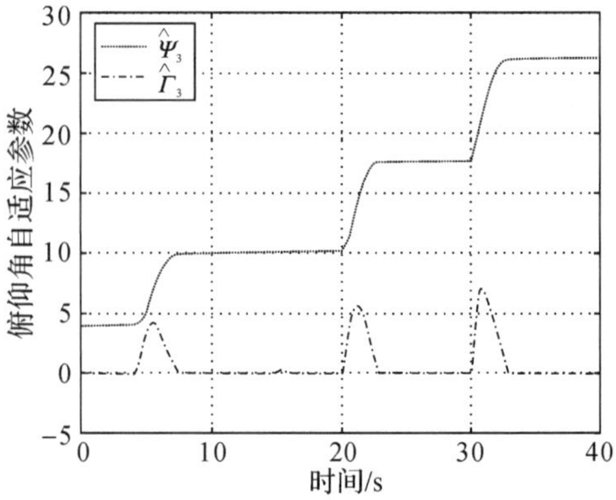

图 8-21　俯仰角自适应参数

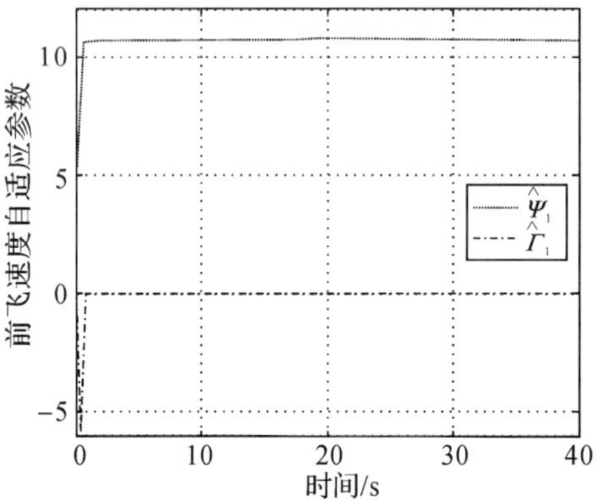

图 8-22　前飞速度自适应参数

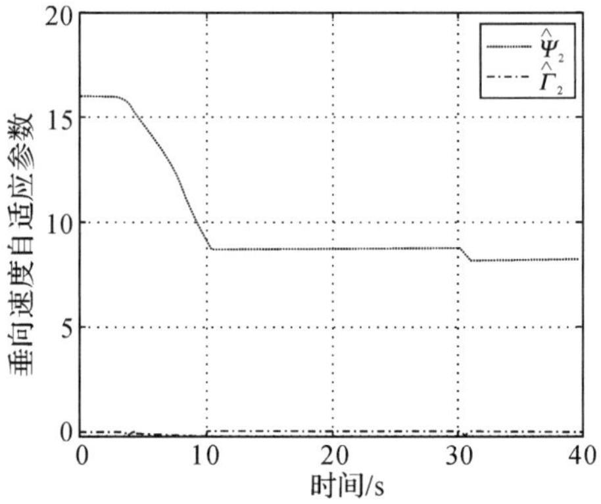

图 8-23　垂向速度自适应参数

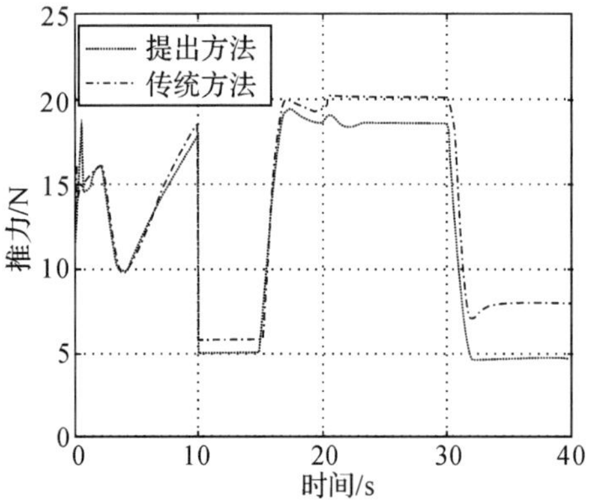

图 8-24　推力

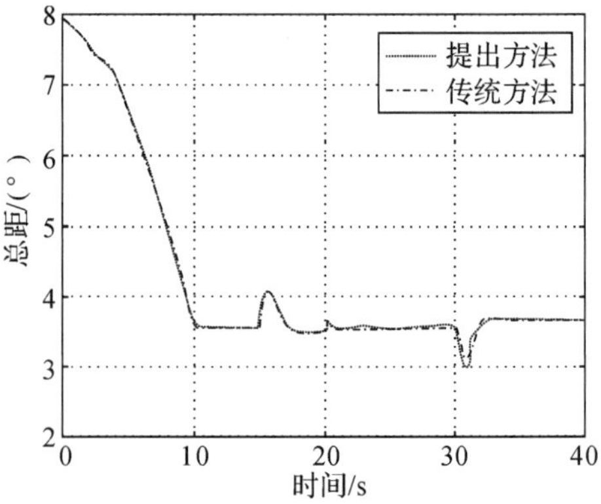

图 8-25　总距

参考文献

[1] DUCARD G J J, ALLENSPACH M. Review of designs and flight control techniques of hybrid and convertible VTOL UAVs[J]. Aerospace Science and Technology, 2021, 118: 107035.

[2] ALÁEZ D, OLAZ X, PRIETO M, et al. VTOL UAV digital twin for take-off, hovering and landing in different wind conditions[J]. Simulation Modelling Practice and Theory, 2023, 123: 102703.

[3] WANG F Q, WANG P, DENG H D, et al. Nonlinear dynamic inversion control of vtol tilt-wing UAV[C]// 2018 Eighth International Conference on Instrumentation & Measurement, Computer, Communication and Control (IMCCC). Harbin: IEEE,2018: 1170 - 1174.

[4] BAKLRCLOGLU V, ǴABUK N, YLLDLRLM Ś. Experimental comparison of the effect of the number of redundant rotors on the fault tolerance performance for the proposed multilayer UAV[J]. Robotics and Autonomous Systems, 2022, 149: 103977.

[5] YAÑEZ B H, KUITCHE M A J, MIHAELA R. Disturbance rejection in longitudinal control for the UAS - S4 ehecatl design[C]// AIAA Aviation 2020 Forum, 2020.

[6] JUNG S, LEE J, KIM S H, et al. Disturbance observer-based pitch autopilot for morphing UAV during transition phase[C]//Guidance, Navigation, and Control. Orlando:AIAA, 2020:1312 - 1329.

[7] SAIED M, LUSSIER B, FANTONI I, et al. Fault diagnosis and fault-tolerant control of an octorotor UAV using motors speeds measurements[J]. IFAC - PapersOnLine, 2017, 50(1): 5263 - 5268.

[8] BASAK H, PREMPAIN E. Switched fault tolerant control for a quadrotor UAV[J]. 20th IFAC World Congress,2017, 50(1): 10363 - 10368.

[9] XU Z W, NIAN X H, WANG H B, et al. Robust guaranteed cost tracking control of quadrotor UAV with uncertainties[J]. ISA Transactions,2017, 69: 157 - 165.

[10] YUAN L H, WANG L D, XU J T. Adaptive fault-tolerant controller for morphing aircraft based on the L2 gain and a neural network[J]. Aerospace Science and Technology, 2023, 132: 107985.

[11] ZHENG M, SONG M J. Research on the attitude control of quad-rotor UAV based on active disturbance rejection control [C]// IEEE International Conference on Control Science and Systems Engineering (ICCSSE). Beijing:IEEE,2017: 45-49.

[12] LIANG H B, YONG X, XIANG Y. ADRC vs LADRC for quadrotor UAV with wind disturbances[C]// Chinese Control Conference (CCC). Guangzhou: CCC, 2019: 8037-8043.